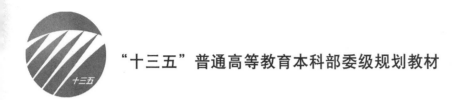

"十三五"普通高等教育本科部委级规划教材

纺织信息管理系统

FANGZHI XINXI GUANLI XITONG

邵景峰◎主编

中国纺织出版社

国家一级出版社
全国百佳图书出版单位

内 容 提 要

本教材从实际应用的角度出发，选取了纺织信息系统课程中最基本、最重要的内容，在内容编排及习题的设计上力求深入浅出、简明扼要，既保持各个章节和主题的独立性，又尽可能展现出它们之间的联系。同时，在教材的编写过程中，为了能够将纺织信息系统中的高新技术更通俗易懂地呈现给读者，编者在技术介绍后编排了对应的应用实例，以帮助读者更好地理解和掌握这些高新技术。

本书可作为纺织院校计算机科学与技术、信息管理及纺织工程类专业本科生教材，也可供纺织企业从事信息化建设、生产管理等相关技术人员学习参考。

图书在版编目（CIP）数据

纺织信息管理系统 / 邵景峰主编. —— 北京：中国纺织出版社，2018.8

"十三五"普通高等教育本科部委级规划教材

ISBN 978-7-5180-5311-7

Ⅰ．①纺… Ⅱ．①邵… Ⅲ．①纺织—管理信息系统—高等学校—教材 Ⅳ．① TS1

中国版本图书馆 CIP 数据核字（2018）第 191565 号

策划编辑：陈　芳　　特约编辑：姜玉洁　　责任印制：储志伟

中国纺织出版社出版发行

地址：北京市朝阳区百子湾东里 A407 号楼　邮政编码：100124

销售电话：010—67004422　传真：010—87155801

http://www.c-textilep.com

E-mail：faxing@c-textilep.com

中国纺织出版社天猫旗舰店

官方微博 http://weibo.com/2119887771

北京玺诚印务有限公司印刷　各地新华书店经销

2018 年 8 月第 1 版第 1 次印刷

开本：787×1092　1/16　印张：19

字数：363 千字　定价：48.00 元

前言
Preface

　　“十三五”期间，是我国从纺织大国向纺织强国迈进的决胜阶段。如何以信息化带动智能化，实现传统的纺织制造行业的转型升级是急需解决的问题，其中培养更加专业的纺织信息化建设人才尤为关键。

　　纺织信息系统作为纺织类高校纺织工程、信息管理等专业的基础课程，其使用的教材大多数为通用的《管理信息系统》教材，缺少相应的纺织行业特色，而且内容大多数为信息系统分析设计的基础理论知识，很少涉及具体的实际应用案例。因而，从实际应用的角度出发编写一部《纺织信息管理系统》教材显得尤为重要。为此，作者结合纺织行业信息化方面的教学和研究经验，从实际应用的角度出发，在前期编辑整理的较为成熟的教案、讲义等基础之上编写了这部教材。

　　本教材分为七章，第一章，介绍了信息系统的基本概念以及信息系统在纺织行业的应用和发展；第二章，从信息系统的结构出发，介绍了物联网技术、云计算技术、数据库技术以及数据仓库技术等基本的理论知识以及其在纺织信息系统中的应用；第三章，从纺织企业管理信息系统存在的基本问题出发，结合国内外最新的技术，介绍了事务处理系统、办公自动化系统、决策支持系统的基础知识及其在纺织生产管理中的具体应用；第四章，从管理信息系统最基本的 MRP Ⅱ 及 ERP 系统出发，依次介绍了 MRP Ⅱ 及 ERP 系统的基础知识和发展历程，并且在结合相关应用案例的基础上简要分析了其在纺织企业的应用现状；第五章，重点介绍了 CIMS（计算机集成制造系统）的基础知识及其在纺织行业的相关应用；第六章，从“互联网 +”时代的纺织信息系统出发，重点介绍了大数据技术、云计算技术、智能制造技术及其在纺织信息系统中的应用，并选取了具有代表性的应用实例进行具体介绍和分析；第七章，首先介绍了纺织企业电子商务的基本概念，在此基础上重点介绍了电子商务系统与企业内外部信息系统的建设，最后对我国纺织企业电子商务及电子商务网站的发展现状进行了介绍。

本教材从实际应用的角度出发，选取了纺织信息系统课程最基本、最重要的内容，在内容编排及习题设计上力求深入浅出、简明扼要，既保持各个章节和主题的独立性，又尽可能展现出它们之间的联系。同时，为了帮助读者更好地理解和掌握纺织信息系统中的高新技术，编者在介绍纺织信息系统高新技术后编排了对应的应用实例。

在本书编写过程中，我们查阅参考了相关国内外的教材、专著及文献，在此对其作者表示感谢。由于水平和经验有限，书中的错误及不妥之处在所难免，恳请各位专家、读者批评指正。

邵景峰

2017 年 12 月

目 录
Contents

第二章　信息系统的技术基础

第三章　管理信息系统及其在纺织中的应用

第四章　MRP Ⅱ 和 ERP 系统及其在纺织中的应用

第五章　CIMS 及其在纺织行业中的应用

第六章　高新技术在纺织信息系统中的应用

第七章　纺织企业电子商务

第一章　概述

【本章导读】

1. 了解信息系统的发展历程及其主要分类。

2. 了解并掌握信息系统在纺织企业中应用现状。

3. 掌握纺织企业信息集成系统的模型及分析设计方法。

信息化是当今世界发展的大趋势，是推动经济社会变革的重要力量。大力推进信息化，是覆盖我国现代化建设全局的战略举措，是贯彻落实科学发展观、全面建设小康社会、构建社会主义和谐社会和建设创新型国家的迫切需要和必然选择。信息化是充分利用信息技术，开发利用信息资源，促进信息交流和知识共享，提高经济增长质量，推动经济社会发展转型的历史进程。世纪年代以来，信息技术不断创新，信息产业持续发展，信息网络广泛普及，信息化成为全球经济社会发展的显著特征，并逐步向一场全方位的社会变革演进。进入世纪，信息化对经济社会发展的影响更加深刻。广泛应用、高度渗透的信息技术正孕育着新的重大突破。发达国家信息化发展目标更加清晰，正在出现向信息社会转型的趋向越来越多的发展中国家主动迎接信息化发展带来的新机遇，力争跟上时代潮流。全球信息化正在引发当今世界的深刻变革，重塑世界政治、经济、社会、文化和军事发展的新格局。加快信息化发展，已经成为世界各国的共同选择。

随着我国成功加入 WTO，中国经济不可避免地要纳入全球经济运作的大循环中。中国企业不仅要在本土开展国际竞争，还必须在全球范围直接或间接地参与国际竞争。跨国经营已成为中国企业得以生存与发展的必然选择。网络的无国界，使企业可以借助互联网等现代信息技术，把市场、生产和销售延伸到世界的每一个角落，使全球经营成为可能。纵观我国企业跨国经营的发展过程，无不发现与之相伴随的是企业信息化建设的实施。企业信息化已成为企业实现跨国经营的必备条件之一。

信息化对我国企业进行跨国经营的促进作用主要表现在以下几个方面：

（1）企业信息化拓宽了企业的生存、发展空间，有利于企业适应经济全球化的需要。市场和企业的网络化，可有效、合理地配套各种资源，方便地进入其他地区、其他行业或其他企业的市场，从而大大拓宽了企业的生存、发展空间。

（2）企业信息化有利于企业规模的扩张，从而提高企业在国际化经营中的竞争实力。因为企业扩张往往会带来自身的组织成本及管理费用增加，减弱组织的管理控制能力，企业只有通过网络化、信息化才能消灭由于规模扩张所带来的空间及时间距离，降低管理费用，形成企业的规模竞争优势，从而为企业的国际化经营提供可靠的保证。

（3）信息化为企业在国际化经营中赢得了时间竞争优势。信息技术强大的运算能力及开放性，不仅加速了信息的处理、运用，而且使得企业间不同信息系统的整合更加容易，尤其以 Internet/Intranet 为代表的网络技术的兴起，更为供应链上成员间彼此信息交换、分享，提供了一个更好的传播工具，为企业建立了一个有效的迅速反应系统。

（4）信息化为企业实行国际范围内的战略联盟提供了有利条件。信息化可以为国际化的战略联盟在合作范围内建立双方共享的信息交流平台。并且，企业信息化使企业间的虚拟经营成为可能，即信息技术所带来的对信息的访问和 IT 资源的共享可以代替通过所有权带来实现的控制，从而实现弹性联盟，避免由刚性联盟（并购）所带来的问题，使企业在国际化经营中能够寻求、保持和发展优势。

（5）企业信息化有助于企业整个生产经营管理系统适应国际化经营的需要。在国际化经营下，企业的现代生产经营管理系统应该是准时管理、精益化管理、柔性化管理及并行工程管理。然而，这一切管理系统的实现，需要现代信息技术的支持。如要做到准时生产，则需要信息流、资金流、物流合而为一，需要一体化的全球产业链管理，需要基于互联网的全球化物流的支持；要做到柔性化生产，需要电子商务的支持；要做到并行工程管理，需要有能够支持多功能集成产品开发团队的网络与计算机平台。

据统计显示，我国有八万多家纺织企业，2003 年纳入国家统计指标的规模以上企业有二万五千多家，纺织行业的规模、效益和企业数决定了它是信息技术应用的大市场。我国纺织业在国际市场的重要地位，加入 WTO 后企业提高核心竞争力的迫切愿望也决定了其今后对信息化投入将显著增加。近年来，纺织企业对信息化项目的需求呈明显增加趋势，需求调查结果显示，管理信息系统占 83%，纺织专用 CAD 占 29%，自动监测系统占 10%，自动控制系统占 12%，信息网络、电子商务等占 24%，其中管理信息系统和电子商务需求增长最为显著。这里存在政府和行业组织大力推动的因素，但主要取决于企业对加入 WTO 后国际竞争日益严峻这一发展趋势的判断，信息化是我国纺织企业在国际竞争中取胜的有力工具。

第一节　信息系统的基本概念

一、信息系统相关概念

（一）信息的概念

信息化表面上看起来是信息技术的推广应用，但实质是使信息这一信息社会的主导资源充分发挥作用。可以说推广信息技术是手段，利用信息是目的，信息化则是实现目的的过程。那么，我们自然要问，什么是信息？

对于"信息"这个概念，不同的学科有不同的解释。我们认为，信息（ Information ）是关于客观事实的可通信的知识。

首先，信息是客观世界各种事物的特征的反映。客观世界中任何事物都在不停地运动和变化，呈现出不同的特征。这些特征包括事物的有关属性状态，如时间、地点、程度和方式等。信息的范围极广，比如气温变化属于自然信息，遗传密码属于生物信息，企业报表属于管理信息等。其次，信息是可以传递的。信息是构成事物联系的基础。由于人们通过感官直接获得周围的信息极为有限，因此，大量的信息需要通过传输工具获得。最后，信息形成知识。所谓知识，就是反映各种事物的信息进入人脑，对神经细胞产生作用后留下的痕迹。信息与人类认知能力相结合，产生了知识。人们正是通过获得信息来认识事物、区别事物和改造世界的。

信息的概念不同于数据。数据（Data，又称资料）是记录客观事物的、可鉴别的符号。这些符号不仅包括数字，还包括字符、文字、图形等。数据经过处理仍然是数据，处理数据是为了便于更好地解释。只有经过解释，数据才有意义，才成为信息。可以说信息是经过加工并对客观世界产生影响的数据。例如，行驶中汽车里程表上的数据不一定成为信息，只有当司机需要观察里程表上的数据以便做出加速或减速的决定时，才成为信息。同一数据，每个人的解释可能不同，其对决策的影响可能不同。决策者利用经过处理的数据做出决策，可能取得成功，也可能遭受失败，关键在于对数据的解释是否正确，因为不同的解释往往来自不同的背景和目的。

信息可以从不同角度分类。按照管理的层次可以分为战略信息、战术信息和作业信息；按照应用领域可以分为管理信息、社会信息、科技信息等；按照加工顺序可分为一次信息、二次信息和三次信息等；按照反映形式可分为数字信息、图像信息和声音信息等。

信息具有以下特性：

1．事实性

"事实是信息的中心价值，不符合事实的信息不仅没有价值，而且可能价值为负，既害别人，也害自己"。

2．时效性

信息的时效是指从信息源发送信息，经过接收、加工、传递、利用的时间间隔及其效率。时间间隔愈短，使用信息愈及时，使用程度愈高，时效性愈强。

3．不完全性

关于客观事实的信息是不可能全部得到的，这与人们认识事物的程度有关系。因此数据收集或信息转换要有主观思路，要运用已有的知识，要进行分析和判断，只有正确地舍弃无用和次要的信息，才能正确地使用信息。

4．等级性

管理系统是分等级的（如公司级、工厂级、车间级等），处在不同级别的管理者有不同的职责，处理的决策类型不同，需要的信息也不同。因而信息也是分级的。通常把管理信息分为以下三级：

（1）战略级。战略信息是关系到上层管理部门对本部门要达到的目标，关系到为达到这一目标所必需的资源水平和种类以及确定获得资源、使用资源和处理资源的指导方针等方面进行决策的信息。如产品投产、停产、新厂选择厂址，开拓新市场等。

制定战略要大量地获取来自外部的信息。管理部门往往把外部信息和内部信息结合起来进行预测。

（2）战术级。这是管理控制信息，是使管理人员能掌握资源利用情况，并将实际结果与计划相比较，从而了解是否达到预定目的，并指导其采取必要措施更有效地利用资源的信息。例如，月计划与完成情况的比较、库存控制等。管理控制信息一般来自所属各部门，并跨越于各部门之间。战术级也称为管理级。

（3）作业级。作业信息用来解决经常性的问题，它与组织日常活动有关，并用以保证切实地完成具体任务。例如，每天统计的产量、质量数据、打印工资单等。

5．变换性

信息是可变换的，它可以由不同的方法和不同的载体来载荷。这一特性在多媒体时代尤为重要。

6．价值性

管理信息是经过加工并对生产经营活动产生影响的数据，是一种资源，因而是有价值的。索取一份经济情报，或者利用大型数据库查阅文献所付费用是信息价值的部分体现。信息的使用价值必须经过转换才能实现。鉴于信息寿命衰老得快，转换必须及时。如某车间可能窝工的信息知道得早，及时备料或安插其他工作，信息资源就转换为物质财富。反之，事已临头，知道了也没有用，转换已不可能，信息也就没有什么价值了。"管理的艺术在于驾驭信息"，就是说，管理者要善于转换信息，实现信息的价值。

现代社会的特点之一，是管理信息量的增长速度十分惊人，有所谓"信息威胁"之说，这是指人类面临要处理的信息量大到难以应付的地步，以至造成混乱的结果。例如，一年内全世界发表的化学论文多达数万篇，如果没有计算机，要想从中找到一篇需要的文章内容就会像大海捞针。信息的爆炸性增长造成了信息挑战和信息威胁。面对这种情况，应用计算机等信息设备辅助作业是迎接信息挑战的唯一出路。

（二）系统的概念

系统是由处于一定的环境中相互联系和相互作用的若干组成部分结合而成并为达到整体目的而存在的集合。系统按其组成可分为自然系统、人造系统和复合系统三大类。血液循环系统、天体系统、生态系统等属于自然系统，这些系统是自然形成的。所谓人造系统，是指人类为了达到某种目的而对一系列的要素作出有规律的安排，使之成为一个相关联的整体，例如计算机系统、生产系统和运输系统等。实际上，大多数系统属于自然系统和人造系统相结合的复合系统，而且许多系统有人参加，是人机系统。例如信息系统看起来是一个人造系统，但是它的建立、运行和发展往往不以设计者的意志为转移，而有其内在规律，特别是与开发和使用信息系统的人的行为有紧密的联系。了解自然系统的运行规律及人与自然系统的关系是建立和发展信息系统的关键。

系统的特征包括：整体性、目的性、相关性、环境适应性等。下面对这些特征逐一讨论。

1．整体性

一个系统至少要由两个或更多的可以相互区别的要素或称子系统组成，它是这些要素和子系统的集合。作为集合的整体系统的功能要比所有子系统的功能的总和还大。

2．目的性

人造系统都具有明确的目的性。所谓目的，就是系统运行要达到的预期目标，它表现为系统所要实现的各项功能。系统目的或功能决定着系统各要素的组成和结构。

3．相关性

系统内的各要素既相互作用，又相互联系。这里所说的联系，包括结构联系、功能联系、因果联系等。这些联系决定了整个系统的运行机制，分析这些联系是构筑一个系统的基础。

4．环境适应性

系统在环境中运转。环境是一种更高层次的系统。系统与其环境相互交流，相互影响，进行物质的、能量的或信息的交换。不能适应环境变化的系统是没有生命力的。

（三）信息系统的概念

信息系统（Information System）是由计算机硬件、网络和通信设备、计算机软件、信息资源、信息用户和规章制度组成的以处理信息流为目的的人机一体化系统。它是一门新兴的科学，其主要任务是最大限度的利用现代计算机及网络通信技术加强企业的信息管理，通过对企业拥有的人力、物力、财力、设备、技术等资源的调查了解，建立正确的数据，加工处理并编制成各种信息资料及时提供给管理人员，以便进行正确的决策，不断提高企业的管理水平和经济效益。企业的计算机网络已成为企业进行技术改造及提高企业管理水平的重要手段。

组织中各项活动表现为物流、资金流、事务流和信息流的运动。"物流"是实物的流动过程。物资的运输，产品从原材料采购、加工直至销售都是物流的表现形式。"资金流"指的是伴随物流而发生的资金的流动过程。"事务流"是各项管理活动的工作流程，例如原材料进厂进行的验收、登记、开票、付款等流程，厂长做出决策时进行的调查研究、协商、讨论等流程。"信息流"伴随以上各种流的流动而流动，它既是其他各种流的表现和描述，又是用于掌握、指挥和控制其他流运行的软资源。在一个组织的全部活动中存在着各式各样的信息流，而且不同的信息流用于控制不同的活动。若几个信息流联系组织在一起，服务于同类的控制和管理目的，就形成信息流的网，称之为信息系统。一个组织的信息系统可以是企业的产、供、销、库存、计划、管理、预测、控制的综合系统，也可以是机关的事务处理、战略规划、管理决策、信息服务等等的综合系统。

信息系统包括信息处理系统和信息传输系统两个方面。信息处理系统对数据进行处理，使它获得新的结构与形态或者产生新的数据。比如计算机系统就是一种信息处理系统，通过它对输入数据的处理可获得不同形态的新的数据。信息传输系统不改变信息本身的内容，作用是把信息从一处传到另一处。由于信息的作用只有在广泛交流中才能充分发挥出来，因此，通信技术的进步极大地促进了信息系统的发展。广义的信息系统概念已经延伸到与通信系统相等同。这里的"通信"不仅指通信，而且意味着人际交流和人际沟通，其中包括思想的沟通、价值观的沟通和文化的沟通。广义的资讯（沟通）系统强调"人"本身不但是一个重要的沟通工具，还是资讯意义的阐释者；所有的沟通媒介均需使资讯最终可为人类五官察觉（Sense）与阐释（Interpret），方算是资讯沟通媒介。这里，资讯就是信息。

二、信息系统的发展

计算机在管理领域应用的发展与计算机技术、通信技术和管理科学的发展紧密相关。虽然，信息系统和信息处理在人类文明开始时就已存在，但直到电子计算机问世后，随着信息技术的飞跃和现代社会对信息需求的增长，它们才迅速发展起来。第一台电子计算机于1946年问世，50多年来，信息系统经历了由单机到网络，由低级到高级，由电子数据处理到管理信息系统、再到决策支持系统，由数据处理到智能处理的过程。这个发展过程大致经历了以下几个阶段。

（一）电子数据处理系统（Electronic Data Processing Systems，EDPS）

电子数据处理系统也叫业务处理系统（Transaction Processing Systems，TPS）。电子数据处理系统是在 20 世纪 50 年代初期，运用于计算机应用在经营管理工作中的数据处理，特别是会计和统计工作的数据，主要用于运作层的控制管理。从发展阶段来看，它可分为单项数据处理和综合数据处理两个阶段。

1．单项数据处理阶段（20 世纪 50 年代中期到 60 年代中期）

单项数据处理是电子数据处理的初级阶段，主要是用计算机代替部分手动劳动，进行一些简单的单项数据处理工作，如工资计算、统计产量等。1954 年，通用电气公司利用计算机进行工资计算成为基于计算机的企业信息系统应用的开端。此阶段的数据处理方式一般为批处理（即用人工收集原始数据，间隔一定时间集中一批数据，记录在信息载体上再输入到计算机处理）。此阶段的基本特征是：数据不是独立的，是应用程序的组成部分。修改数据必须要修改程序。数据之间是独立的、无关的。程序之间也是独立的，不能共享数据，在功能上不能对数据进行管理。利用计算机进行数据处理，计算机就被用到了企业信息管理之中，由此产生了最早的管理软件，即最简单的信息系统。

2．综合数据处理阶段（20 世纪 60 年代中期到 70 年代初期）

在综合数据处理阶段的计算机技术有了很大发展，出现了大容量直接存取的外存储器，同时一台计算机能够带动若干终端，可以对多个过程的有关业务数据进行综合处理。这就给将若干分散的单个计算机数据处理终端用联机方式进行综合处理提供了可能，此时各类信息报告系统应运而生，即按事先规定的要求提供各类状态报告。此阶段的数据处理方式是以实时操作为主，并能随机地对数据进行存取和处理（即把输入数据从发生地直接输入到计算机，经运算后的输出数据直接传送给用户）。此阶段的基本特征是：数据不再是程序的组成部分，修改数据不需要修改程序。数据有结构、有组织地构成文件，存储在磁带、磁盘等外存储器上，可以反复地使用和保存。程序已构成一个系统，其作用是对数据进行内、外存交换，通过一套复杂的文件处理技术，如排序、合并、检索等对数据进行管理、处理和计算，同时也出现了一套保证可靠性、准确性的技术，出现了广泛利用人机对话和随机操作技术的实时操作功能。文件系统由于使用上的灵活性和不需要更复杂的数据库管理系统软件，因此可广泛地应用于各种领域。

信息报告系统是管理信息系统的雏形，其特点是按事先规定要求提供各类状态报告，如生产状态控制报告系统、服务状态报告系统和研究状态报告系统等。例如，IBM 公司的生产状态报告系统。IBM 公司生产计算机时，由状态报告系统监视每一个元件生产的进度，大大加快了计划调度的速度，减少了库存。还有美国航空公司的 Sabre 预约订票系统。20 世纪 70 年代，为应对航空产业激烈的竞争，美国航空公司开发了一套名为 Sabre 的计算机订票系统。该系统的应用为航空公司带来了极大的竞争优势，使美国航空公司几乎垄断了所有的机票销售渠道，为公司带来了巨额的利润。但是随着时间的推移，Sabre 系统的局限性暴露出来。系统只能完成数据更新、统计、查询等功能，而没有任何预测和控制作用，更不能改变系统已有的行为，如从历史同期机票预订速度的规律和现有的订票速度来预测可能发生的问题，以及采取何种补救措施等。由此来看，EDPS 只能完成单纯的数据处理工作，缺乏分析预测功能，不能满足组织经营管理的需要。信息报告系统是管理信息系统的雏形，其特点是按事先规定的要求提供各类状态报告。

（1）生产状态报告：如 IBM 公司生产计算机时，由状态报告系统监视每一个元件生产的进度，它大大加快了计划调度的速度，减少了库存。

（2）服务状态报告：如能反映库存数量的库存状态报告。

（3）研究状态报告：如美国的国家技术信息服务系统（NTIS）能提供技术问题的简介、有关研究人员和著作出版等情况。

（二）管理信息系统（Management Information System，简称 MIS）

20 世纪 70 年代初随着数据库技术、网络技术的发展和科学管理方法的推广，计算机在管理上的应用日益广泛，管理信息系统逐渐成熟起来。

管理信息系统最大的特点是高度集中，能将组织中的数据和信息集中起来，进行快速处理，统一使用。有一个中心数据库和计算机网络系统是 MIS 的重要标志。MIS 的处理方式是在数据库和网络基础上的分布式处理。随着计算机网络和通信技术的发展，不仅能把组织内部的各级管理联结起来，而且能够克服地理界限，把分散在不同地区的计算机网互联，形成跨地区的各种业务信息系统和管理信息系统。

管理信息系统的另一特点是利用定量化的科学管理方法，通过预测、计划优化、管理、调节和控制等手段来支持决策（详见第三章管理信息系统的发展过程）。

（三）决策支持系统（Decision Support System，简称 DSS）

20 世纪 70 年代国际上展开了 MIS 为什么失败的讨论。人们认为，早期 MIS 的失败并非由于系统不能提供信息。实际上 MIS 能够提供大量报告，但经理很少去看，大部分被丢进废纸堆，原因是这些信息并非经理决策时所需要的信息。当时美国的 Michael S. Scott Marton 在《管理决策系统》一书中首次提出了"决策支持系统"的概念。决策支持系统不同于传统的管理信息系统。早期的 MIS 主要为管理者提供预定的报告，而 DSS 则是在人和计算机交互的过程中帮助决策者探索可能的方案。为管理者提供决策所需的信息。

由于支持决策是 MIS 的一项重要内容，DSS 无疑是 MIS 重要组成部分；同时，DSS 以 MIS 管理的信息为基础，是 MIS 功能上的延伸。从这个意义上，可以认为 DSS 是 MIS 发展的新阶段，而 DSS 是把数据库处理与经济管理数学模型的优化计算结合起来，具有管理、辅助决策和预测功能的管理信息系统（详细内容请参见第三章的决策支持系统的发展小节）。

综上所述，EDPS、MIS 和 DSS 各自代表了信息系统发展过程中的某一阶段，但至今它们仍各自不断地发展着，而且是相互交叉的关系。EDPS 是面向业务的信息系统，MIS 是面向管理的信息系统，DSS 则是面向决策的信息系统。DSS 在组织中可能是一个独立的系统，也可能作为 MIS 的一个高层级系统而存在。

信息系统是一个不断发展的概念。20 世纪 90 年代以来，DSS 与人工智能（Artificial Intelligence，英文缩写为 AI）、计算机网络技术等结合形成了智能决策支持系统（Intelligent Decision Support System，简称 IDSS）和群体决策支持系统（Getup Decision Support

Systems，简称 GDSS）。此外还出现了不少新的概念，诸如总裁信息系统、战略信息系统、计算机集成制造系统和其他基于知识的信息系统等。

（四）管理信息系统发展的重要趋势是网络化、信息化、智能化

网络化是管理系统发展要求实现信息的有机集成的结果，也是计算机和通信技术发展的结果。1993 年，www（万维网）在 Interne 上的出现，为信息系统的网络化创造了前所未有的条件。近年来，管理信息系统依托互联网正从企业内部向外部发展，随之出现了电子商务、电子政务、供应链管理信息系统、虚拟企业、网上交易、谈判支持系统等许多新的概念。

电子商务在信息系统网络化中占有重要的地位，它打破了传统商务对市场的时空限制，使整个社会的商业体系结构、消费者的消费观念和行为均发生了深刻的变化，作为一种全新的商业模式，正在给社会和企业的变革带来深远的影响。不仅如此，电子商务的概念还被延伸，目前，政府管理中出现了电子政务，教育领域出现了远程教育，医疗领域出现了远程医疗等。

信息化是指培养、发展以计算机为主的智能化工具为代表的新生产力，并使之造福于社会的历史过程。智能化工具又称信息化的生产工具。它一般必须具备信息获取、信息传递、信息处理、信息再生、信息利用的功能。与智能化工具相适应的生产力，称为信息化生产力。智能化生产工具与过去生产力中的生产工具不一样的是，它不是一件孤立分散的东西，而是一个具有庞大规模的、自上而下的、有组织的信息网络体系。这种网络性生产工具将改变人们的生产方式、工作方式、学习方式、交往方式、生活方式、思维方式等，将使人类社会发生极其深刻的变化。也是我国工业企业进行二次改革的实现目标。

信息化是以现代通信、网络、数据库技术为基础，对所研究对象各要素汇总至数据库，供特定人群生活、工作、学习、辅助决策等和人类息息相关的各种行为相结合的一种技术，使用该技术后，可以极大地提高各种行为的效率，为推动人类社会进步提供极大的技术支持。

智能化是指由现代通信与信息技术、计算机网络技术、行业技术、智能控制技术汇集而成的针对某一个方面的应用。从感觉到记忆再到思维这一过程称为"智慧"，智慧的结果产生了行为和语言，将行为和语言的表达过程称为"能力"，两者合称"智能"。智能一般具有这样一些特点：一是具有感知能力，即具有能够感知外部世界、获取外部信息的能力，这是产生智能活动的前提条件和必要条件；二是具有记忆和思维能力，即能够存储感知到的外部信息及由思维产生的知识，同时能够利用已有的知识对信息进行分析、计算、比较、判断、联想、决策；三是具有学习能力和自适应能力，即通过与环境的相互作用，不断学习积累知识，使自己能够适应环境变化；四是具有行为决策能力，即对外界的刺激作出反应，形成决策并传达相应的信息。具有上述特点的系统则为智能系统或智能化系统。

从德国"工业 4.0"到我国的"中国制造 2025"，将智能化推向了科技创新的前沿，例如：智慧城市、智能家具、机器人等。这一系列智能制造的成果不断地改变我们的生活，同时也让企业面临着技术创新的改革。而智能化最突出的成果就是人工智能了。

人工智能（Artificial Intelligence），英文缩写为 AI。它是研究、开发用于模拟、延伸和扩展人的智能的理论、方法、技术及应用系统的一门新的技术科学。人工智能是计算机科

学的一个分支，它企图了解智能的实质，并生产出一种新的能以人类智能相似的方式做出反应的智能机器，该领域的研究包括机器人、语言识别、图像识别、自然语言处理和专家系统等。人工智能从诞生以来，理论和技术日益成熟，应用领域也不断扩大，可以设想，未来人工智能带来的科技产品，将会是人类智慧的"容器"。人工智能是对人的意识、思维的信息过程的模拟。人工智能不是人的智能，但能像人那样思考、也可能超过人的智能。例如：阿尔法围棋。阿尔法围棋（AlphaGo）是一款围棋人工智能程序，由位于英国伦敦的谷歌（Google）旗下 DeepMind 公司的戴维·西尔弗、艾佳·黄和戴密斯·哈萨比斯与他们的团队开发，这个程序利用"价值网络"去计算局面，用"策略网络"去选择下子。2015 年 10 月阿尔法围棋以 5∶0 完胜欧洲围棋冠军、职业二段选手樊麾；2016 年 3 月对战世界围棋冠军、职业九段选手李世石，并以 4∶1 的总比分获胜。

三、信息系统的内容及分类

一个完整的 MIS 应包括：辅助决策系统（DSS）、工业控制系统（CCS）、办公自动化系统（OA）以及数据库、模型库、方法库、知识库和与上级机关及外界交换信息的接口。其中，特别是办公自动化系统（OA）、与上级机关及外界交换信息等都离不开 Intranet（企业内部网）的应用。可以这样说，现代企业 MIS 不能没有 Intranet，但 Intranet 的建立又必须依赖于 MIS 的体系结构和软硬件环境。

（一）依据信息系统的发展和系统特点分类

依据信息系统的发展和系统特点可分为数据处理系统（Data Processing System，简称 DPS）、管理信息系统（Management Information System，简称 MIS）、决策支持系统（Decision Support System，简称 DSS）、专家系统（人工智能（AI）的一个子集）和办公室自动化（Office Automation，简称 OA）五种类型。

1. 数据处理系统

数据处理系统是指运用计算机处理信息而构成的系统。通过数据处理系统对数据信息进行加工、整理，计算得到各种分析指标，转变为易于被人们所接受的信息形式，并可以将处理后的信息进行贮存。数据库主要担负数据的存储和计算工作，譬如 Oracle，Mysql 等数据库工具。其主要功能是将输入的数据信息进行加工、整理，计算各种分析指标，变为易于被人们所接受的信息形式，并将处理后的信息进行有序贮存，随时通过外部设备输给信息使用者。

2. 管理信息系统

管理信息系统是一个以人为主导，利用计算机硬件、软件、网络通信设备以及其他办公设备，进行信息的收集、传输、加工、储存、更新、拓展和维护的系统。

管理信息系统是一个不断发展的新兴学科，MIS 的定义随着计算机技术和通信技术的进步也在不断更新，在现阶段普遍认为管理信息系统 MIS、是由人和计算机设备或其他信息处理手段、组成并用于管理信息的系统（第三章详解）。

3．决策支持系统

（1）决策支持系统的基本概念：决策支持系统（DSS）的概念最早由 Gorry 和 Scott 在 1971 年提出，他们将 Anthony 对管理活动分类（战略计划、管理控制、运作控制）和 Simon 对决策问题分类（程序性决策和非程序决策）的观点结合起来，认为决策活动可以分为结构化（Structured）、非结构化（Unstructured）和半结构化（Semi-structured）三种类型，并将 DSS 定义为辅助解决半结构化或非结构化决策问题的计算机系统。DSS 并不能代替决策者进行决策，它主要用于处理决策问题中结构化的部分，而由决策者来处理决策问题中的非结构化部分，因此，DSS 本质上是一个人机交互的问题求解系统。

Gorry 和 Scott 进一步讨论了在 DSS 环境下的信息需求与构模特征，认为决策过程中信息需求的不明确性，要求 DSS 具备更为灵活的构模环境（Modeling Environments）。图 1-1 显示了一个典型的运用 DSS 进行决策制定过程：首先对决策问题进行识别和定义，然后制定出几套不同的解决方案，针对每个解决方案，进行决策建模，对每一个方案的模型进行求解分析，最终将分析结果提交给决策者进行选择，采用其中的一个方案来解决决策问题，如果所有方案均不满意，则重新对问题进行考察，进入下一个循环。

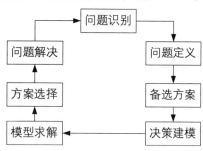

图 1-1　基于 DSS 的决策制定过程

计算机应用于决策制定过程，一般有三种不同的情况（图 1-2）：第一种是自动决策系统，通常是对于常规的结构化问题，由计算机自动进行决策；第二种是决策支持系统，通常是对于半结构化的常规性的决策问题提供辅助支持；第三种是计算机分析工具，通常是技术专家在特殊的非结构化决策环境下使用，以帮助其对特殊问题进行专门的研究。Power 认为，DSS 是一般指第二种情况，即它是为非技术专家的决策制定提供帮助的，具有良好人机界面和易操作的，能够反复使用的系统。

图 1-2　计算机对不同决策环境的支持

（2）DSS 的主要类型：随着 DSS 研究的发展，出现了各种类型的 DSS，也有各种不同的分类方法。目前，较为广泛采用的是 Alter 的方法，他按照系统的内在驱动力，将 DSS 分为以下五种类型：

①模型驱动的 DSS（Model-driven DSS）：该类系统运用各种数学决策模型来帮助决策制定。系统强调对大量的模型进行访问和操纵，而模型库及其管理系统则成为 DSS 中最主要的功能部件。模型驱动的 DSS 通常不是数据密集型的，也就是说，模型驱动的 DSS 通常不需要很大规模的数据库。模型驱动的 DSS 的早期版本被称作面向计算的 DSS。这类系统有时也称为面向模型或基于模型的决策支持系统。

②数据驱动的 DSS（Data-driven DSS）：包括文件夹与管理报告系统（File Drawer and Management Reporting System）、数据仓库与分析系统（Data Warehousing and Analysis System）、主管信息系统（Executive Information System，EIS）、数据驱动的空间决策支持系统（Data-driven Spatial DSS）、商业智能系统（Business Intelligence System）等，这类系统通过对海量数据库进行访问、操纵和分析，来获取决策支持。

③知识驱动的 DSS（Knowledge-driven DSS）：该类系统基于知识库中所存贮的知识，运用人工智能（Artificial Intelligence）或其它统计分析工具，如基于案例的推理（Case-based Reasoning）、规则（Rule）、框架（Frame）以及贝叶斯网络（Bayesian Network）等，向决策者提出行动建议。

④沟通驱动的 DSS（Communication-driven DSS）：该类系统强调通信、协作以及共享决策支持。群件（Groupware，群体工作软件）是其主要的表现形式，如简单的公告板、电子邮件、视频会议等。沟通驱动的 DSS 能够使两个或者更多的人互相通信、共享信息以及协调他们的行为，并共同完成决策方案的制定。

⑤文本驱动的 DSS（Document-driven DSS）：该类系统集成了多种存贮与处理技术，通过对高级文本的提取与分析来提供决策支持信息。

在上述五种类型的决策支持系统中，模型驱动的决策支持系统是最基本和最重要的类型之一。

4．专家系统

专家系统（Expert System）是人工智能应用研究最活跃和最广泛的课题之一。自从 1965 年第一个专家系统 DENDRAL 在美国斯坦福大学问世以来，经过 20 年的研究开发，到 80 年代中期，各种专家系统已遍布各个专业领域，取得很大的成功。

专家系统是一个智能计算机程序系统，其内部含有大量的某个领域专家的知识与经验，能够利用人类专家的知识和解决问题的方法来处理该领域问题。也就是说，专家系统是一个具有大量的专门知识与经验的程序系统，它应用人工智能技术和计算机技术，根据某领域一个或多个专家提供的知识和经验，进行推理和判断，模拟人类专家的决策过程，以便解决那些需要人类专家处理的复杂问题，简而言之，专家系统是一种模拟人类专家解决领域问题的计算机程序系统。

下面把专家系统的主要组成部分归纳于下。

（1）知识库（knowledge base）：知识库用于存储某领域专家系统的专门知识，包括事实、可行操作与规则等。为了建立知识库，要解决知识获取和知识表示问题。知识获取涉及知识工程师（knowledge engineer）如何从专家那里获得专门知识的问题；知识表示则要解决如何用计算机能够理解的形式表达和存储知识的问题。

（2）综合数据库（global database）：综合数据库又称全局数据库或总数据库，它用于存储领域或问题的初始数据和推理过程中得到的中间数据（信息），即被处理对象的一些当前事实。

（3）推理机（reasoning machine）：推理机用于记忆所采用的规则和控制策略的程序，使整个专家系统能够以逻辑方式协调地工作。推理机能够根据知识进行推理和导出结论，而不是简单地搜索现成的答案。

（4）解释器（explainator）：解释器能够向用户解释专家系统的行为，包括解释推理结论的正确性以及系统输出其它候选解的原因。

（5）接口（interface）：接口又称界面，它能够使系统与用户进行对话，使用户能够输入必要的数据、提出问题和了解推理过程及推理结果等。系统则通过接口，要求用户回答提问，并回答用户提出的问题，进行必要的解释。

专家系统具有下列三个特点：

①启发性。专家系统能运用专家的知识与经验进行推理、判断和决策。世界上的大部分工作和知识都是非数学性的，只有一小部分人类活动是以数学公式为核心的（约占 8%）。即使是化学和物理学科，大部分也是靠推理进行思考的；对于生物学、大部分医学和全部法律，情况也是这样。企业管理的思考几乎全靠符号推理，而不是数值计算。

②透明性。专家系统能够解释本身的推理过程和回答用户提出的问题，以便让用户能够了解推理过程，提高对专家系统的信赖感。例如，一个医疗诊断专家系统诊断某病人患有肺炎，而且必须用某种抗生素治疗，那么，这一专家系统将会向病人解释为什么他患有肺炎，而且必须用某种抗生素治疗，就像一位医疗专家对病人详细解释病情一样。

③灵活性。专家系统能不断地增长知识，修改原有知识，不断更新。由于这一特点，使得专家系统具有十分广泛的应用领域。

近十多年来，专家系统获得迅速发展，应用领域越来越广，解决实际问题的能力越来越大，这是专家系统的优良性能以及对国民经济的重大作用决定的。具体地说，专家系统包括下列几个方面的优点：

①专家系统能够高效率、准确、周到、迅速和不知疲倦地进行工作。

②专家系统解决实际问题时不受周围环境的影响，也不可能遗漏忘记。

③可以使专家的专长不受时间和空间的限制，以便推广珍贵和稀缺的专家知识与经验。

④专家系统能促进各领域的发展，它使各领域专家的专业知识和经验得到总结和精炼，能够广泛有力地传播专家的知识、经验和能力。

⑤专家系统能汇集多领域专家的知识和经验以及他们协作解决重大问题的能力，它拥有更渊博的知识、更丰富的经验和更强的工作能力。

⑥军事专家系统的水平是一个国家国防现代化的重要标志之一。

⑦专家系统的研制和应用，具有巨大的经济效益和社会效益。

⑧研究专家系统能够促进整个科学技术的发展。专家系统对人工智能的各个领域的发展起了很大的促进作用，并将对科技、经济、国防、教育、社会和人民生活产生极其深远的影响。

5．虚拟办公室（Office Automation，简称 OA）

计算机的诞生和发展促进了人类社会的进步和繁荣，作为信息科学的载体和核心，计算机科学在知识时代扮了重要的角色。在行政机关、企事业单位工作中，是采用 Internet/Intranet 技术，基于工作流的概念，以计算机为中心，采用一系列现代化的办公设备和先进的通信技术，广泛、全面、迅速地收集、整理、加工、存储和使用信息，使企业内部人员方便快捷地共享信息，高效地协同工作。改变过去复杂、低效的手工办公方式，为科学管理和决策服务，从而达到提高行政效率的目的。一个企业实现办公自动化的程度也是衡量其实现代化管理的标准。中国专家在第一次全国办公自动化规划讨论会上提出办公自动化的定义为：利用先进的科学技术，使部分办公业务活动物化于人以外的各种现代化办公设备中，由人与技术设备构成服务于某种办公业务目的的人—机信息处理系统。简而言之，办公自动化（Office Automation，简称 OA）是将现代化办公和计算机网络功能结合起来的一种新型的办公方式。办公自动化没有统一的定义，凡是在传统的办公室中采用各种新技术、新机器、新设备从事办公业务，都属于办公自动化的领域。在行政机关中，大多把办公自动化叫做电子政务，企事业单位就都叫 OA，即办公自动化。通过实现办公自动化，或者说实现数字化办公，可以优化现有的管理组织结构，调整管理体制，在提高效率的基础上，增加协同办公能力，强化决策的一致性，最后实现提高决策效能的目的。OA 软件的核心应用是：流程审批、协同工作、公文管理（国企和政府机关）、沟通工具、文档管理、信息中心、电子论坛、计划管理、项目管理、任务管理、会议管理、关联人员、系统集成、门户定制、通信录、工作便签、问卷调查、常用工具（计算器、万年历等）。

OA 强调办公的便捷方便，提高效率。作为办公软件，应具备几大特性：易用性、健壮性、开放性、严密性、实用性。

（1）易用性：没有全面的应用做基础，一切都是空谈。管理落地必须面向全员，所以，软件也必须能够被全员所接受，被全员所喜爱。如果易用性不强，这个前提就不存在了，制度落地就只能是空谈。而任何软件都是需要培训的，不过上网却几乎人人都会。所以，就支撑制度落地的软件而言，走网页风格可能是个最佳选择。

（2）健壮性：必须具备超大用户、高并发应用的稳定性。管理"落地"必须面向全员，所以支撑"落地"的软件也必须能保证全员应用的稳定性，尤其是针对集团型企业，软件必须具备超大用户、高并发应用的稳定性，否则，一旦出问题，哪怕是小问题，都可能影响到现实的集团业务，从而造成不可估量的损失。坚持网络风格是最大限度提升软件健壮性的一种有效手段，因为这样一来，决定应用并发数的并不是软件平台本身，而是硬件和网络速度。也就是说，从理论上讲，类似的软件平台没有严格的并发数限制。

（3）开放性：能够与其它软件系统完成必要的关联性整合应用。管理"落地"在现实管理中渗透到管理的各个方面，而没有哪一套软件能够独立的完成所有方面的管理需求，所以，支撑制度"落地"的软件必须具备全面而广泛的整合性，能够从其它软件系统中自动获取相关信息，并完成必要的关联性整合应用。从技术上看，采用整合性强的技术架构（J2EE）作为底层设计对软件的整合性会有决定性的帮助。如此，软件就能预留大量接口，为整合其他系统提供充分的技术保障。同时，现实的整合经验也必不可少，因为整合应用不光涉及技术层面，还包括对管理现实业务的理解、整合实务技巧、整合项目、把控等实际操作技能要求。

（4）严密性：必须同时实现信息数据上的大集中与小独立的和谐统一。企业，尤其是集团型企业，从制度落地的现实需求来看，一方面必须有统一的信息平台，另一方面，又必须给各个子公司部门相对独立的信息空间。所以，软件不仅要实现"用户、角色和权限"上的三维管控，还必须同时实现信息数据上的大集中与小独立的和谐统一，也就是必须实现"用户、角色、权限＋数据"的四维管控，具备全面的门户功能。

（5）实用性：软件功能必须与管理实务紧密结合，否则"药不对症"，反而可能有副作用。而且，还必须能适应企业管理发展的要求。相关研究结果显示，实用性应包括80%的标准化和20%的个性化。

现实中，企业一方面需要软件尽最大可能地满足现有需求，另一方面，管理本身也是个不断发展的过程，所以，企业又需要软件能够满足发展的需求。面对这个现实与发展间的矛盾，业界常见的有三种解决模式，项目化、产品化和平台化。

（二）依据管理的层次性

依据管理的层次性，可将经理信息系统、营销信息系统、制造信息系统、财务信息系统、人力资源信息系统、信息资源信息系统。这是一种逻辑的MIS而不是物理的MIS，也叫组织信息系统。

1. 经理信息系统

虽然经理信息系统从出现至今已经有20余年，但到目前为止，还没有形成一个被大家普遍接受的定义，关于它的定义仍在不断地发展之中。

回顾和分析从20世纪80年代开始的有关经理信息、系统的各种定义可以发现，由于早期研究经理信息系统（EIS）的多数学者此前是研究决策支持系统（Decision Support System，简称DSS）的，因而他们在80年代初给出的EIS的定义往往试图说明EIS与DSS之间的区别。最早提出经理信息系统概念的是Rockart和Treacy，他们通过分析20多个经理的活动，认为DSS和EIS支持解决不同的管理任务，相对于DSS的用户即企业的中层管理者而言，EIS的用户即企业经理的活动更具有非结构性、特殊性和范围的广泛性。由此他们定义EIS是一类面向数据的系统，它主要被用来为经理提供信息，以改进他们的管理计划、监控和分析工作。与典型的DSS相比，EIS需要从企业内部的事务处理系统和外部的信息源获取大量的数据，建立比较大的数据库，这种系统主要利用面向用户的第四代语言和菜单存取数据。1983年，黎擎和薛华成进一步分析了EIS和DSS之间的差别，他们认为EIS应当能满足经理多样和多变的信息需求，而DSS往往是针对单一点上、在一定程度上结构化的决策问题，EIS更多应是面向数据的存取，而不是面向模型。

Keen 也持有类似的观点，认为 EIS 应有数据存取和分析能力，EIS 应能体现经理的管理理念和风格，EIS 是个性化的，不太可能有通用的 EIS。显然，早期有关 EIS 的这些定义主要强调 EIS 的数据存取及分析能力，并注意分析其与 DSS 的区别，但无疑这些定义都是狭义、片面的。

Levinson 首先拓宽了 EIS 的定义，他定义经理信息系统是被设计用来辅助企业中的高层管理人员进行管理和决策的计算机信息系统。他第一次将 EIS 的功能扩展到数据存取和分析之外，包括了支持高级管理人员所有可能的管理活动。1988 年有学者注意到 EIS 支持经理的多层次性，定义 EIS 是为企业任何经营活动服务的、日常运用的计算机信息系统，他的用户或者是总经理，或者是直接对总经理负责的高层管理人员，既能在公司一级使用，也可以在部门一级使用。

随着 EIS 应用的不断增加和对 EIS 研究的不断深入，20 世纪 90 年代初以来，对 EIS 的定义的讨论更加深入。一方面更为明确地区分了 EIS 和 DSS，另一方面更加注意 EIS 的设计与经理的工作和要求相适应。Watson 等人（Hugh J.Watson & R.Kelly Rainer &George Houdeshel，1992）认为，EIS 是一个容易使用的、能够向企业经理提供与企业关键成功因素（Critical Success Factors，简称 CSF）有关的各种企业内外部信息的计算机信息系统。我国研究工作者陈学广等（陈学广、朱明富、费奇，1997）认为，EIS 是一个能满足组织高层管理者的使用要求和管理决策信息需求的计算机信息系统。

以上从不同角度定义了 EIS，我们可以看出，随着计算机技术和通信技术的不断发展，EIS 对经理工作的支持作用越来越得到确认，且其作用越来越显著，内容也越来越丰富。

综上所述，经理信息系统是一种以支持组织中的高层管理和决策人员从事日常管理和决策工作为目的而专门设计与开发的计算机信息系统，能为组织中的高层管理者提供……、信息、思维和决策支持，帮助他们提高工作效率，增强管理与决策能力。

由于经理信息系统是由经理亲自使用的系统，而不同的经理所面临的问题各有侧重点，因此，经理信息系统具有多功能性。具体来说，经理信息系统具有以下四个基本功能（仲伟俊、梅姝娥、张玉林、张薇，2004）：办公支持功能、信息支持功能、决策支持功能和思维支持功能。其功能架构如图 1-3 所示。

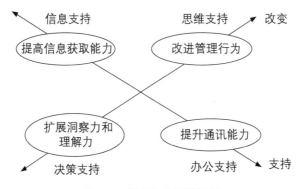

图 1-3 经理信息系统框架

（1）办公支持是支持经理提高办公效率的最基本部分。可以方便经理与企业内外部的交流，提高经理办公事务处理的效率和效果，从而为经理有更多的时间考虑企业发展的重大问题提供可能性。

（2）信息支持是经理信息系统的最根本功能。其主要通过监控企业内部和外部环境中的关键数据信息及其变化趋势，通过及时生成异常分析报告、追踪汇总数据来源等帮助经理快捷地了解企业动态，从而对企业实施更为有效的管理和控制。

（3）决策支持注重对有关决策的可行性进行评价，并揭示其中潜在的和待解决的问题，协助经理完善所做的决策。其不同于为解决企业中某些特定决策问题而开发的决策支持系统。

（4）思维支持强调的是支持企业经理在决策过程中"问题识别"阶段的思维过程。要创造出一种能引导、激发、促进经理进行思维创新活动的信息环境，以形成经理关于本企业状况和问题的正确、完整的心像，从而能发现问题、觉察机遇，正确地提出待解决的问题，有效地进行整个企业的管理控制。

经理信息系统的这些功能之间既相对独立又相互联系，办公支持和信息支持是决策支持和思维支持的基础，决策支持和思维支持是办公支持和信息支持服务的目标。

2．营销信息系统

市场营销信息系统提供有用信息，供企业营销决策者制定规划和策略的，由人员、机器和计算机程序所构成的一种相互作用的有组织的系统。

根据对市场信息系统的要求和市场信息系统收集、处理和利用各种资料的范围，其基本框架一般由四个子系统构成（图1-4）。

（1）内部报告系统（Internal Reporting System）：内部报告的主要任务是由企业内部的财务、生产、销售等部门定期提供控制企业全部营销活动所需的信息，包括订货、销售、库存、生产进度、成本、现金流量、应收应付账款及盈亏等方面的信息。企业营销管理人员通过分析这些信息，比较各种指标的计划和实际执行情况，可以及时发现企业的市场机会和存在的问题。企业的内部报告系统的关键是如何提高这一循环系统的运行效率，并使整个内部报告系统能够迅速、准确、可靠地向企业的营销决策者提供各种有用的信息。

（2）市场营销情报系统（Marketing information system）：企业的市场营销情报系统是指企业营销人员取得外部市场营销环境中的有关资料的程序或来源。该系统的任务是提供外界市场环境所发生的有关动态的信息。企业通过市场营销情报系统，可以从各种途径取得市场情报信息，如通过查阅各种商业报刊、文件、网上下载；直接与顾客、供应者、经销商交谈；与企业内部有关人员交换信息等方式。也可通过雇用专家收集有关的市场信息；通过向情报商购买市场信息等。系统要求采取正规的程序提高情报的质量和数量，必须训练和鼓励营销人员收集情报；鼓励中间商及合作者互通情报；购买信息机构的情报；参加各种贸易展览会等。

（3）市场营销研究系统（Marketing research System）：市场营销研究系统是完成企业所面临的明确具体的市场营销情况的研究工作程序或方法的总体。其任务是：针对确定的市场营销问题收集、分析和评价有关的信息资料，并对研究结果提出正式报告，供决策者针对性地用于解决特定问题，以减少由主观判断可能造成的决策失误。因各企业所面临的问题不同，所以需要进行市场研究的内容也不同。根据国外对企业市场营销研究的调查，发现主要有市场特性的确定、市场需求潜量的测量、市场占有率分析、销售分析、企业趋势研究、竞争产品研究、短期预测、新产品接受性和潜力研究、长期预测、定价研究等项内容，企业研究得比较普遍。

（4）市场营销分析系统（Information Analysis System）：市场营销分析系统是指一组用来分析市场资料和解决复杂的市场问题的技术和技巧。这个系统由统计分析模型和市场营销模型两个部分组成，第一部分是借助各种统计方法对所输入的市场信息进行分析的统计库；第二部分是专门用于协助企业决策者选择最佳的市场营销策略的模型库。

通过以上市场营销信息系统的四个子系统所研究的内容及这些子系统之间的关系的分析，可以看出企业的市场营销信息系统具有以下重要职能：

①集中——搜寻与汇集各种市场信息资料；

②处理——对所汇集的资料进行整理、分类、编辑与总结；

③分析——进行各种指标的计算、比较、综合；

④储存与检索——编制资料索引并加以储存，以便需要时查找；

⑤评价——鉴明输入的各种信息的准确性；

⑥传递——将各种经过处理的信息迅速准确地传递给有关人员，以便及时调整企业的经营决策。

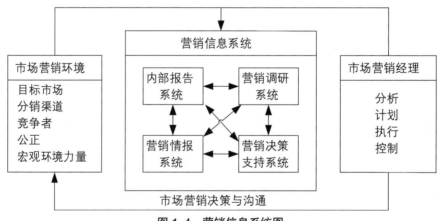

图 1-4　营销信息系统图

3．制造信息系统

制造信息系统是为生产职能提供信息的管理信息系统。这些信息中大部分是由组织中的会计信息系统来提供的，入存货总计和成本信息。其他信息必须要从组织的环境中收集，环境信息包括原材料数据、潜在的新供应商资料和新生产技术的信息。

制造信息系统的功能、性能、信息模型具有一定的普遍性，即：

（1）制造信息系统是一个复杂的开放性系统，它不断地与外界如市场、设计、制造等进行信息交换，其主要特征有：不存在稳定的系统状态，不可能有唯一解，具有宏观有序、围观无序的基本行为。

（2）制造信息系统是一个层次化（hierachical）的系统。

（3）制造信息系统既是技术系统，又是社会系统。

4．财务信息系统

财务信息系统是指以统一合理的部门合作、疏通的信息渠道为依托，以计算机、Internet 网络、网络财务软件为手段，建立的财务信息服务系统。它运用本身所特有的一套方法，从价值方面对事业、机关团体的经营活动和经营成果，进行全面、连续、系统的定量描述。财务各项活动都与信息有关，收集原始凭证是获取用于生成财务信息的会计数据；设置账户是对财务数据进行分类；填制记账凭证和登记账簿是把财务数据转化成财务信息并进行信息的传递和存储；账簿和报表的查阅则是财务信息的输出。财务活动的各个环节相互联系、相互衔接，实现了由财务数据到财务信息的转换过程。

ERP 的应用系统实现了很好的集成性和层次丰富的功能，其应用系统一般分为财务系统、供应链管理系统、制造资源管理系统、项目管理系统、人力资源管理系统等几大系列。其中，财务信息系统已经涵盖了企业会计和财务管理的主要职能。

（1）财务计划的核心作用在于分析预算和实际执行情况的差异并做出必要的调整。这在传统财务系统中是比较薄弱的环节，利用总账和财务分析模块，可以做到对公司级和部门级的预算和预测，并且能支持自上而下、自下而上以及分布式的预算生成。

（2）ERP 能支持企业集团、跨国公司内不同类型企业的财务报表合并。能对多级次账套、多币种和多会计日历的报表进行合并，并可以对科目的余额追溯至原始业务的凭证。

（3）利用金融分析模块，企业各层次员工及外部有关人员在得到授权的前提下，可以对财务数据进行建模分析。更复杂的财务分析可以利用在线数据分析处理工具（OLAP）进行多种角度的数据建模。例如，可以将销售数据分别按照地区、产品类和销售员进行比较，并对影响销售的各因素，如价格进行敏感性建模分析，从而得到科学的决策。

（4）财务管理和控制集中体现在对费用的管理上。ERP 采购、应付账款和固定资产模块的集成性既减少了费用数据的重复录入，也能自动地收集，形成报表供有关人员分析和评估。

（5）应收账款模块可以处理多币种和多国税制以及多种付款方式，使得应收账款的管理实现了对全球化经营的支持。

（6）企业的现金管理涉及财务的各个方面。现金管理模块与应收账款模块、应付账款模块和总账模块是集成的，并提供与银行的数据接口，从而形成了一个能支持多币种、自动银行对账的现金管理体系。

（7）固定资产与采购、库存、总账等模块相互传递有关资产和设备库存的信息，保证在系统中维护准确的资产数据。系统能支持各种资产的折旧、重估、清理的会计处理和财务报表，为企业确定有利的资产管理策略提供服务。

5．人力资源信息系统

人力资源信息系统是组织进行有关人及人的工作方面的信息收集、保存、分析和报告的过程，是计算机用于企业人事管理的产物，它是通过计算机建立的、记录企业每个员工技能和表现的功能模拟信息库。

人力资源信息系统主要包括以下几个模块：

（1）规划决策。在现代企业管理中，为了应付频繁的企业重组及人事变动，企业的管理者可以运用人力资源信息系统，方便地编制本企业的组织结构和人员结构规划方案，通过各种方案在系统中的比较的模拟评估，产生各种方案的结果数据，并通过直观的图形用户界面，为管理者最终决策提供辅助支持，使企业在激烈的市场竞争中立于不败之地。除此之外，人力资源规划还可制定职务模型，包括职位要求、升迁路径和培训计划，根据担任该职位员工的资格和条件，系统会提出针对该员工的一系列培训建议，一旦机构改组或职位变动，系统会提出一系列的职位变动和升迁建议。以上规划一旦被确认，现有结构会方便地被替换。

（2）时间管理。根据本国或当地的日历，灵活安排企业的运作时间以及劳动力的作息时间表；对员工加班、作业轮班、员工假期以及员工作业顶替等作出一套周密的安排；与员工薪资、奖金有关的时间数据会在薪资系统和成本核算中作进一步处理。时间管理作为整体系统中的一个组成部分，而这个系统可以对人力资源管理系统的规划、控制和管理过程提供支持，为行政主管节省了大量时间。

（3）资源体系。通信领域的革命，为商业信息系统的变化起到了催化剂的作用。成熟的 Internet/Intranet 技术给网络时代的人力资源管理工作提出了全新的挑战。长期以来，人力资源管理一直跟不上技术的发展。如今网络却使这个最贴近员工的部门给人带来力量。许多公司把一些人力资源资料，如职位空缺、福利信息等输入企业内部网。人力资源部门并没有停留在用网络向员工单向发布信息上，而是着手创设完善的互动式软件，可以让员工填表、从数据库中获取个人信息、甚至在网络上掂量各种福利项目的长短。人力资源管理在网络时代将被赋予全新的思维。必将形成全新的运作模式。

（4）招聘管理。网上招聘已显示出巨大的威力，大多数的公司都能体会到网上招聘的效率，招聘高级人才就要使用猎头招聘了。企业可以通过 Internet 向外界发布招聘信息，应聘者可以根据兴趣选择空缺职位，输入必要的应聘者信息。应聘者申请一经成立，申请人就获得一个个人编号和密码。申请者可以追踪求职申请状况、查询应聘的处理过程。公司可以建立自己的人才资源库，在公司内部网络化的招聘管理系统将大大提高你的效率。网络可以帮你寻找符合你条件的求职者，世界上每个角落的人才也都有机会了解你的招聘信息，你可以测评选择你公司的应征者，可以很快得到一份详尽的人才分析报告。在招聘的后台处理系统里，你可以更快地得到更多的招聘工作分析报表。

（5）在线评估。由于网络将原来遥远的距离拉近，主管可以很快看到每个来自各地的下属定期递交的工作报告，并在线对下属工作进行指导及监督。评估及述职也在网络中实现，员工的工作地点已经不是很重要了。只要具备工作条件，他只需按计划去完成工作就可以了，员工的满意度将大大提高。在线评估系统实时录入公司所有员工评估资料，其强大的后台处理功能将出具各种分析报告，为公司的管理改进提供及时的依据。

（6）在线培训。以网络为基线的虚拟学习中心将在一些大公司或专业的机构涌现，在线培训使得学习成为一个实时、全时的过程。公司的培训成本将大大降低，人力资源部更重要的工作将是强调员工要协作学习、自我管理、自我激励、并设计好及时有效的培训评估体系以保证培训的效果。公司将在线教育培训计划发布在网络上，员工均可更自由地选择自己想修的课程。未来网络大学也将提供各种适合社会需要的课程，包括专业为企业而设计的技术及管理课程。

（7）员工关系。网络使得信息沟通更为直接、广泛、有效。在公司内部网上，可以建有员工的个人主页、可以有 BBS 论坛、聊天室、建议区、公告栏，以及公司各管理层的邮箱，员工间的沟通、住处及资源的共享将使得工作率大大提高。

在内部管理方面，Intranet 更加方便了员工交流，他们能够查找其他员工的电话号码、传真号码、房间号码、同事照片和 email 地址。员工可以通过 Intranet 随时查询有关他本人的工时出勤记录、工资情况、差旅申请及费用。通过这种自助式服务，雇员甚至可以修改本人的数据，这就意味着人事部门从繁重的、耗时的工作中解放出来，可以把精力集中到更高层的政策性工作中去。

（8）自动管理。由于企业的 HR 管理往往随着市场和公司自身的不断变化而变化，HR 的管理越来越需要一种行之有效、性价比最高的管理分析模式或工具来满足这种业已变化的需求。工作流的自动化管理（Automation work flow）正是满足这种企业管理的需求，同时也彻底改变了人们收集和发布信息的方式，而它也正是优秀的 HRIS 所应该提供的重要工具之一。

6．信息资源信息系统

信息资源是企业生产及管理过程中所涉及的一切文件、资料、图表和数据等信息的总称。它涉及企业生产和经营活动过程中所产生、获取、处理、存储、传输和使用的一切信息资源，贯穿于企业管理的全过程。信息同能源、材料并列为当今世界三大资源。信息资源广泛存在于经济、社会各个领域和部门，是各种事物形态、内在规律、和其他事物的联系等各种条件、关系的反映。随着社会的不断发展，信息资源对国家和民族的发展，对人们工作、生活至关重要，成为国民经济和社会发展的重要战略资源。它的开发和利用是整个信息化体系的核心内容。广义的信息资源管理是指对信息内容及与信息内容相关的资源如设备、设施、技术、投资、信息人员等进行管理的过程。

（1）企业信息资源。企业信息资源是企业在信息活动中积累起来的以信息为核心的各类信息活动要素（信息技术、设备、信息生产者等）的集合。企业信息资源管理的任务是有效地搜集、获取和处理企业内外信息，最大限度地提高企业信息资源的质量、可用性和价值，并使企业各部分能够共享这些信息资源。宏观信息资源管理是基于社会层面的信息资源管理，这一层面将信息资源管理作为一种管理思想和管理理论，认为信息不仅是组织资源，同时也是一种社会管理，要求围绕这一社会经济资源展开一系列的管理活动。总而言之，宏观层面的信息资源管理是通过有效的手段进行信息资源管理的合理配置，促进信息资源的开发，利用和增值，实现经济与社会的可持续发展。

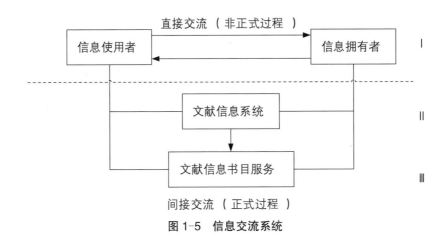

图1-5　信息交流系统

（2）信息资源信息系统解决了信息的不对称。信息资源之所以在当今社会受到人们的青睐，得到普遍的重视和广泛利用，其根本原因在于它对人类社会的生存和发展具有十分重要的作用。信息作为构成客观世界的三大要素之一，其基本作用就是消除人的认识的不确定性，增强世界的有序性。对于现代的企业来说，信息资源也是一个企业赖以生存的重要因素之一。而信息资源管理的核心内容就是信息资源的合理配置。信息资源的充分开发和有效利用则是信息资源管理的基本目标。在社会的多元开发与多层次组织中，信息资源的形态呈多样化趋势，各种形态的资源在形态转化中相互作用，成为一体，由此形成社会的信息资源结构，在企业中也是如此。

信息产生于人类的活动，就我们所使用的信息而言，大致有三种状态：接受状态，既存在于人的头脑中，被人理解或吸收的状态；记录状态，即信息存在于各类载体中的状态；传递状态，即各种方式的信息传播。而从信息资源的存在方式来分的话，大致可以分为口头信息，文献信息和实物信息资源。而这些信息的掌握有两种状态，那就是个人的和公共的，其中公共信息资源掌握在公司、大学、科研机构等地方。由于信息在不同机构和个人的掌握中，所以信息的交流和整合对于信息资源开发来说非常重要。根据图1-5信息交流系统可以看出，虚线以上是直接信息交流过程，在这个过程中明显带有个体性质，由个人之间直接进行，而虚线以下是间接交流过程，它是通过科技服务和科技文献、信息服务进行交流的过程。因此对于信息资源管理来讲，对于间接交流的部分，由于已经形成了较为固定和规范的信息文件，信息资源的开发和管理都是比较容易的，但是对于直接交流的部分，由于它的个性特征，很难进行规范化的管理，同时，这部分信息可能对于企业的决策来说非常重要，所以也是信息资源管理的一个重要部分之一。

信息不对称理论研究的是在实际生活中所存在的各方面所掌握的信息的不对称问题，这对于信息资源管理来说有着很重要的影响。信息不对称理论的基本内容可以概括为两点，其一就是有关交易的双方之间的分布是不对称的，即一方比另一方占有较多的相关信息；其二就是交易双方对于各自在信息占有方面的相对地位都是非常清楚的。

对于信息资源管理来说，实现信息资源的有效配置，就要从开发信息资源着手，而开发信息资源就要从信息资源的交流过程入手。我们在上面的论述中知道，信息资源的交流大致分为两个层次，即直接交流和间接交流，而信息资源管理的难点就在于直接交流这一部分。根据信息不对称理论，在现实生活中，获得信息往往是非对称的，对于个人来说，所掌握的信息有两个部分：公共信息和私人信息，对于机构来说所掌握的信息就有公开信息和内部信息，专指性信息与浏览性信息。

如果就一个事情的决策过程或者行为方式，用信息环境来衡量，所掌握的信息不完全、不充分或者只占有部分信息，就形成了信息不对称环境。信息不对称，会使行为过程发生扭曲，产生很多缺陷障碍，影响正确执行制度，甚至降低企业的经济效益。对于决策者来讲，信息不对称对于企业的重要决策有着重要的影响。而信息资源管理本来就是辅助企业决策，尽可能的消除信息不对称的现象，因此研究信息不对称理论对于信息资源管理的工作有着重要的意义。

信息不对称环境下会对于信息资源管理产生一些障碍：首先是时滞现象。信息在活动过程中因为受各种因素的不良干扰与影响，有时就会出现信息过剩、信息阻塞或者信息过时，增加了获取信息的难度，表现出一种难以克服和无法避免的状态。其次是限制现象。信息具有消耗成本的制约，大量的搜寻、过度的检索会使信息本身的成本加大，从而在接受信息的时候受到约束。最后是激励制度，由于直接交流的影响和信息制度的不健全，使得个人的信息不能够得到共享，浪费了大量的信息资源。

（3）信息资源信息系统的重要意义。由于企业是以利润最大化为目标的经济组织，其信息资源管理的主要目的在于发挥信息的社会效益和潜在的增值功能，为完成企业的生产、经营、销售工作，提高企业的经济效益，同时也为提高社会效益。一般而言，企业信息资源管理工作的内容主要包括对信息资源的管理、对人的管理、对相关信息工作的管理。企业信息资源管理是企业整个管理工作的重要组成部分，也是实现企业信息化的关键，在全球经济信息化和中国已加入 WTO 的今天，加强企业信息资源管理对企业发展具有非常重要的作用。

①增强企业竞争力的基础和手段。美国著名学者奥汀格曾给出了著名的资源三角形。这说明，当今社会信息资源已成为企业的重要战略资源，它同物质、能源一起成为推动企业发展的支柱。加强企业信息资源的管理，使企业及时、准确地收集、掌握信息，开发、利用信息，为企业发展注入新鲜血液。这一方面为企业作出迅速灵敏的决策提供了依据；另一方面使企业在激烈的市场竞争中找准了自己的发展方向，抢先开拓市场、占有市场，及时有效地制定竞争措施，从而增强企业竞争力。特别是中国已加入 WTO，加强企业信息资源管理更显重要。

②实现企业信息化的关键。随着全球经济一体化和市场经济体制的建立以及现代信息技术的突飞猛进，企业生存和竞争的内外环境发生了根本的变化，企业信息化和信息管理也要和国际接轨。企业信息化是全方位的，不只是信息技术的延伸，更重要的是企业管理和组织的延伸。企业信息化的实质就是在信息技术的支持下，管理者及时利用信息资源，把握市场机会，及时进行决策。因而，企业信息化不但要重视技术研究，更要重视信息资源的集成管理，避免信息资源的重复、分散、浪费和综合效率低下，从而实现资源的共享。因而，企业信息资源的开发和利用是企业信息化建设的核心，也是企业信息化的出发点和

归宿。

③提高企业经济效益的根本措施和保障。提高经济效益是企业生产经营的目的。企业之间除了在生产资料、生产技术、产品价格的竞争外，更重要的是对信息的竞争。谁抢先占有信息，谁就能把握市场动向，优先占有市场，提高企业经济效益。因而，占有和利用信息的能力已成为衡量一个企业是否具有市场能力的关键指标。美国苹果公司就是一个把市场销售、产品研究开发、生产联结在一起的信息网络。该公司根据当天遍及全球各地千万个销售商的销售情况进行汇总、分析，修订第二天的生产销售计划，然后把计划传送给全球 150 多个生产厂家。生产厂家按计划生产，各地的销售商就按时、按量收到所需要的订货，这种管理模式给公司带来了丰厚的利润。由此可见，信息资源管理对企业管理的作用。

四、纺织行业中的信息系统

随着以计算机技术、自动控制等技术为代表的信息技术的不断发展和成熟，信息技术逐渐应用在纺织行业的技术研究与设计、生产、管理、市场营销等各个方面，而它与新材料、先进制造技术及纺织业其他变革等因素的综合作用正推动传统纺织步入现代纺织的新阶段。其中最具代表性的应用主要有以下几个方面：

（一）纺织品设计与研发信息系统

近年来，随着信息技术的不断发展以及工艺设备等信息化和智能化基础条件的不断成熟，以信息技术为基础的信息系统在纺织品设计与研发方面的应用也逐步扩展。

在纺织品的研发设计方面，以 CAD 计算机辅助设计为基础信息技术的应用促进了纺织品设计与研发的信息化。CAD 等辅助设计软件在纺织业的应用相对起步较早，是我国实施 CAD 的四个重点行业之一，各类 CAD 软件在服装、色织、印染、毛纺等行业得到了较为广泛的应用，应用系统有服装 CAD、织物 CAD（大提花和小提花）、测色配色系统等。

在纺织工艺的设计方面，传统的棉纺工艺设计主要依靠工艺人员的经验来完成，涉及的知识面宽、内容多、经验性强，工艺参数的确定建立在大量实验的基础之上。传统的棉纺织工艺设计方法工作量大，工艺变更频繁，工艺让步处理带有盲目性，难以对工艺过程进行预测和控制，影响了产品的生产效率以及质量的稳定性。而且，设计质量因人而异，无法对已有的大量工艺进行对比分析，以获取优化方案，极大影响了棉纺织品加工的质量、成本和效率。

基于此，相关技术研究人员在前期信息系统基本技术框架的基础上设计和研发基于 MCR 和 .Net 的智能工艺设计软件平台系统，该智能工艺设计软件平台系统可以提高棉纺织品设计的效率，缩短设计周期，能够在以往工艺、相关特征和参数的基础上产生新工艺，从而获得低耗、优质、高附加值的棉纺织品，使得棉纺织企业降低生产成本、提高产品质量，进而提升市场竞争力。

（二）生产制造信息系统

在纺织生产制造方面，以计算机技术、自动化控制技术为代表的信息技术的应用最为广泛，信息系统已经深入应用到纺纱、织造、印染等纺织工艺流程中，其中最具有代表性的是纺纱系统和织造系统。

1．数字化纺纱系统

随着纺纱工艺技术创新、机械设备创新、辅助材料创新等领域方向的创新，以及信息技术在纺织生产制造的过程中应用的不断深化，逐渐实现了全套纺织机械设备的研发和生产，并集成形成了具有中国特色的数字化棉纺生产系统的五万锭实体。其中由中国恒天集团各公司协作生产的系统化棉纺设备，已于 2015 年 5 月在江苏南通大生集团一厂示范车间投产运行，整套系统化设备运转良好。目前，已做到每万锭每日三班用工从 30 年前的 365 人减少到了 20 人，实现了纺纱生产劳动力的大幅下降。数字化棉纺生产系统的应用，显著提高了自动化水平，减少了用工，减轻了工人劳动强度，并形成了信息化汇集，配备了精纺机断头自动检测、自动报警。受信息引导，值车工可乘坐专用小电动车，被自动运送到断头位置以便处理断头。

2．织造系统

目前在纺织织造生产过程中，信息系统的应用主要体现在纺织制造执行系统、织机的织机的监测与控制系统以及织物疵点检测系统等。

（1）纺织制造执行系统。随着 ERP 等管理信息系统在纺织行业的应用和推广，制造执行系统（MES）在纺织企业中正在逐步得到应用，清华大学 CIMS 中心等初步研究出针对纺织行业特点的 MES 系统，并在广东溢达纺织有限公司、北京铜牛针织股份有限公司等企业应用，取得较好的效果，但是 MES 在整个纺织行业中的应用还仅仅是刚起步。

（2）织机监测系统。在纺织制造系统方面，最具有代表性的就是生产过程监控方面的织机监测系统，近年来有多个单位开发研制出各具特色的织机监测系统，对织布生产的现代化管理促进很大，其中典型的例子是：天津纺织控股集团有限公司以整体搬迁为契机，为全线的进口纺纱织布设备配置了数据在线采集装置，实现了织布生产过程的信息化管理。

（3）织物疵点检测系统。传统的织物疵点检测均是在织机上取下坯布以后，在验布机上检验、标记、品质扣分或织物裁剪疵点剔除，且检测方式多为人工检测，误检率漏检率高，严重制约了纺织品质量的提升。基于此，设计研发了织物疵点检测系统，可以实现电子计算机自动控制停止织机运转，电子信息通知人员在停台织机上拆除织口处与疵点有关的几根纬纱后，重新开机织造，这样免除了严重疵点需要验布裁剪而造成的损失，进一步降低了生产成本，提高了生产效率。

（三）纺织生产经营管理信息系统

随着信息技术的发展，信息系统越来越多地被应用于纺织生产和经营管理中，使纺织生产向自动化、柔性化、智能化、网络化和快速反应方向发展，企业信息化管理系统也由推广普及逐步向行业化的深层次应用推进。

其中最具代表性的是纺织生产集成化管理系统，纺织生产集成化管理系统是以互联网通信技术为基础，根据纺织企业生产管理信息化发展的实际需求，将纺织生产过程中的各个车间部门的信息系统进行集成和共享，为企业构建一个集成化信息管理共享平台，使得在整个局域网内实现生产数据的共享。这样，一方面可以方便高层生产管理者实现生产成本与利润的核算以及生产过程与生产计划的监控和调度；另一方面也可为各个生产车间和部门提供集成化生产管理所需的基础数据。

（四）纺织供应链管理信息系统

以互联网技术为代表的信息技术的成熟和发展，在一定程度上促进了大数据技术、智能制造技术等在纺织服装行业的供应链及物流管理系统的应用和发展，具体来说包括纺织物流信息系统、纺织服装供应链智能管理系统、全球采购和供应系统以及虚拟供应链管理系统等。

1．现代化的纺织物流信息系统

随着 RFID 等无线射频技术的发展，为纺织服装企业的物流供应链系统的设计与研发提供了基础。现代化的纺织物流信息系统，主要包括一些软硬件系统，如立体货架存储系统、自动包装和运输系统，以及一些大型的仓库管理系统等。

2．纺织服装供应链智能管理系统

随着纺织服装大数据和云计算的集成与分析以及电子商务等技术的不断发展和成熟，以及信息系统在供应链管理过程中应用的逐渐深化，各种供应链中上下游企业的物流数据得以在线保存和记录。基于这些庞大的历史数据，设计研发纺织供应链的智能管理系统可以实现对纺织企业供应链中上下游企业需求的有效预测，从而为纺织服装生产企业提供有效的决策支持。

3．全球采购和供应信息系统

在当今经济全球化的今天，供应链上下游企业之间的协作也越来越重要，建立全球采购和供应信息系统，可以实现对物流运输订单的实时查询与管理、协作企业的物流需求信息的共享与管理，有助于生产及供应链协作企业之间物流信息的共享，促进供应链上下游企业及企业间协作效率的提升。

4．虚拟供应链管理系统

虚拟供应链系统是以虚拟供应链的概念为基础，基于品牌运营和增值，建立虚拟供应链的一种创新体系结构。以虚拟供应链信息流、物流的服务系统作为支撑，包括客户、供应商、制造商、承运商、分销商、零售商和其他合作伙伴等参与者共同创造新的商业模式和盈利模式。主要战略思想就是要通过成员间的有效合作，建立低成本、高效率、响应性好、敏捷度高的经营机制，从而获得竞争优势。

虚拟供应链管理体系通过强大的供应链信息系统，实现根据终端市场需求下订单生产实现"零库存"，从而使生产面向订单而不是面向库存。进行以用户为中心的业务流程再造，实现渠道的扁平化，提升物流管理效率，针对终端市场做出及时和快速的反应。超低的库存使公司的资金流速得到了快速的提升，同时也让终端经销商理解市场需求，而生产的产品都是"以销定产"的适销对路产品，而不是放在经销商的仓库中需要降价销售或者大力促销的滞销产品，加快了货物流转速度。

（五）市场营销与客户服务信息系统

随着全球化的不断深入，以及云计算、物联网、移动计算等信息技术的快速发展和应用，新的营销模式不断涌现，其中最为主要的就是纺织服装电子商务。

随着纺织服装电子商务的发展，各个企业在纺织服装电子商务平台的基础之上，设计研发了订单管理系统、客户服务系统以及远程试衣系统等。

其中以 CRM 为代表的客户服务系统，实现了人工服务和系统智能服务相结合的客户服务模式，实现了全天 24 小时无间断的客户服务，在提高客户体验和客户满意度的同时也降低了客户服务成本，很大程度上促进了企业销售额的提升。

五、我国纺织行业信息化的发展及现状

（一）我国纺织企业信息化的历程

我国的纺织业信息化水平快速进入发达国家行列，其应用的历史已有近 30 年的历史了。其历史大概可分为四个阶段，见图 1-6：

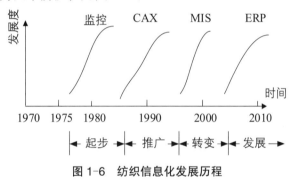

图 1-6　纺织信息化发展历程

（1）起步阶段（1978～1985）：这一阶段的计算机应用主要为纺织过程监测控制与新型纺织机械机电一体化，是提高纺织过程生产率与纺织品质量的最基本手段，几乎在纺织、印染、服装、化纤各生产工序都可有应用。

（2）应用推广阶段（1986～1995）：这一阶段的主要特点是在政府推动下，企业兴起的计算机技术普及和推广的热潮，对管理信息化起到了极大的促进作用。主要对如下几种辅助系统进行了研究：CAX、计算机辅助纺织设计（CAD）、计算机辅助纺织分析（CAE）、计算机辅助工艺规划（CAPP）、计算机辅助质量控制（CAQ）。但限于当时的信息技术发展水平，应用领域和项目之间缺乏联系，系统之间信息很难共享。更深入地分析，由于缺乏先进的成熟的管理思想指导，企业需求不明确，总体规划未受重视，许多项目没有取得预期的效果。

（3）转变阶段（1996～2000）：这一阶段主要是 ERP 概念的引入、电子商务和互联网

技术的兴起。虽然ERP项目的实施还集中在事务处理的自动化和电子化，应用的水平比较低，而电子商务更是昙花一现。但是基本解决了长期存在的信息交流和共享问题，使管理信息化的水平上了一个新台阶。

（4）发展阶段（2001～2005）：在2000年纺织全行业整体扭亏之后，尤其是2001年11月中国加入WTO之后，企业信息化需求明显增长，即使一些"九五"期间信息化应用薄弱的行业（如服装、家用纺织品）、企业（如民营企业）、地区（如中西部地区），也纷纷做了信息化可行性分析、规划和应用调研；根据不完全估计，上百家大中型企业实施ERP系统，遍及棉纺、毛纺、针织、化纤、纺机、服装等各个行业，如黑龙江龙涤集团对ORACLE系统的应用、美特斯邦威集团自主开发的ERP管理系统、保定天鹅化纤对金蝶K3系统的应用、Intentia服装解决方案在常州蕴尔芬公司的使用等都取得了很好的效果。

（5）2005年后的新趋势：作为配额制取消的第一年，国内的纺织服装企业更多地参与了国外竞争，不论是基于国外客户的要求，还是国内企业的自主需求，企业更深刻地体会到了掌握需求信息以及加强供应链控制的重要性，纷纷加大了对于SCM，CRM的投入。

（二）我国纺织业信息化的现状

当前，我国经济已由高速增长阶段转向高质量发展阶段，纺织工业正处在转变发展方式、优化经济结构、转换增长动力的关键时期，推进信息化和工业化的深度融合，提升科技创新能力，推广新一代信息技术在各个领域的应用，是推动行业高质量发展，实现建设纺织强国目标的必然要求。

1. 国家政策层面提升支持力度

习近平总书记在2017年12月主持政治局集体学习时强调，建设现代化经济体系离不开大数据发展和应用，要继续做好信息化和工业化深度融合这篇大文章，推动制造业加速向数字化、网络化、智能化发展，将大数据应用提升到一个新的高度。为贯彻中央的战略部署，2017年政府部门陆续出台一系列政策文件，如国务院7月印发《新一代人工智能发展规划》，11月印发《关于深化"互联网＋先进制造业"发展工业互联网的指导意见》等。从国家政策层面支持工业互联网、大数据、人工智能的发展是意义深远的举措，表明新一代信息技术的发展已成为我国未来重大的战略机遇，也为纺织信息化建设的开展指明发展方向。

2. 智能制造重点开展

《中国制造2025》发布之后，智能制造成为制造业转型升级的突破口和重点领域，各级政府也将其作为做强制造业的抓手，国家工信部每年设立智能制造综合标准化与新模式应用专项，评选智能制造试点示范企业。继山东康平纳公司、宁波慈星公司等企业之后，2017年纺织行业有青岛酷特公司、杭州开源公司等9个项目，江苏大生集团、安徽华茂集团等6家企业相继入选。

智能化生产线是纺织智能制造的主要内容。经纬纺机公司整合多种资源，推出全流程的智能化纺纱生产线，已应用于无锡经纬的2.2万锭和江苏大生的5万锭项目，取得较好的示范作用。该系统包括粗细络联系统、AGV条桶输送系统、自动码垛打包系统和智能e

系统，实现条桶自动导航搬运、通过轨道将满筒粗纱送至细纱机，管纱全程自动喂给络筒机、筒纱自动码垛打包、设备远程监控等一系列新技术，万锭用工由普通车间的45人减少到20人。

目前，一些纺织工业"十三五"科技发展纲要中列出的关键技术获得突破，取得可喜的效果。比如常州宏大公司开发的智能整纬整花一体机，采用机器识别技术，开发大于2000个检测点的工业相机智能成像系统，实现全幅扫描整纬整花，在成功整纬的基础上，解决多年来印花布、提花布、蕾丝布等机织和针织等面料花型变形无法校正的难题，已成功应用在色织、家纺、雪纺、沙发布、窗帘布、数码热转移印花等多个领域。福建睿能公司的新型智能化针织横机电脑控制系统，采用步进电机结合主轴速度精准加减速控制技术、主轴和摇床伺服的动态跟踪技术，创新主轴伺服运动算法和机头快速回转算法，大大提高针织横机的生产效率，使得大批技术落后的二手横机失去竞争力，通过较高的市场占有率带动行业的新技术普及。

3.工业互联网打造基础支撑

工业互联网体现互联网等新一代信息技术与工业系统全方位深度融合，是工业智能化发展的关键的信息基础设施。2017年国务院发布发展工业互联网的指导意见，表明国家加强工业互联网基础设施建设的决心，对纺织信息化是重大发展机遇。

纺织行业已积累大量的互联网技术应用，工业互联网未来的普及，将对纺织行业下一阶段的信息化建设提供强大的技术支撑。比如江南大学开发基于移动终端的针织云服务平台，包括针织产品信息系统、针织设备信息系统、针织机器型号查询系统、针织客户信息系统、针织生产计划管理系统、针织物智能分析系统、针织机器故障诊断系统等。其中针织物智能分析系统允许用户通过手机拍摄织物上传到云端，对照片进行识别、分析，得到织物基本参数，再通过图像处理技术得到花型意匠图。广东爱斯达服饰公司将网购营销与生产制造相衔接，开发T恤衫、牛仔服等服装个性化定制的"智能裁缝"网络平台。消费者通过键盘输入有关数据，网上的虚拟试衣系统有画面显示；平台还提供大量的面料、色彩、图案、款式等，消费者根据喜好选择；最后完成确认后下单，提交到车间生产。北京爱家科技公司的石墨烯材料智能服装，将具有可控发热特点的石墨烯织物嵌入服装，着重开发服装的智能模组与手机等智能终端的通信与数据传输的硬件和软件，并建立应用服务平台和大数据分析系统。该产品已与恒源祥等服装企业合作，解决电子器件植入服装的标准、工艺和质量检验问题，生产保温、保健服装等试验性产品。

4.大数据发挥基础资源作用

纺织行业近年来逐步开展大数据技术的应用，在网络营销领域取得一定的成效，行业层面的大数据信息服务平台也在筹建中。应该看到，纺织服装行业具备应用大数据的广泛基础和迫切需求，与物联网、云计算有机结合，将有力推动产品设计、生产制造、经营管理、物流配送、市场营销等各个环节的资源整合。未来几年，要充分利用大数据技术对用户的碎片化、个性化需求数据进行挖掘，逐步完善企业个性化产品数据库和知识库，更加贴近客户的新需求，为大规模个性化定制提供有力支撑，促进纺织智能制造的水平提升。更进一步，要加快行业大数据服务平台建设，系统推进工业互联网基础设施和数据资源管理体系建设，发挥数据的基础资源作用和创新引擎作用，加快形成以创新为主要引领和支撑的新型工业化形态。

5．人工智能提升智能化水平

人工智能技术近年来在多个领域引起极大关注，主要是由于计算机能力大大增强，互联网产生大量数据可以作为支撑，核心算法有重要突破。国务院印发的《新一代人工智能发展规划》，标志着我国人工智能的发展进入了新阶段，体现国家对这一新技术的重视和支持力度，为纺织行业应用人工智能技术指明方向。

当前，人工智能，包括机器感知、机器学习、机器思维、智能行为等技术在纺织行业的智能制造、纺织品设计和分析、流行趋势、专家系统等领域取得初步的进展，形成一定的基础。其中，人工智能是纺织智能制造的核心技术，其中涉及生产过程特征提取、生产工艺优化、生产计划调度、设备排产算法、质量巡回检测和管理、设备故障定位和诊断等多方面。而在当前纺织智能制造领域的项目中，知识获取、知识库建设、深度学习、优化决策等智能化功能还很欠缺，有待在下一阶段重点提高，在自动化、数字化、网络化的基础上，提高智能化水平，使智能制造名副其实。因此，在未来几年人工智能必将在纺织行业中加快发展，成为引领未来的战略性技术。

六、纺织信息系统的特殊性

纺织工业作为典型的传统制造业，具有原材料种类繁多、工艺流程复杂，且原材料在生产加工过程中频繁经历物理化学的改性过程，从而使得纺织信息系统在以下方面具有特殊性。

1．业务流程的复杂性

纺织生产过程中的原材料种类繁多且生产加工过程中频繁经历物理化学改性的过程，导致其工艺流程复杂，从而给纺织信息系统特别是纺织生产制造信息系统的设计与研发带来一定的挑战。因而，纺织信息系统的建设需要大量的前期投入，而且系统的建设周期较长，使得纺织信息系统的建设未得到企业管理者的关注。

2．设备数据的异构性

国产设备难以满足生产要求，使得我国纺织企业很多生产设备主要依靠国外进口，其中进口设备的通信接口对我国严加封锁，绝不开放。为了实现设备间的互联，企业自主研发数据采集及通信装置，导致各个企业设备互联时使用的通信协议和接口不统一，从而使得各个子系统的数据格式类型不统一且非结构化的数据较多，在一定程度上难以对各个设备系统间的数据进行集成共享。

3．系统间的高耦合性

纺织信息系统集成度较低，各个子系统间相对独立，具有较高的耦合性。大多数纺织企业的各个车间都建立和实施了以财务信息系统为核心的生产管理信息系统，但由于各个车间系统设备互联困难，导致各个信息系统之间的数据难以集成和共享，使得纺织企业管理过程中各种统计数据还是依靠人工上报的方式。

4．系统的通用性较低

有传统的企业财务管理系统、人力资源管理管理系统不同的是纺织信息系统更加侧重于纺织生产制造过程中工艺设备状况、物料产品的管理，其中更多的是集成硬件通信及优化算法设计等。另外，由于纺织信息生产工艺流程复杂、原材料种类繁多且频繁经历物理化学改性的过程，使得纺织信息系统的专用型较高，难以应用到其他行业的管理信息系统中去。

第二节　信息系统在纺织领域的应用

纺织行业作为传统产业，其信息化就是将信息技术、自动化技术、现代管理技术和制造技术相结合，最终实现产品设计制造和企业管理的信息化，生产过程控制的自动化，制造装备的数字化，咨询服务的网络化，从而全面提升企业的核心竞争力。从这个解释也可以看出，纺织企业的信息化建设主要包括三大领域的改造升级即生产制造、企业管理模式以及对外贸易方式。相应的信息技术应用领域包括计算机辅助设计和制造（CAD/CAM、MES 等）、自动控制和监测系统、企业管理系统（MIS、ERP、CRM、SCR、PDM 等）、电子商务等。纺织企业信息化的总体框架如图 1-7 所示：

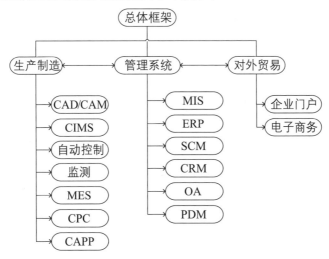

图 1-7　纺织企业信息化的总体框架

纺织行业是我国实施 CAD 的四个重点行业之一。纺织 CAD 系统包括印染 CAD、织物 CAD 和服装 CAD 等，主要是利用电脑数码技术来完成分色、配色、染色、提花设计和服装设计等工序，达到更快的速度和更高的准确率。自动控制和监测系统的功能包括生产过程中各种参数的监测、故障排除、生产报表自动生成、车间环境控制等。通过有效的控制系统可以大大提高生产的自动化水平，且能够实时采集数据并进行相关分析处理，直接进入企业管理信息系统数据库，方便数据录入、提高决策效率。计算机集成制造系统

（CIMS）是在各个单项系统的基础上形成的更具综合性的生产制造系统。我国863计划CIMS主题专家组在1998年给出的CIMS的新定义为"将信息技术、现代管理技术和制造技术相结合，并应用于企业产品全生命周期从市场需求分析到最终报废处理的各个阶段。通过信息集成、过程优化及资源优化，实现物流、信息流、价值流的集成和优化运行，达到人组织、管理、经营和技术二要素的集成，以加强企业新产品开发的时间、质量、成术、服务、环境，从而提高企业的市场应变能力和竞争能力。"

纺织企业管理模块的信息系统主要是管理信息系统（MIS）、企业资源规划（ERP）、办公自动化（OA），管理信息系统强调从支持企业管理功能转移到支持企业发展战略。企业资源规划是对企业的资源进行全面集成管理。办公自动化是企业集成办公文档、业务流程、信息共享的综合信息平台。企业资源规划和办公自动化已逐步广泛应用于大中型纺织企业。

一、管理信息系统在纺织企业中的应用

管理信息系统是一个以人为主导，利用计算机硬件、软件、网络通信设备以及其他办公设备，进行信息的收集、传输、加工、储存、更新和维护，以企业战略竞优，提高效益和效率为目的，支持企业高层决策、中层控制、基层运作的集成化的人机系统。管理信息系统由四大部分组成即信息源、信息处理器、信息用户和信息管理者。管理信息系统结构图如图1-8所示：

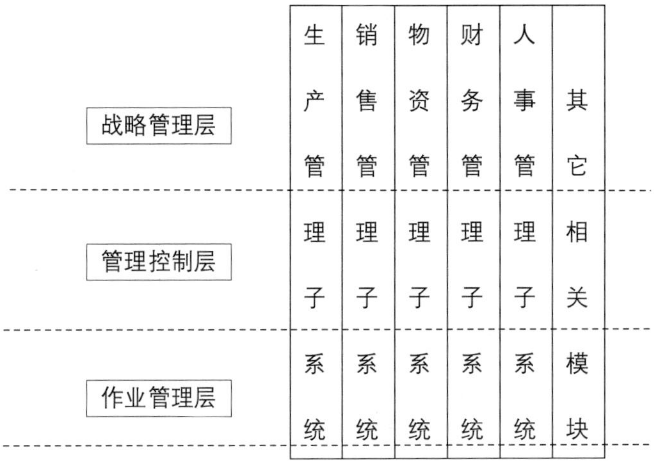

	生产管理子系统	销售管理子系统	物资管理子系统	财务管理子系统	人事管理子系统	其它相关模块
战略管理层						
管理控制层						
作业管理层						

图1-8　管理信息系统结构图

管理信息系统的功能结构包括以下几部分：

（1）市场销售子系统：包含销售和推销以及售后服务的全部活动，事务处理主要是销售订单、广告推销等的处理。在运行控制方面，包括雇用和培训销售人员，销售或推销的日常调度，以及按区域、产品、顾客的销售量定期分析等。在管理控制方面，涉及总的成果与市场计划的比较，它所用的信息有顾客、竞争者、竞争产品和销售力量要求等。在战略计划方面包含新市场的开拓和新市场的战略，它使用的信息要用到客户分析、竞争者分析、客户调查等信息，以及收入预测、产品预测、技术预测等信息。

（2）生产管理子系统：包括产品的设计、生产设备计划、生产设备的调度和运行、生产人员的雇用与训练、质量控制和检查等。生产管理子系统中，典型的事务处理是生产指令、装配单、成品单、废品单和工时单等的处理。作业控制要求，将实际进度和计划比较，找出薄弱环节。管理控制方面包括进行总调度，单位成本和单位工时消耗的计划比较。战略计划要考虑加工方法和自动化的方法。

（3）物资供应子系统：包括采购、收货、库存管理和发放等管理活动。事务处理主要包括库存水平报告、库存缺货报告、库存积压报告等。管理控制包括计划库存与实际库存水平的比较、采购成本、库存缺货分析、库存周转率分析等。战略计划包括新的物资供应战略，对供应商的新政策以及"自制与外购"的比较分析，新技术信息、分配方案等。

（4）人力资源管理子系统：包括人员的雇用、培训、考核、工资和解聘等。事务处理主要产生有关雇用需求、工作岗位责任、培训计划、职员基本情况、工资变化、工作小时和终止聘用的文件及说明。作业控制要完成聘用、培训、终止聘用、工资调整和发放津贴等。管理控制主要包括进行实际情况与计划比较，产生各种报告和分析结果，说明雇工职员数量、招聘费用、技术构成、培训费用、支付工资和工资率的分配和计划要求符合的情况。战略计划包括雇用战略和方案评价、职工培训方式、就业制度、地区工资率的变化及聘用留用人员的分析等。

（5）财务会计子系统：财务的职责是在尽可能低的成本下，保证企业的资金运转。会计的主要工作则是进行财务数据分类、汇总，编制财务报表，制定预算和成本数据的分类和分析。与财务会计有关的事务处理包括处理赊账申请、销售单据、支票、收款凭证、付款凭证、日记账、分类账等。财会的作业控制需要每日差错报告和例外报告，处理延迟记录及未处理的业务报告等。财会的管理控制包括预算和成本数据的比较分析。财会的战略计划关心的是，财务的长远计划，减少税收影响的长期税务会计政策以及成本会计和预算系统的计划等。

（6）信息管理子系统：其作用是保证其他功能有必要的信息资源和信息服务。事务处理有工作请求、收集数据、校正或变更数据和程序的请求、软硬件情况的报告以及规划和设计建议等。作业控制包括日常任务调度，统计差错率和设备故障信息等。管理控制包括计划和实际的比较，如设备费用、程序员情况、项目的进度和计划的比较等。战略计划包括整个信息系统计划、硬件和软件的总体结构、功能组织是分散还是集中等。

（7）高层管理子系统：其事务处理活动主要是信息查询、决策咨询、处理文件、向组织其他部门发送指令等。作业控制内容包括会议安排计划、控制文件、联系记录等。管理控制要求各功能子系统执行计划的当前综合报告情况。战略计划要求广泛的综合的外部信息和内部信息。这里可能包括特别数据检索和分析以及决策支持系统，它所需要的外部信息可能包括竞争者信息、区域经济指数、顾客喜好、提供的服务质量等。

二、企业资源计划在纺织企业中的应用

企业资源计划（ERP，Enterprise Resource Planning）是指建立在计算机信息技术基础上，以系统化的管理思想，为企业决策层和员工提供的运行管理决策手段的信息平台。企业资源规划作为信息集成的载体，它是一个完整的经营生产管理计划体系，也是实现企业整体效益的有效管理模式。企业资源规划是在制造资源计划（MRP Ⅱ，manufacturing resources planning）的基础上扩展了管理范围，把客户需求和企业内部的制造活动以及供应商的制造资源整合在一起，形成企业一个完整的供应链，并对供应链上的所有环节进行有效管理。企业 ERP 系统的结构如图 1-9 所示：

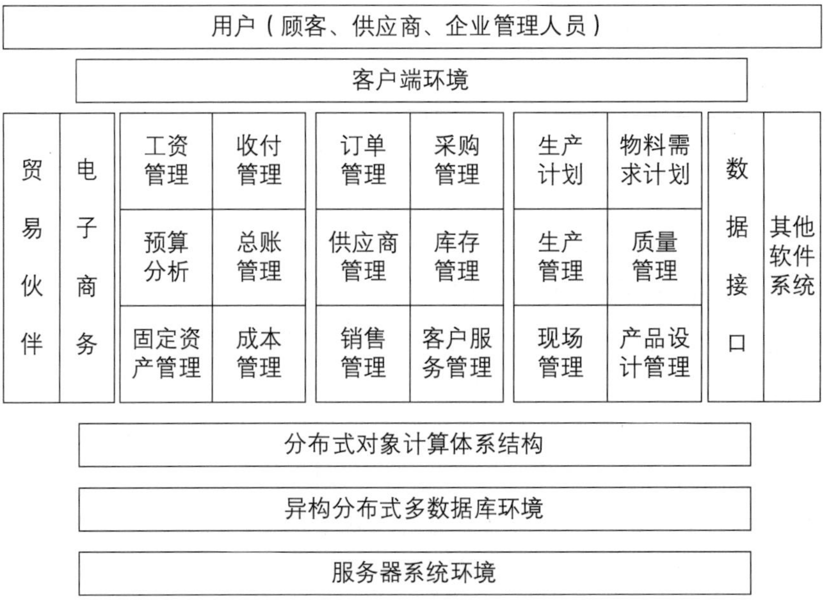

用户（顾客、供应商、企业管理人员）									
客户端环境									
贸易伙伴	电子商务	工资管理	收付管理	订单管理	采购管理	生产计划	物料需求计划	数据接口	其他软件系统
		预算分析	总账管理	供应商管理	库存管理	生产管理	质量管理		
		固定资产管理	成本管理	销售管理	客户服务管理	现场管理	产品设计管理		
分布式对象计算体系结构									
异构分布式多数据库环境									
服务器系统环境									

图 1-9 企业 ERP 系统的结构

纺织企业的企业资源规划实施过程中出现的主要问题体现在以下几方面：企业管理系统和管理手段不能满足业务快速增长的需要，对企业各种资源进行良好的计划管理，对库存的有效控制，对企业集成业务处理和综合治理，企业管理控制能力和经营决策能力。

纺织企业的企业资源规划实施的主要目标：建立企业内部的标准业务流程，以及支持其运作的信息系统和系统标准功能，规范企业的运作，提高运营管理与决策的效率，增强信息透明度；加强企业的财务分析、财务控制、成本管理，以及计划、采购、生产和存货的控制，实现物流、资金流与信息流的统一，为企业各级管理人员提供及时、可靠的决策信息；建立包括物料管理、生产计划、销售分销、财务会计、管理会计、固定资产会计等企业管理子系统的信息集成；提高计划的效率与成效，降低库存水平与积压库存；充分利用信息系统减少手工收集、处理及分类分析所需的工作，提高效率等。

三、办公自动化在纺织企业中的应用

办公自动化（OA，Office Automation）是办公信息处理的自动化，它利用先进的技术，使人的各种办公业务活动逐步由各种设备、各种人机信息系统来协助完成，达到充分利用信息，提高工作效率和工作质量，提高生产率的目的。纺织企业办公自动化主要包括：工作计划、通告管理、新闻中心、报文管理、人力资源管理、考勤管理、邮件管理、通信管理、会议管理、办公用品管理、档案资料管理、资源管理、系统工具管理、在线培训，等等一系列的功能。OA办公自动化系统有利于加强企业的信息流转，支持企业管理层、业务人员、行政人员等有效获取有用的信息资源，提高企业办公效率。

纺织企业OA办公自动化系统的主要功能介绍，具体如下：

（1）建立纺织企业内部的通信平台。如邮件系统，使企业内部的通信和信息交流快捷通畅。

（2）建立企业信息发布的平台。如电子公告、电子论坛、电子刊物，使内部的规章制度、新闻简报、技术交流、公告事项等能够在企业内部员工之间得到广泛的传播，使员工能够掌握企业的发展动态。

（3）实现工作流程的自动化。企业内外部的收发文、呈批件、文件管理、档案管理、报表传递、会议通知等均采用电子起草、传阅、审批、会签、签发、归档等电子化流转方式，提高办公效率。利用快速的网络传递手段，发挥信息共享功能来协调单位内各部门的工作，减少工作中复杂环节。

（4）实现文档管理的自动化。各种文档实现电子化，通过电子文件柜的形式实现文档的保管，按权限进行使用和共享。例如，企业来了一个新员工，只要管理员给他注册一个身份文件、一个口令，进入系统就可以看到其权限范围的与工作职责相关的规章制度、各种技术文件等等。

（5）辅助办公。如会议管理、车辆管理、办公用品管理、图书管理等与日常事务性的办公工作相结合的各种辅助办公。

（6）实现分布式办公。扩大了办公区域，变革了传统的集中办公室的办公方式，可在家中、城市各地甚至世界各个角落通过网络连接随时办公。

（7）建立信息集成平台。很多纺织企业已使用MIS系统、ERP系统、财务系统等来管理企业的经营管理业务数据，对企业的经营运作起着关键性作用，但各系统都是相对独立的、静态的。办公自动化系统有助于把企业原有的业务系统数据集成到工作流系统中，使企业员工能有效获取处理信息，提高企业整体反应速度。

（8）搭建知识管理平台。系统性利用企业积累的信息资源、专家技能，改进企业的创新能力、快速响应能力、提高办公效率和员工的技能素质。

（9）增强领导监控能力。强化领导的监控管理，增强管理层对组织的控制力，及时有效监控各部门、各人员的工作进度情况；实时、全面掌控各部门的工作办理状态，及时发现问题及时解决，从而减少差错、防止低效办公。

第三节 纺织企业信息集成系统

在纺织企业的信息化过程中，企业一般采取以单项信息系统为突破来逐步实施信息化，如纺织 CAD、纺织 ERP、纺织 LAPP、电子商务和服装 CAM 等等，从而实现对企业的信息化改造。随着信息化的深入和多信息系统的应用，信息混乱、信息孤岛、信息滞后等问题日渐困扰企业的运营和发展，建立统一集成的信息共享平台成为企业迫切需要解决的难题。信息集成以集成的思想和方法，通过信息技术、生产制造技术、现代生产管理技术等各种技术，将企业生产过程中有关的人、技术、管理及其信息与物流等相关信息有机集成并优化运行。纺织企业的信息化主要包括四个方面的内容，分别是生产作业的信息化、管理运营的信息化、战略决策的信息化、协作商务的信息化。四个层次的信息内容集成到一起，通过各种信息的竞争、互补及协同，优化企业信息系统的整体结构和效能，实现企业内外信息的共享和集成，从而实现各层次的企业活动效率与整体实力的提高，从系统上来说，就形成了纺织企业的信息集成系统。

一、纺织企业信息集成系统概论

企业信息化是指企业在产品的设计、开发、生产、销售、管理、决策等多个环节上广泛利用信息技术，装备信息设备，大力培养信息人才，通过对信息资源的有效开发利用，调整或重构企业的组织结构和业务流程，提高企业效益和竞争力的过程。

信息集成是指企业信息化中不同应用系统之间实现信息共享和集成。由于企业不同的应用系统分布在网络环境下的不同计算机系统中，管理和操作的信息的格式和存储方式不同，信息集成就是实现这些不同信息的顺畅交流。

企业信息系统集成是企业主体针对企业应用的各种信息系统进行创造性构建与整合活动或过程，其集成的基本模式反映了集成过程中，集成主体以及集成对象之间相互联系和作用的基本方式。

纺织企业信息集成系统的基本思路：根据纺织企业的目标和需求分析并识别企业核心信息流；依据企业运营规律和信息流规律确定企业信息流的集成模式；实施集成，形成一体化的企业信息流结构；根据信息流与业务流程的逻辑关系，以集成化的企业信息流程结构为指导实施业务流程的重组，在信息技术的支持下改造并转化企业业务流程，实现企业业务活动的整体效率与水平的提升。

技术是使得信息可以被传输到终端用户处的载体，信息技术使得信息更容易获得，因此更有价值。信息技术的特点是发展历史短，发展速度快，成本下降快。企业信息化技术随着信息技术的发展而发展，信息化的进程也与信息技术休戚相关。而掌握信息技术的发展趋势，利用信息技术发展推动企业的信息化，完善信息化，是纺织企业适应市场的必然选择。信息技术在企业计算机网络、信息中心、数据库系统、信息门户、信息安全，以及产品研发、生产制造、企业管理、电子商务中等被广泛运用。信息技术和企业信息化的发展，促使纺织企业在各个应用领模块建立相应的信息系统。如纺织产品研发模块的 CAE（Computer Aided Engineering），CAD，LAPP，CAM，PDM 系统，LAPP 系统功能模型如图 1-10 所示；生产制造模块的 MES（Manufacturing Execution System），FMS（Flexible Manufacturing System），CAQ（Computer Aided Quality），CAT（Computer Aided Translation）系统；企业管理模块的 MIS（Management Information System），OA（Office Automation），ERP 系统；企业商务模块的 SRM（Server Relationship Management）、CRM（Customer Relationship Management）、EB（Electronic Commerce）系统等。

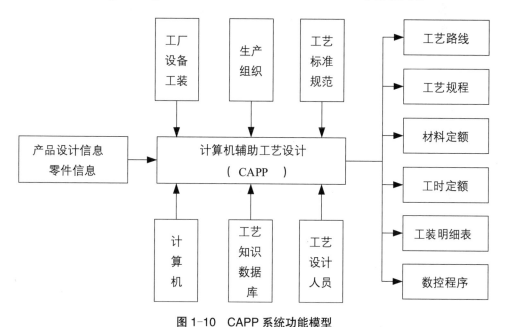

图 1-10 CAPP 系统功能模型

多模块、多层面的信息化，势必会使信息产生信息混乱、信息孤岛、信息滞后等问题，而采用信息集成的方式，将企业信息规范在一定范围内综合应用，从而提高企业的高效运作。纺织企业信息集成主要是将企业的管理技术、研发技术、制造技术与现代信息技术结合，以提升企业的经济效益和竞争力为目标，全面支持企业的产品研发、生产制造、企业管理、企业商务等。

二、纺织企业信息集成系统模型

纺织企业的信息化的主要目标是将先进的信息技术、现代管理理念、现代生产研发技术结合来提升企业的竞争力和经济效益，全面实现生产研发、企业管理、企业商务、战略决策等一系列企业活动。纺织企业信息化的范围集中在企业计算机网络、数据库；纺织品的生产设计，如面料设计、工艺设计、服装设计等；纺织品的供应、储运，如纱线供应、面料供应、服装供应等；纺织品的销售以及企业管理、企业的决策平台等方面。纺织企业的信息化涵盖了信息化基础建设、生产研发的信息化、企业管理的信息化、企业商务的信息化、战略决策的信息化以及企业信息系统集成。对于具体企业来说，信息化建设应该包含哪些内容，需要视企业的信息化总体规划来定。具体规划是信息化的出发点和依据，它需要企业反复地调研、分析、论证和咨询专业机构。

（一）纺织企业各模块的信息交互

生产研发模块的信息主要包括产品的市场、产品研发设计息、产品生产以及人员设备等信息。企业管理模块的信息包括产品生产、物料、财务、企业人力财物资源以及企业管理运营的信息。协作商务模块的信息主要集中在企业的电子商务、客户和供应商的信息。管理决策模块的信息主要包括用于企业战略决策的信息，可能是企业整体信息的一个浓缩，如市场分析、企业前景等；可能是某些具体信息，如产品瑕疵、机器故障等。

在企业的不同模块中或模块之间信息交互的过程中必然出现反复录入、滞后、拥堵等现象。在生产研发模块，生产计划是生产管理人员根据企业的生产流水线的现状、企业的产能制定产能评测和生产排程计划。在企业管理模块，由采购人员根据企业的订单对生产进行排程，根据企业的生产周期制定生产计划和采购计划，并负责对物料库存的监管、订单跟踪。企业的仓管人员也负责库存信息的管理。生产研发模块和企业管理模块都对企业的设备、人员进行管理。CRM 专注于销售、营销、客户服务和支持等方面，在这些方面与ERP 有共同点。CRM 通过管理与客户间的互动，减少销售环节，降低销售成本，发现新市场和渠道，提高客户价值、客户满意度、客户利润贡献度、客户忠诚度，实现最终效果的提高。实际上，CRM 的价值在于突出销售管理、营销管理、客户服务与支持等方面的重要性，可以看成广义的 ERP 的一部分，二者应该能够形成无缝的闭环系统。

在纺织企业中，企业上下级之间计划指令的传达、各个部门之间的沟通都是信息流的表现形式，而在企业的外部，企业与供应商、顾客、投资者、政府机构、公众等利益相关者之间的企业活动都是企业信息流的表现形式，二者共同构成了企业的信息流。业务流程是为企业、顾客创造价值的一系列具有关联的活动，是企业的基本构件。企业的运作就是流程的实现。企业业务流程的活动之间以及业务流程之间的关联性也体现了企业的信息流关系，每一个业务流程的单元模块或者说功能模块都内含了信息流，因此企业的业务流程也体现了企业的信息流程，如图 1-11 所示。在企业的信息化过程中，业务流程的重组、业务活动的开展都体现了信息处理过程。在企业信息化的过程中，信息流从业务流程中剥离出来，集成在信息系统中进行统一操作和管理，从而实现企业的高效管理。

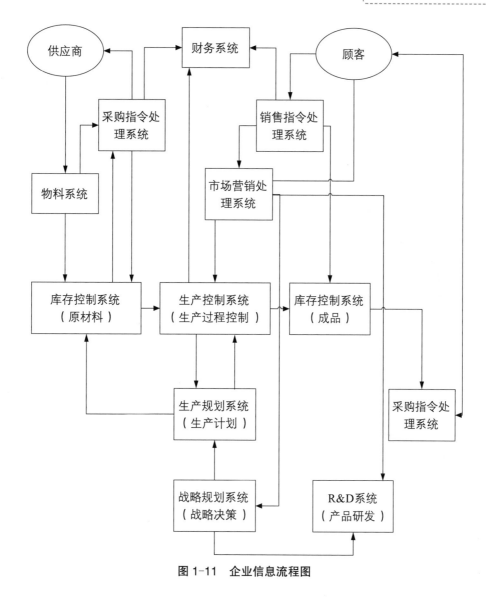

图 1-11 企业信息流程图

（二）信息系统集成模型

纺织企业信息集成的系统模型是描述集成系统所涉及的所有信息系统、信息系统的功能模块、各模块之间的相互关系等集成相关事项的有效模型。由于信息和系统集成的高度复杂性，建立信息集成系统是艰巨而复杂的工作，需要统筹兼顾，满足企业的系统目标需要，建立集成的信息系统需要良好的系统模型作为集成工作的支撑，从而整体把握集成所涉及问题的基础上能够有条理、有步骤、有次序地层层解决系统集成中的问题，实现企业的信息集成目标。

纺织企业信息系统的集成规划，应根据企业的业务场景，选择合适的应用系统来支持业务的运营，给出企业的应用解决方案，如 DSS，SIS 等系统的采用，对已运营的信息系统，需分析企业业务运营现状和信息系统的绩效，如纺织 CAD，CAM，LAPP，ERP，

CRM 等系统，根据研究企业各应用信息系统之间的业务接口和集成关系来实施企业的信息集成。事实上，企业的信息系统，在某些系统之间并不是完全独立的信息系统形态。以 MIS 与 DSS 为例，MIS 是 DSS 的基础，MIS 能收集和存储大量的数据，DSS 可充分利用这些数据；MIS 通过反馈信息，可以对 DSS 的工作结果进行检验和评价；DSS 能够对 MIS 的工作进行检查和审核，为 DSS 的更加完善提供改进的依据；DSS 中所解决的问题可以逐步结构化，从而纳入 MIS 的工作范围。

纺织企业信息集成系统的应用实施建立在两个基础之上：信息化系统相关的集成和信息系统支撑平台的集成。信息系统的集成体现在企业的生产研发、企业管理、战略决策、协作商务各模块的功能流程的组合，使基于企业运营的信息实现集成。信息化系统的支撑平台的集成体现在以企业的计算机网络为中心，包括数据库系统、信息中心、信息门户、信息安全系统在内的企业支持信息平台的集成。具体的信息系统集成模型如图 1-12 所示。

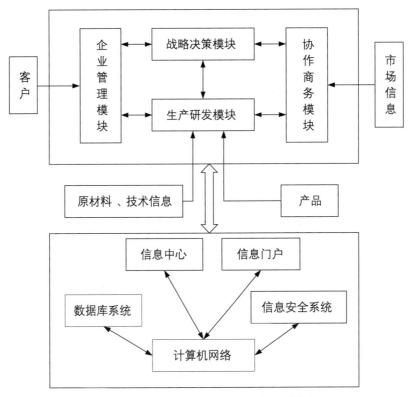

图 1-12　纺织企业信息集成系统架构模型

计算机网络系统是信息系统集成环境的基础，是信息系统集成的基本平台，对集成系统起到底层支撑作用。计算机网络是系统各要素交互的通道，也是系统与外界连接的门户。计算机网络系统包括物理通信网络和逻辑上的信息服务网络。物理网络是通过相互连接的通信线路及物理设备构成的基本通信网络，是网络的骨架。信息服务网络是在物理网络上通过安装和配置系统软件，实现分散节点之间信息流通、资源共享、服务共享功能，并消除底层平台的异构性。数据库系统是实际可运行的存储、维护和应用系统提供数据的软件系统，是存储介质、处理对象和管理系统的集合体。它通常由软件、数据库和数据管理员组成。其软件主要包括操作系统、各种宿主语言、实用程序以及数据库管理系统。数据库由数据库管理系统统一管理，数据的插入、修改和检索均要通过数据库管理系统进行。信息门户将企业的所有应用和数据集成到一个信息管理平台，以统一的用户界面提供给用户，使企业可以快速地建立企业对企业和企业对内部雇员的信息门户。信息门户是基于 Web 的系统，它能向分布各处的用户提供商业信息，帮助用户管理、组织和查询与企业和部门相关的信息，内部和外部用户只需要使用浏览器就可以得到自己需要的数据、分析报表及业务决策支持信息。信息安全系统维护企业信息网络的硬件、软件及其系统中的数据不受偶然的或者恶意的原因而遭到破坏，保密企业数据信息，维持企业信息系统连续可靠正常地运行，信息服务不中断。

三、信息集成系统的分析与设计

（一）企业信息集成系统设计的解决方案

　　企业信息集成系统的总体设计的主要任务是描述、组织和构造新的系统体系结构，包括软件体系结构设计、信息系统体系结构设计、网络设计、代码设计等内容。企业信息集成不同的集成策略各具特色，能从不同程度和层次上满足企业的信息化需求。如基于构件的分布对象计算技术从应用集成的角度去研究企业信息系统异构而带来的互操作问题；工作流管理、并行工程等技术从过程集成的角度研究企业内部的信息集成；供应链管理则是从管理的角度去研究企业间的集成。下面结合对企业基于工作流的企业组织架构和信息系统的功能模块及其流程的分析来研究企业信息集成系统的设计。

　　企业信息集成系统的解决方案的主要内容，如图 1-13 所示，包括建立企业信息集成的总体思路、企业信息集成框架等。企业信息集成的总体思路是实现信息集成系统的指导思想，它对企业整体信息系统进行集成框架的设计、实施途径的规划、系统集成的策略起指导作用。信息集成理论与方法是研究和实施企业信息集成这个复杂问题的系统化的理论与方法，它为企业信息化工作提供理论和方法上的支持。企业信息集成框架定义了企业信息系统的支持范围、主要的功能、主要组成功能之间的关系、不同功能系统之间的集成策略和手段、主要采用的信息技术环境与支撑平台、企业信息与知识的管理策略、相关数据标准与安全策略等。定义良好的企业信息集成框架是保证系统的开放性、可集成性、可重构和安全性等的重要基础。集成工具与平台是支持企业实施信息化的应用工具、集成平台和使用工具。信息集成实施途径是在企业信息化实践经验的基础上形成的有效地组织、管理、评价企业信息化工作的实施指南和参考模板。信息集成的标准与规范是信息技术标准规范、行业与企业管理标准与规范、企业建模规范、企业信息化实施指南与规范。信息集成系统的评价体系是企业信息化实施效果的评价体系、评价指标与评价方法。系统实施的关键技术是在企业信息化实施、组织、经营过程重组、集成框架与集成平台构建、系统集成、系统维护、信息安全等方面需要研究和攻克的关键技术问题。

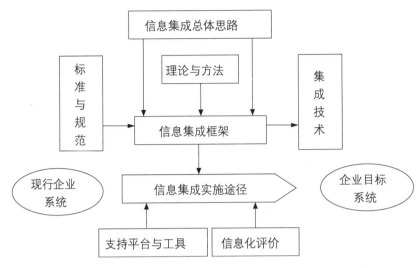

图 1-13　信息集成系统设计解决方案的主要内容

（二）信息集成系统设计的支撑技术

随着企业组织规模的扩大，对管理需求的增强，信息系统的应用范围得到了极大的拓展，系统集成又面临新的问题：企业内部各部门的信息系统、企业之间的信息系统会经常发生大量的数据交换，需要集成在一起协同工作；在建设新的系统时，往往已有旧的系统在运行，这些遗留系统不能完全抛弃，其中的资源更是要继续利用，这就要求新旧系统能平滑有效地集成在一起；即使是完全建设新的系统，也会由于系统规模庞大和应用层次多而遇到各类异构平台技术集成的问题。信息系统集成需要根据用户需求，优选各种技术和产品，将各分立子系统集成为一个完整、可靠、经济和有效的整体并协调工作，达到整体优化目的。

根据系统集成的深度，信息系统的集成可分三个层次：数据集成、应用集成、业务集成。数据集成要解决不同应用和系统间的数据共享和交换需求，具体包括数据操作管理、共享信息管理及共享模型管理，数据集成发生在企业内部的数据库和数据源级别，通过从一个数据源将数据移植到另外一个数据源来实现。应用集成是指两个或多个应用系统根据业务逻辑的需要而进行的功能之间的相互调用和互操作。应用集成在数据集成的基础上完成，实现异构系统之间语用层次上的互操作。应用集成多用点对点的形式，实现子系统之间的接口连接，适宜于集成对象较少的系统。业务集成是由数据集成和应用集成提供技术层次上的基础支持，各种业务系统中定义、授权和管理各种业务信息的交换，业务过程集成包括业务管理、进程模拟以及综合任务、流程、组织和进出信息的工作流等。信息集成的技术包括数据库访问技术、XML 技术、Web 服务技术以及 CORBA、COM+ 和 EJB 等组件技术，如采用 XML 进行数据集成的方式如图 1-14 所示。

图 1-14 采用 XML 进行数据集成

（三）信息集成框架设计的原则和方法

集成框架是支持企业集成的一套方法和体系。企业集成框架具有分布性、开放性、应用可移植性、互连性、应用互操作能力、标准化、可靠性、安全性、高性能和集成框架本身的可移植性等特性。前四个特性是企业集成框架的基本属性，分布性、开放性的要求来源于企业环境本身是分布和开放的，作为支持企业集成的基本架构，集成框架不能排除任何用户将来可能用到的东西，因此必须采用开放的结构。应用的可移植性和互连性是指应用可以在多个硬件／软件平台上运行和互操作的能力。这些都是用户对企业集成框架的基本需求。采用标准化技术或与现有标准相兼容可保证系统整体不失效。即使某些服务发生失效，系统也可通过恢复服务的方法来提高系统的可靠性。安全性关系到对用户数据和业务活动的保护，使其不受异常事件的影响。企业集成框架的设计必须具备足够的安全性以避免异常事件的发生。企业集成框架的性能必须满足应用操作层的需求，作为一个支撑组件，它不能成为企业性能的瓶颈。企业集成框架本身的可移植性关系到企业集成系统的不断升级，基于企业集成框架的企业集成是一个逐步发展的过程，企业某些关键功能首先被集成上来，然后根据实施计划，逐步将其他一些功能领域移植进来。企业集成框架的组成、运行方式和运行环境都是动态变化的，系统必须能够适应和处理不断变化的过程，就要求具有很好的可移植性，以适应不断变化的环境。

基于模型的企业集成方法包括：基于主模型的集成、基于元模型的集成和联邦式集成。基于主模型的集成采用全面的集中式参考模型。企业集成系统中所有应用系统使用的模型都是从该模型中通过抽取和实例化得到的。基于元模型的集成根据需要建立多个本地模型，透过一个元模型建立所有组件间需要共享的概念的统一语义表示。基于联邦的集成根据需要建立多个本地模型，而且原有的本地模型可以不用发生变化，也可以产生新的模型，系统之间是松散组合，交互只是发生在需要的时候。

（四）纺织企业信息系统实现信息集成的整体构架

在不同应用场景，信息系统具有不同的构成和功能，实现信息系统的集成使企业的各功能协调运作，是企业提升竞争力强有力的保障。各功能模块有机地集成在一起，才可以实现信息的共享，企业能在较短的时间里做出正确的经营决策，提高产品的质量，降低成本等竞争优势。企业资源规划、产品数据管理都是在企业的一定范围内对企业信息系统的集成应用。ERP 不仅包含了 MRP Ⅱ 的基本功能，还包括客户关系管理、售后服务、项目管理、集成化过程管理等功能。产品数据管理系统在产品研发和设计自动化方面，对产品研发的数据信息进行集成化管理，实现了 CAD\CAPP\CAM 的集成应用。

通过对纺织企业组织架构的功能模块的分析，企业主要的功能模块所构成的系统框架如图 1-15 所示。

根据企业实施信息集成的功能模块架构对集成系统的企业组织结构、企业基础数据、信息系统进行功能模块分析，同时根据本企业自身特点，实现功能模块的组合，信息系统和信息的集成应用。而且，在这个信息系统集成过程中，通过工程实例的重用，可以实现工程问题的优化，移动商务的协同。综合效益的支持，实现实例的重用和基于规则的推理。

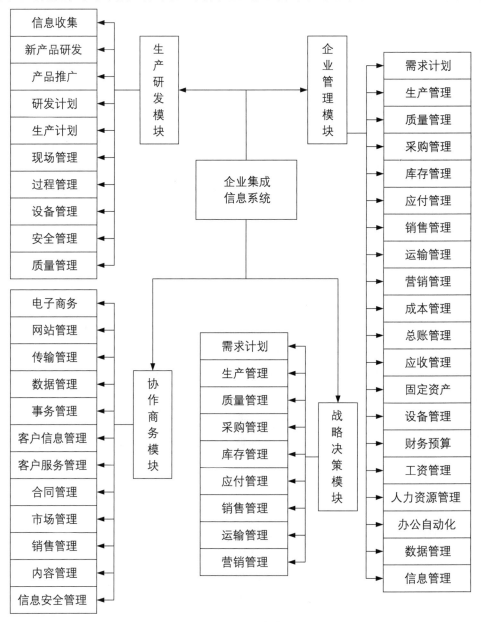

图 1-15　纺织企业功能模块系统框架图

【习题】

一、选择题

1. 系统方法的主要原则是（　　）。

A. 整体性原则　　　　　　　　　B. 目标优化原则

C. 分解—协调原则　　　　　　　D. 上述各项

2. 管理信息系统的重要标志是（　　）。

A. 数据高度集中统一　　　　　　B. 有预测和控制能力

C. 有一个中心数据库和网络系统　D. 数据集中统一和功能完备

3. 信息系统发展阶段中，属于管理信息系统雏形的阶段是（　　）。

A. 决策支持系统　　　　　　　　B. 电子数据处理系统

C. 办公自动化系统　　　　　　　D. 战略信息系统

4. 信息系统成熟的标志是（　　）。

A. 计算机系统普遍应用　　　　　B. 广泛采用数据库技术

C. 可以满足企业各个管理层次的要求　D. 普遍采用联机响应方式装备和设计应用系统

5. 以下不是属于系统的特性的是（　　）。

A. 抽象性　　　　　　　　　　　B. 目的性

C. 相关性　　　　　　　　　　　D. 整体性

二、填空题

1. 管理信息系统科学的三要素是_____、_____、_____。

2. 管理信息系统的特征是：管理信息系统是一个_____、_____和_____。

3. 从系统的结构来看，系统有 5 个基本要素，即输入、输出、_____、_____、和_____。

三、简答题

1. 信息和数据的区别和联系是什么？

2. 信息化在纺织行业中有哪些应用领域？

3. 纺织企业管理信息化应用分哪两个方面？

4. 目前纺织行业信息化存在的问题和不足有哪些？

第二章　信息系统的技术基础

【本章导读】

1．掌握信息系统的功能、物理及逻辑结构的基本概念并能够理解不同结构之间的区别。

2．了解并掌握"物联网"关键技术及其在纺织信息系统中的应用。

3．了解并掌握"云计算"关键技术及其在纺织信息系统中的应用。

4．掌握数据库中数据描述的基本术语及关系型数据库数据存储的原理。

5．了解数据仓库技术的基础知识，掌握数据库与数据仓库之间的区别。

第一节　信息系统的系统结构

学习了上章后，我们知道信息系统（Information System）是由计算机硬件、网络和通信设备、计算机软件、信息资源、信息用户和规章制度组成的以处理信息流为目的的人机一体化系统。我们可以将其构成分为以下四层：

（1）基础设施层由支持计算机信息系统运行的硬件、系统软件和网络组成。

（2）资源管理层包括各类结构化、半结构化和非结构化的数据信息，以及实现信息采集、存储、传输、存取和管理的各种资源管理系统，主要有数据库管理系统、目录服务系统、内容管理系统等。

（3）业务逻辑层是由实现各种业务功能、流程、规则、策略等应用业务的一组信息处理代码构成。

（4）应用表现层是通过人机交互等方式，将业务逻辑和资源紧密结合在一起，并以多媒体等丰富的形式向用户展现信息处理的结果。

一、信息系统的功能结构

（一）信息源

系统信息源的区分有两个标准，一是地点，一是时间。按地点来分，可把信息源分为内源和外源，内源数据产生于系统本身的活动，外源数据涉及系统的环境。例如，用一个高校系统来说，属于内源数据的，如专业课程设置情况、教学计划情况、科研情况、师资情况、设备情况、资金情况等，属于外源数据的，如宏观形势或市场情况的信息、协作单位和兄弟院校的信息、上级管理机构的指令信息等。根据时间的不同，可分为一次信息和二次信息；一次信息是由现场直接采得的信息；二次信息则是各种文件和数据库中存贮的信息。二次信息的属性和格式一般不符合系统的要求，因而在使用前一般均要经过变换。

（二）信息用户

信息用户是信息的使用者，可分为系统内部的使用者和系统外部的使用者，而系统内部的使用者又可分为有决策权的管理人员和一般的普通职员两种。管理人员又可以按照企业职位高低分为高层领导成员、中级管理人员和基层管理人员。不同级别的管理人员对信息的需求有着很大的差别。

（三）信息管理者

信息管理者负责信息系统的设计实现，实现以后，负责信息系统的运行和协调。

（四）信息处理

从广泛的意义上讲，信息处理器是指获取数据，将它们转变为信息，并向信息用户提供信息的一组装置。信息处理器完成信息的收集、加工、传输、存储、检索和提供等方面的工作。

（1）信息收集：信息的质量很大程度上取决于原始数据收集的及时性、完整性和真实性，信息收集在确定信息需求的基础上，注意信息收集的真实性和目的性，同时又兼顾信息收集的横向性和反馈性。

（2）信息加工：数据要经过加工以后才能成为信息，其过程如下：数据→预处理信息→信息→决策→结果。

在上述过程中，常常应用各种数学模型和算法，通过对数据进行逻辑形式算术的处理，生成为符合一定管理决策所必需的信息，在信息加工时，必须注意加工手段的先进性，力求信息有较高的信度。

（3）信息传输：在系统内部信息的传输中，发方和收方有的是双边关系，有的是多边关系，有的只收不发，有的又收又发。在整个管理系统中，某一子系统的信息输出，可以成为另一个子系统的输入，在管理系统内既有不同层次间的纵向信息流，也有同一层次内不同职能部门之间的横向信息流，纵横结合形成整个信息网。

（4）信息存储：经处理后的信息，有的并非立即使用，有的即便立即使用，也还要作为日后的参考，因此，必须将它们存储起来，这就需要建立信息库。要存什么信息、信息存储时间的长短以及存储方式等，主要由信息系统目标确定，在信息系统目标确定以后，根据支持系统目标的数学方法和各种报表的要求确定信息存储的要求。如为了预测学校长远的招生规模，我们要存学校历年来的招生信息。

（5）信息检索和提供：一个管理系统内，一般存储的信息量是很大的。在信息管理系统中，存储着大量的关于财务、用户信息、员工信息、公司历年业绩、相关公告等信息，要查找其中需要的信息，却不是一件容易的事。因此，必须拟定科学的查找方法和手段，就像图书馆查书和找书一样，既迅速又简便，这种方法和手段就叫做信息检索技术。信息处理完，就应按管理决策的要求，以各种实用的形式将信息提供给企业或者有关单位。

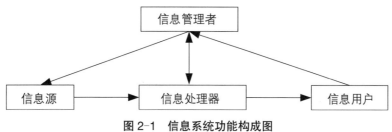

图 2-1 信息系统功能构成图

二、信息系统的物理结构

按照信息系统硬件在空间上的拓扑结构，其物理结构一般分为集中式与分布式两大类。集中式结构是指物理资源在空间上集中配置。早期的单机系统是最典型的集中式结构，它将软件、数据与主要外部设备集中在一套计算机系统之中。由分布在不同地点的多个用户通过终端共享资源的多用户系统，也属于集中式结构。集中式结构的优点是资源集中，便于管理，资源利用率较高。但是随着系统规模的扩大，以及系统的日趋复杂，集中式结构的维护与管理越来越困难，也不利于用户在信息系统建设过程中发挥积极性与主动性。此外，资源过于集中会造成系统的脆弱性，一旦主机出现故障，就会使整个系统瘫痪。目前在信息系统建设中，一般很少使用集中式结构。

随着数据库技术与网络技术的发展，分布式结构的信息系统开始产生。分布式系统是指通过计算机网络把不同地点的计算机硬件、软件、数据等资源联系在一起，实现不同地点的资源共享。各地的计算机系统既可以在网络系统的统一管理下工作，也可以脱离网络环境利用本地资源独立运作。由于分布式结构适应了现代企业管理发展的趋势，即企业组织结构朝着扁平化、网络化方向发展，分布式结构已经成为信息系统的主流模式。它的主要特征是：可以根据应用需求来配置资源，提高信息系统对用户需求与外部环境变化的应变能力，系统扩展方便，安全性好，某个结点所出现的故障不会导致整个系统的停止运作。然而由于资源分散，且又分属于各个子系统，系统管理的标准不易统一，协调困难，不利于对整个资源的规划与管理。

分布式结构又可分为一般分布式与客户机/服务器模式。一般分布式系统中的服务器只提供软件与数据的文件服务，各计算机系统根据规定的权限存取服务器上的数据文件与程序文件。客户机/服务器结构中，网络上的计算机分为客户机与服务器两大类。服务器包括文件服务器、数据库服务器、打印服务器等；网络结点上的其他计算机系统则称为客户机。用户通过客户机向服务器提出服务请求，服务器根据请求向用户提供经过加工的信息。

信息系统的物理结构涉及计算机技术基础与运行环境：包括计算机硬件技术、计算机软件技术、计算机网络技术和数据库技术。

（一）计算机硬件技术

1. 计算机硬件的概念

计算机硬件（Computer Hardware）是指计算机系统中由电子、机械和光电元件等组成的各种物理装置的总称。这些物理装置按系统结构的要求构成一个有机整体为计算机软件运行提供物质基础。简言之，计算机硬件的功能是输入并存储程序和数据，以及执行程序把数据加工成可以利用的形式。从外观上来看，微机由主机箱和外部设备组成。主机箱内主要包括 CPU、内存、主板、硬盘驱动器、光盘驱动器、各种扩展卡、连接线、电源等；

外部设备包括鼠标、键盘等。

2．硬件组成

计算机硬件由运算器、控制器、存储器、输入设备和输出设备等五个逻辑部件组成。如图 2-2 所示。

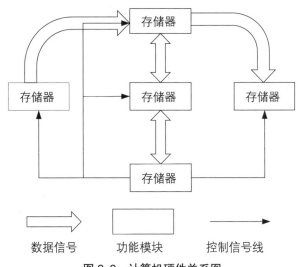

图 2-2　计算机硬件关系图

（1）运算器。运算器由算术逻辑单元（ALU）、累加器、状态寄存器、通用寄存器组等组成。算术逻辑运算单元（ALU）的基本功能为加、减、乘、除四则运算，与、或、非、异或等逻辑操作，以及移位、求补等操作。计算机运行时，运算器的操作和操作种类由控制器决定。运算器处理的数据来自存储器，处理后的结果数据通常送回存储器，或暂时寄存在运算器中。与 Control Unit 共同组成了 CPU 的核心部分。

（2）控制器。控制器（Control Unit），是整个计算机系统的控制中心，它指挥计算机各部分协调地工作，保证计算机按照预先规定的目标和步骤有条不紊地进行操作及处理。控制器从存储器中逐条取出指令，分析每条指令规定的是什么操作以及所需数据的存放位置等，然后根据分析的结果向计算机其他部件发出控制信号，统一指挥整个计算机完成指令所规定的操作。计算机自动工作的过程，实际上是自动执行程序的过程，而程序中的每条指令都是由控制器来分析执行的，它是计算机实现"程序控制"的主要设备。

通常把控制器与运算器合称为中央处理器（Central Processing Unit，简称 CPU）。工业生产中总是采用最先进的超大规模集成电路技术来制造中央处理器，即 CPU 芯片。它是计算机的核心设备。它的性能，主要是工作速度和计算精度，对机器的整体性能有全面的影响。

硬件系统的核心是中央处理器。它主要由控制器、运算器等组成，并采用大规模集成电路工艺制成的芯片，又称微处理器芯片。

（3）存储器。存储器（Memory）是计算机系统中的记忆设备，用来存放程序和数据。计算机中全部信息，包括输入的原始数据、计算机程序、中间运行结果和最终运行结果都保存在存储器中。它根据控制器指定的位置存入和取出信息。有了存储器，计算机才有记忆功能，才能保证正常工作。按用途存储器可分为主存储器（内存）和辅助存储器（外存），也有分为外部存储器和内部存储器的分类方法。外存通常是磁性介质或光盘等，能长期保存信息。内存指主板上的存储部件，用来存放当前正在执行的数据和程序，但仅用于暂时存放程序和数据，关闭电源或断电，数据会丢失。

（4）输入设备。输入设备是向计算机输入数据和信息的设备，是计算机与用户或其他设备通信的桥梁。输入设备是用户和计算机系统之间进行信息交换的主要装置之一。键盘、鼠标、摄像头、扫描仪、光笔、手写输入板、游戏杆、语音输入装置等都属于输入设备。输入设备（InputDevice）是人或外部与计算机进行交互的一种装置，用于把原始数据和处理这些数的程序输入到计算机中。计算机能够接收各种各样的数据，既可以是数值型的数据，也可以是各种非数值型的数据，如图形、图像、声音等都可以通过不同类型的输入设备输入到计算机中，进行存储、处理和输出。

（5）输出设备。输出设备（Output Device）是计算机的终端设备，用于接收计算机数据的输出显示、打印、声音、控制外围设备操作等。也是把各种计算结果数据或信息以数字、字符、图像、声音等形式表示出来。如图 2-3 所示。

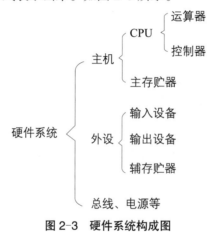

图 2-3　硬件系统构成图

（二）计算机软件技术

1．计算机软件的概念

软件是用户与硬件之间的接口界面。用户主要是通过软件与计算机进行交流。软件是计算机系统设计的重要依据。为了方便用户，为了使计算机系统具有较高的总体效用，在设计计算机系统时，必须通盘考虑软件与硬件的结合，以及用户的要求和软件的要求。

2．软件的含义

①运行时，能够提供所要求功能和性能的指令或计算机程序集合。

②程序能够满意地处理信息的数据结构。

③描述程序功能需求以及程序如何操作和使用所要求的文档。

3．软件的特点

①计算机软件与一般作品的目的不同。计算机软件多用于某种特定目的，如控制一定生产过程，使计算机完成某些工作；而文学作品则是为了阅读欣赏，满足人们精神文化生活需要。

②要求法律保护的侧重点不同。著作权法一般只保护作品的形式，不保护作品的内容。而计算机软件则要求保护其内容。

③计算机软件语言与作品语言不同。计算机软件语言是一种符号化、形式化的语言，其表现力十分有限；文字作品则是人类的自然语言，其表现力十分丰富。

④计算机软件可援引多种法律保护，文字作品则只能援引著作权法。

软件系统工作图见图 2-4。

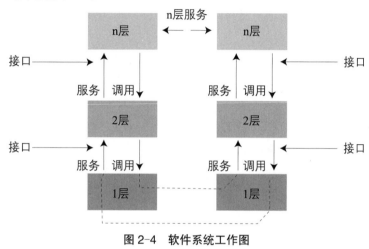

图 2-4　软件系统工作图

（三）计算机网络技术

1．计算机网络的概念

（1）按广义定义。计算机网络也称计算机通信网。关于计算机网络的最简单定义是：一些相互连接的、以共享资源为目的的、自治的计算机的集合。若按此定义，则早期的面向终端的网络都不能算是计算机网络，而只能称为联机系统（因为那时的许多终端不能算是自治的计算机）。但随着硬件价格的下降，许多终端都具有一定的智能，因而"终端"和"自治的计算机"逐渐失去了严格的界限。若用微型计算机作为终端使用，按上述定义，则早期的那种面向终端的网络也可称为计算机网络。

从逻辑功能上看，计算机网络是以传输信息为基础目的，用通信线路将多个计算机连接起来的计算机系统的集合，一个计算机网络组成包括传输介质和通信设备。

从用户角度看，计算机网络是这样定义的：存在着一个能为用户自动管理的网络操作系统。由它调用完成用户所调用的资源，而整个网络像一个大的计算机系统一样，对用户是透明的。

一个比较通用的定义是：利用通信线路将地理上分散的、具有独立功能的计算机系统和通信设备按不同的形式连接起来，以功能完善的网络软件及协议实现资源共享和信息传递的系统。

从整体上来说，计算机网络就是把分布在不同地理区域的计算机与专门的外部设备用通信线路互联成一个规模大、功能强的系统，从而使众多的计算机可以方便地互相传递信息，共享硬件、软件、数据信息等资源。简单来说，计算机网络就是由通信线路互相连接的许多自主工作的计算机构成的集合体。

最简单的计算机网络只有两台计算机和连接它们的一条链路，即两个节点和一条链路。

（2）按连接定义。计算机网络就是通过线路互连起来的、资质的计算机集合，确切地说就是将分布在不同地理位置上的具有独立工作能力的计算机、终端及其附属设备用通信设备和通信线路连接起来，并配置网络软件，以实现计算机资源共享的系统。

（3）按需求定义。计算机网络就是由大量独立的、但相互连接起来的计算机来共同完成计算机任务。这些系统称为计算机网络（Computer Networks）

2．计算机网络的划分

虽然网络类型的划分标准各种各样，但是从地理范围划分是一种大家都认可的通用网络划分标准。按这种标准可以把各种网络类型划分为局域网、城域网、广域网和互联网四种。局域网一般来说只能是在一个较小区域内，城域网是不同地区的网络互联，不过在此要说明的一点就是这里的网络划分并没有严格意义上地理范围的区分，只能是一个定性的概念。下面简要介绍这几种计算机网络。

局域网（Local Area Network，LAN）。通常我们常见的"LAN"就是指局域网，这是我们最常见、应用最广的一种网络。局域网随着整个计算机网络技术的发展和提高得到充分的应用和普及，几乎每个单位都有自己的局域网，有的甚至家庭中都有自己的小型局域网。很明显，所谓局域网，就是在局部地区范围内的网络，它所覆盖的地区范围较小。局域网在计算机数量配置上没有太多的限制，少的可以只有两台，多的可达几百台。一般来说，在企业局域网中，工作站的数量在几十到两百台次左右。在网络所涉及的地理距离上一般来说可以是几米至 10 公里以内。局域网一般位于一个建筑物或一个单位内，不存在寻径问题，不包括网络层的应用。这种网络的特点就是：连接范围窄、用户数少、配置容易、连接速率高。目前局域网最快的速率要算现今的 10G 以太网了。IEEE 的 802 标准委员会定义了多种主要的 LAN 网：以太网（Ethernet）、令牌环网（Token Ring）、光纤分布式接口网络（FDDI）、异步传输模式网（ATM）以及最新的无线局域网（WLAN）。这些都将在后面详细介绍。

城域网（Metropolitan Area Network，MAN）。这种网络一般来说是在一个城市，但不在同一地理小区范围内的计算机互联。这种网络的连接距离可以在 10—100 公里，它采用的是 IEEE802.6 标准。MAN 与 LAN 相比扩展的距离更长，连接的计算机数量更多，在地理范围上可以说是 LAN 网络的延伸。在一个大型城市或都市地区，一个 MAN 网络通常连接着多个 LAN 网。如连接政府机构的 LAN、医院的 LAN、电信的 LAN、公司企业的 LAN 等等。由于光纤连接的引入，使 MAN 中高速的 LAN 互连成为可能。城域网多采用 ATM 技术做骨干网。ATM 是一个用于数据、语音、视频以及多媒体应用程序的高速网络传输方法。ATM 包括一个接口和一个协议，该协议能够在一个常规的传输信道上，在比特率不变及变化的通信量之间进行切换。ATM 也包括硬件、软件以及与 ATM 协议标准一致的介质。ATM 提供一个可伸缩的主干基础设施，以便能够适应不同规模、速度以及寻址技术的网络。ATM 的最大缺点就是成本太高，所以一般在政府城域网中应用，如邮政、银行、医院等。

广域网（Wide Area Network，WAN）。这种网络也称为远程网，所覆盖的范围比城域网（MAN）更广，它一般是将不同城市之间的 LAN 或者 MAN 网络互联，地理范围可从几百公里到几千公里。因为距离较远，信息衰减比较严重，所以这种网络一般是要租用专线，通过 IMP（接口信息处理）协议和线路连接起来，构成网状结构，解决循径问题。这种城域网因为所连接的用户多，总出口带宽有限，所以用户的终端连接速率一般较低，通常为 9.6Kbps—45Mbps 如：邮电部的 CHINANET、CHINAPAC 和 CHINADDN 网。

上面讲了网络的几种分类。在现实生活中我们真正遇到最多的还要算是局域网，因为它可大可小，无论在单位还是在家庭，实现起来都比较容易，是应用最广泛的一种网络。下面我们对局域网及局域网中的接入设备作进一步的介绍。

随着笔记本电脑（NoteBook Computer）和移动终端等便携式计算机的日益普及和发展，无线网也逐渐发展起来，人们经常要在路途中接听电话、发送传真和电子邮件阅读网上信息以及登录到远程机器等。然而在汽车或飞机上是不可能通过有线介质与单位的网络相连接的，这时候人们可能会对无线网感兴趣了。虽然无线网与移动通信经常是联系在一起的，但这两个概念并不完全相同。例如当便携式计算机通过 PCMCIA 卡接入电话插口，它就变成有线网的一部分。另一方面，有些通过无线网连接起来的计算机的位置可能又是固定不变的，如在不便于通过有线电缆连接的大楼之间就可以通过无线网将两栋大楼内的计算机连接在一起。

无线网特别是无线局域网有很多优点，如易于安装和使用。但无线局域网也有许多不足之处：它的数据传输率一般比较低，远低于有线局域网；误码率比较高，而且站点之间相互干扰比较厉害。用户无线网的实现有不同的方法。国外的某些大学在它们的校园内安装许多天线，允许学生们坐在树底下查看图书馆的资料。这种情况是通过两个计算机之间直接通过无线局域网以数字方式进行通信实现的。另一种可能的方式是利用传统的模拟调制解调器通过蜂窝电话系统进行通信。在国外的许多城市已能提供蜂窝式数字信息分组数据（Cellular Digital Packet Data，CDPD）的业务，因而可以通过 CDPD 系统直接建立无线局域网。无线网络是当前国内外的研究热点，无线网络的研究是由巨大的市场需求驱动的。无线网的特点是使用户可以在任何时间、任何地点接入计算机网络，而这一特性使其具有强大的应用前景。当前已经出现了许多基于无线网络的产品，如个人通信系统（Personal Communication System，PCS）电话、无线数据终端、便携式可视电话、个人数字助理（PDA）等。无线网络的发展依赖于无线通信技术的支持。无线通信系统主要有低功率的无绳电话系统、模拟蜂窝系统、数字蜂窝系统、移动卫星系统、无线 LAN 和无线 WAN 等。

（四）数据库技术

1. 数据库技术的基本概念

数据库技术是通过研究数据库的结构、存储、设计、管理以及应用的基本理论和实现方法，并利用这些理论来实现对数据库中的数据进行处理、分析和理解的技术。即数据库技术是研究、管理和应用数据库的一门软件科学，主要包括信息、数据、数据处理、数据库、数据库管理系统以及数据库系统等。

数据库技术研究和管理的对象是数据，所以数据库技术所涉及的具体内容主要包括：通过对数据的统一组织和管理，按照指定的结构建立相应的数据库和数据仓库；利用数据库管理系统和数据挖掘系统设计出能够实现对数据库中的数据进行添加、修改、删除、处理、分析、理解、报表和打印等多种功能的数据管理和数据挖掘应用系统；利用应用管理系统最终实现对数据的处理、分析和理解。

2．相关概念

（1）数据模型的概念及要素。数据模型是现实世界在数据库中的抽象，也是数据库系统的核心和基础。

数据模型通常包括3个要素：

①数据结构：数据结构主要用于描述数据的静态特征，包括数据的结构和数据间的联系。

②数据操作：数据操作是指在数据库中能够进行的查询、修改、删除现有数据或增加新数据的各种数据访问方式，并且包括数据访问相关的规则。

③数据完整性约束：数据完整性约束由一组完整性规则组成。

数据库理论领域中最常见的数据模型主要有层次模型、网状模型和关系模型3种。

①层次模型（Hierarchical Model）：层次模型使用树形结构来表示数据以及数据之间的联系。

②网状模型（Network Model）：网状模型使用网状结构表示数据以及数据之间的联系。

③关系模型（Relational Model）：关系模型是一种理论最成熟，应用最广泛的数据模型。在关系模型中，数据存放在一种称为二维表的逻辑单元中，整个数据库又是由若干个相互关联的二维表组成的。

（2）数据（Data）。数据是用于描述现实世界中各种具体事物或抽象概念的，可存储并具有明确意义的符号，包括数字、文字、图形和声音等。数据处理是指对各种形式的数据进行收集、存储、加工和传播的一系列活动的总和。其目的之一是从大量的、原始的数据中抽取、推导出对人们有价值的信息以作为行动和决策的依据；目的之二是为了借助计算机技术科学地保存和管理复杂的、大量的数据，以便人们能够方便而充分地利用这些宝贵的信息资源。

（3）数据库管理系统（Database Management System，DBMS）。是对数据库进行管理的系统软件，它的职能是有效地组织和存储数据，获取和管理数据，接受和完成用户提出的各种数据访问请求。能够支持关系型数据模型的数据库管理系统，称为关系型数据库管理系统（Relational Database Management System，RDBMS）。

RDBMS的基本功能包括以下4个方面：

①数据定义功能：RDBMS提供了数据定义语言（Data Definition Language，DDL），利用DDL可以方便地对数据库中的相关内容进行定义。例如，对数据库、表、字段和索引进行定义，创建和修改。

②数据操纵功能：RDBMS提供了数据操纵语言（Data Manipulation Language，DML），利用DML可以实如今数据库中插入、修改和删除数据等基本操作。

③数据查询功能：RDBMS 提供了数据查询语言（Data Query Language，DQL），利用 DQL 可以实现对数据库的数据查询操作。

④数据控制功能：RDBMS 提供了数据控制语言（Data Control Language，DCL），利用 DCL 可以完成数据库运行控制功能，包括并发控制（即处理多个用户同时使用某些数据时可能产生的问题），安全性检查，完整性约束条件的检查和执行，数据库的内部维护（例如索引的自动维护）等。RDBMS 的上述许多功能都可以通过结构化查询语言（Structured Query Language，SQL）来实现。SQL 是关系数据库中的一种标准语言，在不同的 RDBMS 产品中，SQL 中的基本语法是相同的。此外，DDL、DML、DQL 和 DCL 也都属于 SQL。

3．数据库技术的发展趋势

（1）针对关系数据库技术现有的局限性，理论界如今主要有三种观点：

①面向对象的数据库技术将成为下一代数据库技术发展的主流。部分学者认为：现有的关系型数据库无法描述现实世界的实体，而面向对象的数据模型由于吸收了已经成熟的面向对象程序设计方法学的核心概念和基本思想，使得它符合人类认识世界的一般方法，更适合描述现实世界。甚至有人预言，数据库的未来将是面向对象的时代。

②面向对象的关系数据库技术。关系数据库几乎是当前数据库系统的标准，关系语言与常规语言一起几乎可完成任意的数据库操作，但其简洁的建模能力、有限的数据类型、程序设计中数据结构的制约等却成为关系型数据库发挥作用的瓶颈。面向对象方法起源于程序设计语言，它本身就是以现实世界的实体对象为基本元素来描述复杂的客观世界，但功能不如数据库灵活。因此部分学者认为将面向对象的建模能力和关系数据库的功能进行有机结合而进行研究是数据库技术的一个发展方向。

③面向对象的数据库技术。面向对象数据库的优点是能够表示复杂的数据模型，但由于没有统一的数据模式和形式化理论，因此缺少严格的数据逻辑基础。而演绎数据库虽有坚强的数学逻辑基础，但只能处理平面数据类型。因此，部分学者将两者结合，提出了一种新的数据库技术——演绎面向对象数据库，并指出这一技术有可能成为下一代数据库技术发展的主流。

（2）数据库技术发展的新方向。

非结构化数据库是部分研究者针对关系数据库模型过于简单，不便表达复杂的嵌套需要以及支持数据类型有限等局限，从数据模型入手而提出的全面基于因特网应用的新型数据库理论。其支持重复字段、子字段以及变长字段，并实现了对变长数据和重复字段进行处理和数据项的变长存储管理，在处理连续信息（包括全文信息）和非结构信息（重复数据和变长数据）中有着传统关系型数据库所无法比拟的优势。但研究者认为此种数据库技术并不会完全取代如今流行的关系数据库，而是它们的有益补充。

（3）数据库技术发展的又一趋势。

有学者指出：数据库与学科技术的结合将会建立一系列新数据库，如分布式数据库、并行数据库、知识库、多媒体数据库等，这将是数据库技术重要的发展方向。其中，许多研究者都将多媒体数据库作为研究的重点，并认为多媒体技术和可视化技术引入多媒体数据库将是未来数据库技术发展的热点和难点。

未来数据库技术及市场发展的两大方向是数据仓库和电子商务。部分学者在对各个数据库厂商的发展方向和应用需求的不断扩展的现状进行分析的基础上，提出数据库技术及市场在向数据仓库和电子商务两个方向不断发展的观点。他们指出：从上一年开始，许多行业如电信、金融、税务等逐步认识到数据仓库技术对于企业宏观发展所带来的巨大经济效益，纷纷建立起数据仓库系统。在中国提供大型数据仓库解决方案的厂商主要有 Oracle、IBM、Sybase、CA 及 Informix 等厂商，已经建设成功并已收回投资的项目主要有招商银行系统和国信证券系统等。当前，国内外学者对数据仓库的研究正在继续深入。与此同时，一些学者将数据库技术及市场发展的视角瞄准电子商务领域，他们认为：如今的信息系统逐渐要求按照以客户为中心的方式建立应用框架，因此势必要求数据库应用更加广泛地接触客户，而 Internet 给了我们一个非常便捷的连接途径，通过 Internet 我们可以实现所谓的One One Marketing 和 One One Business，进而实现 E business。因此，电子商务将成为未来数据库技术发展的另一方向。

（4）面向专门应用领域的数据库技术．

许多研究者从实践的角度对数据库技术进行研究，提出了适合应用领域的数据库技术，如工程数据库、统计数据库、科学数据库、空间数据库、地理数据库等。这类数据库在原理上也没有多大的变化，但是它们却与一定的应用相结合，从而加强了系统对有关应用的支撑能力，尤其表现在如数据模型、语言、查询方面。部分研究者认为，随着研究工作的继续深入和数据库技术在实践工作中的应用，数据库技术将会更多地朝着专门应用领域发展。

三、信息系统的逻辑结构

信息系统的逻辑结构是其功能综合体和概念性框架。由于信息系统种类繁多，规模不一，功能上存在较大差异，其逻辑结构也不尽相同。对于一个纺织企业的管理信息系统，从管理职能角度划分，包括销售、生产、物资、人力、财务、供应链等主要功能的信息管理了系统。一个完整的信息系统支持组织的各种功能子系统，使得每个子系统可以完成事务处理、操作管理、管理控制与战略规划等各个层次的功能。在每个子系统中可以有自己的专用文件，同时可以共用系统数据库中的数据，通过接口文件实现子系统之间的联系。与之相类似，每个子系统有各自的专用程序，也可以调用服务于各种功能的公共程序，以及系统模型库中的模型。信息系统逻辑结构如图 2-5 所示。（详细内容请参见第六章第三节）

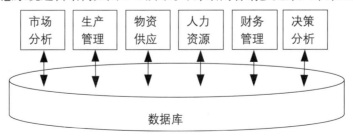

图 2-5　信息系统逻辑结构

信息系统结构的综合从不同的侧面对信息系统进行不同的分解。在信息系统研制的过程中，最常见的方法是将信息系统按职能划分成一个个职能子系统，然后逐个研制和开发。显然，即使每个子系统的性能均很好，并不能确保每个系统的优良性能，切不可忽视对整个系统的全盘考虑，尤其是对各个子系统之间的相互关系应做充分的考虑。因此，在信息系统开发中，强调各子系统之间的协调一致性和整体性。要达到这个目的，就必须在构造信息系统时注意对各种子系统进行统一规划，并对各子系统进行综合。

1．横向综合

将同一管理层次的各种职能综合在一起，例如，将运行控制层的人事和工资子系统综合在一起，使基层业务处理一体化。

2．纵向综合

把某种职能的各个管理层次的业务组织在一起，这种综合沟通了上下级之间的联系，如 T 厂的会计系统和公司的会计系统综合在一起，它们都有共同之处，能形成一体化的处理过程。

3．纵横综合

主要是从信息模型和处理模型两个方面来进行综合，做到信息集中共享，程序尽量模块化，注意提取通用部分，建立系统公用数据库和统一的信息处理系统。

第二节　纺织企业物联网技术

"互联网＋"和《中国制造2025》是中国政府关于下一阶段产业发展、经济社会转型的重要战略部署，其核心是用现代信息技术特别是互联网、物联网与制造业的融合，为纺织行业转型升级带来新机遇。

中国是全球最大的互联网应用市场和最大的制造加工厂，作为全球第二大经济体，中国必须抓住新一轮产业升级机会，开创全新的经济体系。全面提高纺织行业自主创新能力，应用物联网技术、推进两化融合是一条重要途径，物联网技术在纺织行业会有很好的推广应用和市场前景。

物联网被称为继计算机、互联网之后，世界信息产业的第三次浪潮。物联网的概念是在 1999 年提出的。物联网就是"物物相连的互联网"。物联网的核心和基础仍然是互联网，是在互联网基础上的延伸和扩展的网络。其用户端延伸和扩展到了任何物品与物品之间，进行信息交换和通信。

"纺织物联网"是在互联网的基础上，将用户端延伸和扩展到纺织企业任何装备与装备之间，装备与人之间，人与人之间，进行信息交换和通信的一种网络概念。纺织物联网的目的：实现企业对各种物品（包括人）进行智能化识别、定位、跟踪、监控和管理等功能。借助纺织物联网企业管理层可实时获取生产、经营、营销的关键数据信息，为企业决策提供支持。

一、物联网定义

"物联网"概念最初在 1999 年提出，即通过射频识别（RFID）（RFID+互联网）、红外感应器、全球定位系统、激光扫描器、气体感应器等信息传感设备，按约定的协议，把任何物品与互联网连接起来，进行信息交换和通信，以实现智能化识别、定位、跟踪、监控和管理的一种网络。简而言之，物联网就是"物—物相连的互联网"。

中国物联网校企联盟将物联网定义为当下几乎所有技术与计算机、互联网技术的结合，实现物体与物体之间环境以及状态信息实时共享以及智能化的收集、传递、处理、执行。广义上说，当下涉及信息技术的应用，都可以纳入物联网的范畴。而在其著名的科技融合体模型中，提出了物联网是当下最接近该模型顶端的科技概念和应用。物联网是一个基于互联网、传统电信网等信息承载体，让所有能够被独立寻址的普通物理对象实现互联互通的网络。其具有智能、先进、互联三个重要特征。

国际电信联盟（ITU）发布的 ITU 互联网报告对物联网做了如下定义：通过二维码识读设备、射频识别（RFID）装置、红外感应器、全球定位系统和激光扫描器等信息传感设备，按约定的协议，把任何物品与互联网相连接，进行信息交换和通信，以实现智能化识别、定位、跟踪、监控和管理的一种网络。

根据国际电信联盟（ITU）的定义，物联网主要解决物品与物品（Thing to Thing，T2T）、人与物品（Human to Thing，H2T）、人与人（Human to Human，H2H）之间的互连。但是与传统互联网不同的是，H2T 是指人利用通用装置与物品之间的连接，从而使得物品连接更加简化，而 H2H 是指人之间不依赖于 PC 而进行的互连。因为互联网并没有考虑到对于任何物品连接的问题，故我们使用物联网来解决这个传统意义上的问题。物联网，顾名思义，就是连接物品的网络。许多学者讨论物联网时经常会引入一个 M2M 的概念，可以解释成为人到人（Man to Man）、人到机器（Man to Machine）、机器到机器。从本质上而言，人与机器、机器与机器的交互，大部分是为了实现人与人之间的信息交互。

物联网是指通过各种信息传感设备，实时采集任何需要监控、连接、互动的物体或过程等各种需要的信息，与互联网结合形成的一个巨大网络。其目的是实现物与物、物与人，所有的物品与网络的连接，方便识别、管理和控制。其在 2011 年的产业规模超过 2600 亿元人民币。构成物联网产业五个层级，支撑层、感知层、传输层、平台层，以及应用层分别占物联网产业规模的 2.7%、22.0%、33.1%、37.5% 和 4.7%。而物联网感知层、传输层参与厂商众多，成为产业中竞争最为激烈的领域。

产业分布上，国内物联网产业已初步形成环渤海、长三角、珠三角，以及中西部地区等四大区域集聚发展的总体产业空间格局。其中，长三角地区产业规模位列四大区域之首。与此同时，物联网的提出为国家智慧城市建设奠定了基础，实现智慧城市的互联互通协同共享。

二、物联网关键技术

物联网作为当今信息科学与计算机网络领域的研究热点，其关键技术具有跨学科交叉、多技术融合等特点，每项关键技术都需要等待突破。物联网的关键技术可以从硬件和软件两方面来考虑，如图6所示。硬件技术包括射频识别技术（RFID）、无线传感器网络技术（WSNs）、智能嵌入式技术（Embedded Intelligence）以及纳米技术（Nanotechnology）；软件技术包括信息处理技术、自组织管理技术、安全技术（图2-6）。

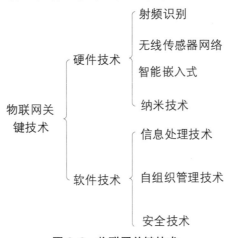

图2-6　物联网关键技术

（一）硬件技术分析

通过定义如下三个抽象概念，可以进一步说明物联网硬件关键技术的作用。

（1）对象：客观世界中任何一个事物都可以看成一个对象，数以万计的对象证明了客观世界的存在。每个对象都具有两个特点：属性和行为，属性描述了对象的静态特征，行为描述了对象的动态特征。任何一个对象往往是由一组属性和一组行为构成的。

（2）消息：客观世界向对象发出的一个信息。消息的存在说明对象可以对客观世界的外部刺激作出反应。各个对象间可以通过消息进行信息的传递和交流。

（3）封装：将有关的属性和行为集成在一个对象当中，形成一个基本单位。

三者之间的关系如图2-7所示。

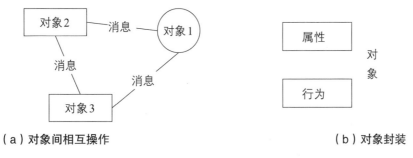

（a）对象间相互操作　　　　　　　　　　　（b）对象封装

图2-7　对象关系示意图

物联网的重要特点之一，就是使物体与物体之间实现信息交换，每个物体都是一个对象。因此物联网的硬件关键技术必须能够反映每个对象的特点。首先，RFID 技术利用无线射频信号识别目标对象并读取该对象的相关信息，这些信息反映了对象的自身特点，描述了对象的静态特征。其次，除了标识物体的静态特征，对于物联网中的每个对象来说，探测它们的物理状态的改变能力，记录它们在环境中动态特征都是需要考虑的。就这方面而言，传感器网络在缩小物理和虚拟世界之间的差距方面扮演了重要角色，它描述了物体的动态特征。再次，智能嵌入技术通过把物联网中每个独立节点植入嵌入式芯片后，比普通节点具有更强大的智能处理能力和数据传输能力，每个节点可以通过智能嵌入技术对外部消息（刺激）进行处理并反应。同时，带有智能嵌入技术的节点可以使整个网络的处理能力分配到网络的边缘，增强了网络的弹性。最后，纳米技术和微型化的进步意味着越来越小的物体将有能力相互作用和连接以及有效封装。然而，现有纳米技术发展下去，从理论上会使半导体器件及集成电路的线幅达到极限。这是因为，如果电路的线幅继续变小，将使构成电路的绝缘膜变得越来越薄，这样必将破坏电路的绝缘效果，从而引发电路发热和抖动问题。

（二）软件技术分析

物联网的软件技术用于控制底层网络分布硬件的工作方式和工作行为，为各种算法、协议的设计提供可靠的操作平台。在此基础上，方便用户有效管理物联网络，实现物联网络的信息处理、安全、服务质量优化等功能，降低物联网面向用户的使用复杂度。物联网软件运行的分层体系结构如图 2-8 所示。

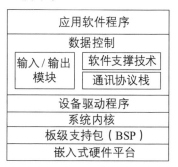

图 2-8　物联网软件分层体系结构

如前所述，物联网硬件技术是嵌入式硬件平台设计的基础。板级支持包相当于硬件抽象层，位于嵌入式硬件平台之上，用于分离硬件，为系统提供统一的硬件接口。系统内核负责进程的调度与分配，设备驱动程序负责对硬件设备进行驱动，它们共同为数据控制层面提供接口。数据控制层实现软件支撑技术和通信协议栈，并负责协调数据的发送与接收。应用软件程序需要根据数据控制层提供的接口以及相关全局变量进行设计。

物联网软件技术描述整个网络应用的任务和所需要的服务，同时，通过软件设计提供操作平台供用户对网络进行管理，并对评估环境进行验证。网络的软件框架结构如图 2-9 所示。

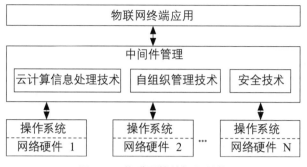

图 2-9 物联网软件框架结构

框架结构网络中每个节点通过中间件的衔接传递服务。中间件中的云计算信息处理技术、自组织管理技术、安全技术逻辑上存在于网络层，但物理上存在于节点内部，在网络内协调任务管理及资源分配，执行多种服务之间的相互操作。

三、物联网在纺织信息系统中的应用

纺织企业面临的市场环境复杂，数据信息海量，客户需求日趋个性化，应用互联网、大数据、云计算这样的信息技术，改造工业体系，建造一个智能工业的体系和结构，是适应未来激烈市场竞争的必由之路。

目前纺织生产应用工业互联网面临若干挑战：首先，传统纺织生产技术难以支撑庞大数据处理；其次，如何将海量数据转化为有效服务提供给客户，这是实现智能生产、建设智能工厂的现实瓶颈。

随着我国工业化和信息化两化融合进程的不断推进，我国纺织企业必须积极探索建设纺织产品示范生产线，实现生产、仓储和电子商务的物联网集成，实现整个纺织产业链的转型升级和可持续发展。

（1）提高质量：当前国际市场需求萎缩，对出口产品的安全和质量要求日益严格，纺织企业必须推广应用实时监测技术对产品整个生产过程进行全程监控。

（2）降低成本：纺织企业劳动工资水平增长较快，达到 15% 左右，企业采取信息化手段，加强劳动岗位现场管理和职工绩效考核，通过提高管理效率降低人力和管理成本，MES 的绩效管理等功能得到极大关注。

（3）节能减排：节能减排既有国家政策方针的硬性规定，也有纺织行业内部的竞争压力，国家推进资源节约型和环境友好型社会建设进程的加快，对企业环保排污的要求日益严格。建设物联网是纺织企业实现节能减排、降低成本的途径之一，目前国内仍有 90% 的纺织装备没有实现数控化联网功能，生产模式落后。到今年底，我国物联网行业市场规模将达到 7500 亿元，"十三五"后期将达到万亿元量级。

表 2-1　物联网各种技术在纺织业的应用

技术	特点	使用	使用效果
RFID 技术	●高速 ●无接触 ●耐用可靠 ●适应性强 ●自动化程度高 ●多标签同时识别	●RFID 标签植入员工一卡通； ●RFID 标签植入原料筒子、经编盘头及坯布等物件上。	●实现物品的追踪，去除了手工记录； ●实时报告标签的附带信息，如员工姓名、产品参数等。
传感检测技术	●智能化功能强 ●运行灵活可靠 ●故障检测精准	●编码器用于检测针织装备的主轴转速和位置； ●高速摄影用于基于机器视觉的疵点检测； ●智能张力传感器自动调整编织送纱量； ●织针实时断针检测； ●远红外断纱自停。	●传感检测性能可靠，确保生产产品的高成品率； 对纱线和布面无磨损伤害，维护简单方便； ●在节约劳动力成本，降低工作强度，提高生产率上具有明显优势。
ZigBee 技术	●近距离 ●低复杂度 ●自组织 ●低功耗	●将 ZigBee 嵌入数据采集终端装置，安装在针织企业生产设备上； ●每个针织车间的多个 ZigBee 终端将采集到的大数据传输到 ZigBee 协调器中，并传输至工控机上。	●可实现生产一线的机器、员工、订单等生产信息采集终端灵活组网； ●实现针织企业生产现场数据在线自动采集与传输，去除手工记录。
Wi-Fi 技术	●更宽的带宽 ●功耗低 ●射频信号强 ●安全性高	●工控机上安装无线网卡，通过显示器实现采集数据的即时传输与显示； ●通过连接工控机上 Wi-Fi，移动终端设备也可实时查看生产数据。	●将工控机上数据采集程序获取的数据传输到云数据库； ●实现针织企业数据的远程传输，方便后期对数据的提取与处理。
Web 技术	●代码简单 ●瘦客户端 ●信息丰富	●采用 C# 语言开发适合针织企业的网站，该网站从云数据库挖掘数据并进行分类、统计与分析； ●在网页上以表格或图形的形式显示出来，显示的信息包括车间生产情况、订单下发生产情况等。	●管理人员可通过网址的输入，在任意浏览器上实时掌握车间机器、人员、产品、产量状况等； ●计算机自动统计分析产量、质量，客观公正，实现数据互联网络共享，随时随地掌握生产情况。

第三节 纺织企业云计算技术

一、云计算定义

云计算（Cloud Computing）是基于互联网的相关服务的增加、使用和交付模式，通常涉及通过互联网来提供动态易扩展且经常是虚拟化的资源。云是网络、互联网的一种比喻说法。过去在图中往往用云来表示电信网，后来也用来表示互联网和底层基础设施的抽象。因此，云计算甚至可以让你体验每秒10万亿次的运算能力，拥有这么强大的计算能力可以模拟核爆炸、预测气候变化和市场发展趋势。用户通过电脑、笔记本、手机等方式接入数据中心，按自己的需求进行运算。

美国国家标准与技术研究院（NIST）定义：云计算是一种按使用量付费的模式，这种模式提供可用的、便捷的、按需的网络访问，进入可配置的计算资源共享池（资源包括网络、服务器、存储、应用软件、服务），这些资源能够被快速提供，只需投入很少的管理工作，或与服务供应商进行很少的交互。Xen System，以及在国外已经非常成熟的 Intel 和 IBM，各种"云计算"的应用服务范围正日渐扩大，影响力也无可估量。

毫无疑问，云模型为现有组织带来了好处，云计算主流的使用依赖于一些重要变量，这些变量的集合为使用者提供可靠性以及理想的结果。在今天上演的全球金融危机之下，越来越多的组织正将云计算作为市场迅速反应的低成本解决方案之一。

二、云计算架构及关键技术

云计算是"一种基于互联网的计算方式，通过这种方式，共享的软硬件资源和信息可以按需提供给计算机和其他设备"。它将网络共享的计算资源统一管理，向用户提供根据需求访问计算机和储存系统的服务。

云计算作为近些年来兴起的一个新的概念，从狭义上来看，它代表的是一种数据计算方式，是网格计算、分布式处理和并行处理等计算机科学概念的发展。它将大量的可能分布于不同地理位置的计算机服务器通过互联网整合在一起，利用分布的计算资源来处理数据。云计算作为网格计算的发展，它们之间一个最大区别就是资源的调度模式。网格计算是以计算为中心，采取的是将数据调度到计算节点服务器上执行计算任务的方式，而计算资源和存储资源可能是分布在因特网的不同地方，并不一定在同一服务器上，这样在调度到同一节点进行计算时就可能需要耗费一定的数据传输时间；云计算倾向于以数据为中心，数据的管理和存储都在集群上，因此它采用的是将计算任务调度到数据的存储节点上运行的方式。

从广义上看，作为 web 3.0 的一个重要组成部分，它代表了计算能力、数据仓库和应用软件的结合，是共享的软硬件资源、信息和可以按需提供给计算机和用户的大型平台。它将网络共享的计算资源统一管理形成资源池，向用户提供根据需求访问计算机和储存系统的服务。它的"低投入成本"、"高性能"、"高扩展性"、"易访问性"和"低风险"都是吸引企业用户购买云供应商服务的关键词。

一般来说，云计算的软件架构分为三层，由上至下分别是基础设施层、管理层和应用层。每个层次都有各自对应的功能（表 2-2）。

表 2-2　云计算三层架构

层次	功能
基础设施层	基础设施层是对硬件层的扩展。它利用虚拟技术将各类计算、存储、网络和数据等物理资源进行重新规划、部署和管理来构成统一的资源池，并搭建起各类资源共享集群来提供虚拟硬件、存储、数据、网络资源的服务以提高闲置计算资源的利用效率
管理层	管理层建立在基础设施层之上，它负责对云资源进行集中管理，即将资源池中的资源按照应用需求进行动态分配，以保证资源能够高效、安全地为应用提供服务
应用层	应用层是在管理层基础上的抽象。在应用层，各类资源被封装在一起成为标准的 Web Services 技术服务（如 XML，SOAP，WSDL，UDDI），利用 SOA 体系加以管理，并作为服务提供给最终用户。同时该层还提供应用开发环境和共用接口，App 开发人员可以通过这些共用接口，将自己的应用程序部署在云平台应用层上

云计算作为一种基于 Internet 的强调服务性的高性能的计算方式，其所涉及的技术包括了大部分网络信息技术。除上表提到的虚拟化技术和 Web Service 技术外，针对其海量数据资源并行化计算的特性，还包括了信息安全技术、大规模服务器集群技术、分布式并行编程模式、海量数据分布存储和云计算平台管理技术等。在下一节对开发最为成熟的几个商业云计算平台为例进行分析时，都会涉及他们采用的关键技术的介绍，以进一步加深对云计算应用的理解。

三、云计算在纺织信息系统的应用

随着操作效率的提高，服装各环节、供应链需要我们去思考更多增加利润的策略，而不是仅仅依靠减少人工成本。如何高效率地与供应链中各环节的合作者合作是我们关注的问题。高效的合作可以减少产品开发、库存的制造领域，更好地进行空间利用，确保更低的废品率，更少的退款以及更高的利润率。服装工业变化无常，生命短周期，常常面对不可预测的需求，反复无常的消费者，不同的贸易合作者，跨国交易和不容乐观的经济形势。信息技术正逐渐成为处理这些困难的主要途径。作为一项传输需求资源的 IT 技术模型，云计算带着普遍存在的个人服务计算资源，独立的地域资源联营，以及快速的弹性反应。供应链中的各成员应当更喜欢与提供合作系统的零售商合作。

（一）服装供应链

纺织服装供应链从原材料起，经过设计生产到分配、市场的阶段，被组织成为一个综合的生产网络，在这个网络里生产被划分为各个特殊的行为，每个行为赋予最终的产品一定的价值。成本、质量、运输的可依赖性、质量输入和运输以及交易成本等都是要考虑的重要的变量。

服装加工业的环境有以下特征：

（1）对于所给的季节或款式的需求订单必须当成一批货物完成。

（2）季节或者流行产品的需求以及价位不确定、并且有"时间敏感性"。

（3）由于类型、成本结构、配额限制、忠诚度等因素的影响，不同级别、类型的供应商使得供应链更具不稳定性和灵活性。

（4）成本往往依赖规模。

（5）可分配的、全球化的供应商，设备少量。

（6）计划首先依靠于生产以及运输的时间，状态的确定滞后，没有简单快速告知下游供应商的途径。

（8）缺少文件化的可说明材料和交流名册。

（9）外部强制的有限的能力，譬如有时间限制的配额。

（10）由于供应链周期时间是整个季度周期时间的 2/3，对于很多款式而言是利润季度周期时间的 6/9，所以，消费者对于流行款式的需求往往不能被满足，利润也少了很多。

（二）服装供应链管理

服装供应链管理是一项高效地满足终端顾客需求的合作过程，以及项目管理过程。成功管理供应链的关键之一是合作。总的来说，供应链有以下三种流动的类别：

①材料：从供应商到顾客的物质产品、产品回收、服务以及循环。

②信息：订单传递，跟踪。

③财政：信用、付款日程、托售货物、所有权安排。

过程嵌入公司逻辑能力、新产品开发、知识管理组织结构，从整个垂直的整合到网络公司、管理途径、性能测定、奖罚制度、可利用技术，包括每个组织的供应链的过程以及信息技术。

纺织服装行业的供应链如图 2-10 所示，图中的细线代表了信息流，粗线代表了商品流，箭头的方向表达了需求驱动下的系统。在很多案例中，信息流从零售商流向各纺织环节，服务于服装和家用产品各环节的生产。因此，在零售商和纺织作坊之间会有很多直接的沟通，包括样板、颜色以及材料等各方面的决策，此外，纺织作坊经常直接将产品发货给零售商，零售商在供应链中的角色扮演越来越重要。某些零售商不仅有消费者市场的市场能力，更重要的是他们可能拥有可观的购买力。此外，大范围的折扣也可以发展他们自己的品牌，以及从国内外的供应商获得的服装资源。

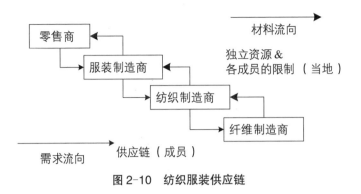

图 2-10　纺织服装供应链

运用云计算进行信息管理后，一个部门不仅仅只是管理服务器或者设施，更会执行快速反应并发展解决方案的任务，使得上下游信息能够完美地沟通对接。现如今，云计算的发展处于较为初级的阶段，仅有一些小型的试用。与部门内部的服务接下来将会向综合的模型发展，云服务将整合数据中心的应用以及设备能力的服务。最终就云平台的应用提出建议，使得 Rich，Internet，Mobile 或者其他未来能够应用的类别成为第一级别的应用模型。

公司应该准备运用云计算实现供应链管理的目标。大量的公司正集中在供应链参数最有效的方面，去获得运用云计算实现供应链管理的最大的优势。供应链合作的首要任务是供应链中各成员间的合作，达到一定的信息分享能力，在未来实现信息的可靠性。这样，可以减少成本、节约所有供应链各环节的沟通时间。

第四节　数据库技术基础

在 20 世纪 60 年代，由于计算机的主要应用领域从科学计算转移到数据事务处理，促使数据库技术应运而生，使数据管理技术出现一次飞跃。E.F. 科德提出关系数据库模型，在数据库技术和理论方面产生了深远的影响。经过大批数据库专家十余年的不懈努力，数据库领域在理论和实践上取得令人瞩目的成就，它标志着数据库技术的逐渐成熟，使数据管理技术出现了又一次飞跃。如何组织企业中各种各样的数据在企业管理系统中是最基本的问题，目前在大多数管理系统都是使用数据库来存储数据。因此，有关数据库的概念和操作方法是企业管理系统的技术基础。企业管理系统的基本功能就是进行数据处理。生产制造企业的各种产品的生产量；商场的每一个电子收款机记录的销售物品；仓库的出入库材料账；会计部门的收支凭证；人事部门的人事记录、分配通知等，都是企业的数据。对于大量的数据，需要恰当的方法来组织、存储、处理、将它们加工成为领导提供决策的信息。随着科学技术和工业生产的不断发展。数据处理量不断增大，而且对不同的部门和单位的数据共享提出了更高的要求，从而产生了数据管理技术。数据管理技术的发展，与计算机硬件、软件及计算机应用的范围有密切的联系。数据管理技术的发展大致经历了人工管理、文件系统、数据库和高级数据库四个阶段。数据处理迅速发展成为计算机应用的一个重要方面，数据库技术作为数据处理中一门技术近年来得到了迅猛的发展，已经逐渐形成了相当规模的理论体系和应用技术。

一、数据库技术的基本概念

（1）数据（Data）：通常是指用符号记录下来的，可识别的信息。信息是关于现实世界事物存在或运动状态的反应。数值型、非数值型[字符型（文字等）、其他（图像、声音等）]。

（2）数据库（Database）：是按一定方式制作起来的相互关联的数据集合。

（3）数据库管理系统 DBMS（Database Management System）：是使用户与操作系统之间的一种数据管理软件，他为用户或应用程序提供了访问数据库的方法，包括数据库的建立、查询、更新及各种数据控制。如：Oracle、SQLserver 2000、DB2、Access、FoxPro、MySQL 等。

（4）数据模型：是现实世界事物与事物之间联系的数据组织的结构和形式。常用的有层次、网状和关系三种模型。

（5）关系模型：是目前数据库系统中最常用的数据模型之一。它是用一张由行和列组成的二维表来表示的。

（6）关系数据库：是以关系模型为基本结构而形成的数据集合。一个关系数据库由若干张数据表（二维表）组成。

（7）数据库技术（Database Technology）：是在操作系统的文件系统基础上发展起来的，它是研究数据库结构、存储、设计、管理和使用的一门软件学科。

二、数据描述和数据模型

1. 数据描述

数据描述是数据处理中的一个重要环节。从事物的特性到计算机中的具体表示，实际上经历了三个领域：现实世界、信息世界和机器世界。现实世界的数据描述主要是对原始数据进行综合工作，取出数据库系统所需要研究的数据，如各种报表、单据和查询格式等。信息世界的数据描述是人们将现实世界在人脑中的反应，用文字和符号表示出来，它需要用以下一些术语来实现：

（1）实体（Entity）：实体是指客观存在并相互区别的事物。

（2）实体集（Entityset）：具有相同性质的同类实体的集合。

（3）属性（Attribute）：实体具有许多特性，每一个特性称为属性。

（4）主键（Key）：唯一表示实体属性集称为主键。

而信息在机器世界中是以数据形式存储的，其数据描述需要用到的术语：

（1）字段（Field）：标记实体属性的命名单位称为字段（或数据项）。

（2）记录（Record）：字段的有序集合称为记录（或数据元素）。

（3）文件（File）：同一类型的汇集称为文件。

（4）主键（Key）：能唯一标识文件中每个记录的字段或字段集，称为文件的主键。

2．数据模型

数据模型是现实世界数据特征的抽象。由于计算机不可能直接处理现实世界中的具体事物，所以人们必须先把具体事物转换成计算机能够处理的数据。在数据库中用数据模型来抽象、表示和处理现实世界中的信息。数据库系统均是基于某种数据模型的，不同的数据模型实际上是提供给我们模型信息的不同工具。数据模型是数据库系统的核心和基础。根据数据应用的不同目的，可将模型划分为概念模型和数据模型两类。概念模型又称为信息模型，它是按照用户的观点来对信息建模，主要用于数据库设计。数据模型是按照计算机系统的观点对数据建模，主要用于数据库管理系统的实现。

三、关系型数据库

目前使用最广泛的数据库类型是关系型数据库。在关系型数据库中我们可以把数据库中的数据看作一张二维表，如表 2-3 所示：

表 2-3　二维表

用户 ID	姓名	性别	留言内容	OICQ	E-mail	个人主页	IP 地址
001	张三	男	你好！	132	1243@	http：//zs	192.168.1.100
002	李四	女	你是？	234	452@	http：//ls	192.168.1.101
003	王五	男	我不在家	345	23423@	http：//ww	192.168.1.102
004	刘七	女	你去哪了？	456	435@	http：//lq	192.168.1.103
……	……	……	……	……	……	……	……

实际上现实世界的很多数据都可以描述为如上表所示的这种二维表格的形式。关系数据库正是利用这种二维表格的形式来描述和管理程序中的数据的。数据库的基本组成单位是记录，记录被视为单个实体的相关数据的集合。例如上图表格中每一个用户的信息（表格的一行）就是一个记录。另外，表格中的用户 ID、姓名、性别、留言内容、OICQ 等（表格的一列）各个相关信息在数据库中用专业术语说就是一个域，比如姓名域、性别域等等。

一个数据库可包含多个表，每个表具有唯一的名称。这些表可以是相关的，也可以是彼此独立的。表中每一列代表一个域，每一行代表一条记录，如图 2-11 所示，是一个表的结构。

	SID	UNAME	PASSWD	EMPL_SNO
☐	1	张三	123	123
☐	2	李四	123	（NULL）
☐	3	王五	123	（NULL）
☐	4	刘六	123	（NULL）

图 2-11　表结构示意图

从一个或多个表中提取的数据子集称为记录集。记录集也是一种表，因为它是共享相同列的记录的集合。通过图 2-12，我们可以很清楚地理解什么是记录集。

	SID	UNAME	PASSWD	EMPL_SNO
☐	1	张三	123	123
☐	2	李四	123	（NULL）
☐	3	王五	123	（NULL）
☐	4	刘六	123	（NULL）

数据库表

UNAME	PASSWD
张三	123
李四	123
王五	123
刘六	123

记录集表

图 2-12　记录集示意图

四、SQL Server 2008

SQL Server 2008 是一个重要的产品版本，它推出了许多新的特性和关键的改进，使得它成为至今为止最强大和最全面的 SQL Server 版本。SQL Server 2008 允许使用 Microsoft .NET 和 Visual Studio 开发的自定义应用程序中的数据，在面向服务的架构（SOA）和通过 Microsoft BizTalk Server 进行的业务流程中使用数据，是一个可信任的、高效的、智能的数据平台。

1．服务器组件

SQL Server 2008 的服务器组件主要有 SQL Server 数据库引擎、Analysis Services、Reporting Services、Integration Services 等，其具体功能如下：

（1）QL Server 数据库引擎：SQL Server 数据库引擎包括数据库引擎（用于存储、处理和保护数据的核心服务）、复制、全文搜索以及用于管理关系数据和 xml 数据的工具。

（2）Analysis Services：Analysis Services 包括用于创建和管理联机分析处理（OLAP）以及数据挖掘应用程序的工具。

（3）Reporting Services：Reporting Services 包括用于创建、管理和部署表格报表、矩阵报表、图形报表以及自由格式报表的服务器和客户端组件。Reporting Services 还是一个可用于开发报表应用程序的可扩展平台。

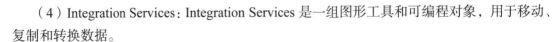

（4）Integration Services：Integration Services 是一组图形工具和可编程对象，用于移动、复制和转换数据。

2．管理工具

SQL Server 2008 的服务器组件主要有 SQL Server Management Studio、SQL Server 配置管理器、SQL Server Profiler、数据库引擎优化顾问、Business Intelligence Development Studio 及连接组件组成，其具体功能如下：

（1）SQL Server Management Studio：SQL Server Management Studio 是一个集成环境，用于访问、配置、管理和开发 SQL Server 的组件。Management Studio 使各种技术水平的开发人员和管理员都能使用 SQL Server。Management Studio 的安装需要 Internet Explorer 6 SP1 或更高版本。

（2）SQL Server 配置管理器：SQL Server 配置管理器为 SQL Server 服务、服务器协议、客户端协议和客户端别名提供基本配置管理。

（3）SQL Server Profiler：SQL Server Profiler 提供了一个图形用户界面，用于监视数据库引擎实例或 Analysis Services 实例。

（4）数据库引擎优化顾问：数据库引擎优化顾问可以协助创建索引、索引视图和分区的最佳组合。

（5）Business Intelligence Development Studio：Business Intelligence Develop-ment Studio 是 Analysis Services、Reporting Services 和 Integration Services 解决方案的 IDE。BI Development Studio 的安装需要 Internet Explorer 6 SP1 或更高版本。

（6）连接组件：安装用于客户端和服务器之间通信的组件，以及用于 DB-Library、ODBC 和 OLE DB 的网络库。

SQL Server 2008 的核心是服务器组件，但用户直接接触的却不是它们（虽然真正干活的是它们），而是客户端工具。服务器组件是引擎，客户端工具是用户界面，两者是相辅相成的。

服务器组建与客户端工具功能上是配套的。客户端工具要与服务器组件连通，需要一些用于通信的动态链接库，SQL Server 2008 的通信库支持多种网络协议，例如 TCP／IP、命名管道等。只要客户端工具与服务器组件与功能上是配套（兼容）的，就可以通过一定的协议连接，所以我们只要在自己的机器上装一套客户端工具，就可以连接世界各地的 SQL Server 服务器，当然这需要对方开放足够的权限。安装 SOL Server 2008 实际上就是安装服务器组件和客户端工具。当然，我们可以选择同时安装服务器组件和客户端工具，或者只安装其中的一个，甚至只选择安装更少的东西。

3．SQL Server 2008 中的实例概念

在 SQL Server2008 中有一个概念需要讲解，那就是 SQL Server 实例。我们提到 SQL Server 服务器组件是由四个 Windows 服务程序构成，在实践中我们可能安装所有的服务器组件，也可能只安装其中的一部分，但是我们都需要一个统一的概念来标志一组 SQL Server 服务，这个概念就是 SQL Server 实例。也可以这样理解，安装 SQL Server 服务器组件，就是创建一个新的 SQL Server 实例（当然也可能是在原有实例中增减服务组件）。SQL

Server 2008 允许在同一个操作系统中创建多个实例。

如果只安装一个 SQL Server 实例，不需要在 SQL Server 安装时指定实例名称，自动使用默认名称。那么在 Windows 域里计算机的名称就是 SQL Server 实例的名称；使用 TCP/IP 协议连接 SQL Server 实例时，可以用 IP 地址表示 SQL Server 2008 实例。

如果一个操作系统中安装了多个 SQL Server 2008 的实例，则需要在 SQL Server 安装时指定实例名称。在 Windows 域里可以用"计算机名称＼实例名称"的形式标志 SQL Server 2008 实例；使用 TCP/IP 协议连接 SQL Server 实例时，可以用"IP 地址＼实例名称"表示 SQL Server 2008 实例。

4．SQL Server 2008 中的自带数据库

SQL Server 2008 自身带有四个数据库（如图 2-13）：

（1）master 数据库记录 SQL Server 系统的所有系统级别信息。

（2）tempdb 数据库保存所有的临时表和临时存储过程。

（3）model 数据库是为用户创建数据库提供的模板。

（4）msdb 数据库供 SQl Server 代理程序调度警报和作业以及记录各种操作。

图 2-13　SQL　Server　2008 系统数据库

第五节　数据仓库技术基础

随着 20 世纪 90 年代后期 Internet 的兴起与飞速发展，我们进入了一个新的时代，大量的信息和数据，迎面而来，用科学的方法去整理数据，从而从不同视角对企业经营各方面信息的精确分析、准确判断，比以往更为迫切，实施商业行为的有效性也比以往更受关注。在 1990 年，数据仓库之父比尔·恩门（Bill Inmon）提出了数据仓库这一概念。其主要功能仍是将组织透过资讯系统之联机事务处理（OLTP）经年累月所累积的大量资料，透过数

据仓库理论所特有的资料储存架构，做有系统的分析整理，以利各种分析方法如联机分析处理（OLAP）、数据挖掘（Data Mining）之进行，并进而支持如决策支持系统（DSS）、主管资讯系统（EIS）来创建，帮助决策者能快速有效的从大量资料中，分析出有价值的资讯，以利决策拟定及快速回应外在环境变动，帮助建构商业智能（BI）。随着数据仓库技术应用的不断深入，近几年数据仓库技术得到长足的发展，典型的数据仓库系统如经营分析系统、决策支持系统等等。随着数据仓库系统带来的良好效果，各行各业的单位，已经能很好地接受"整合数据，从数据中找知识、运用数据知识、用数据说话"等新的关系到改良生产活动各环节、提高生产效率、发展生产力的理念。

数据仓库技术就是基于数学及统计学严谨逻辑思维，并达成"科学的判断、有效的行为"的一个工具。数据仓库技术也是一种达成"数据整合、知识管理"的有效手段。数据仓库是面向主题的、集成的、与时间相关的、不可修改的数据集合。这是数据仓库技术特征的定位。

一、数据仓库技术的基本概念

由于不同企业和个人对数据仓库有不同的理解，因此，与数据仓库联系比较紧密的术语需要进行定义。这些术语容易产生混淆，如当前细节数据、历史细节数据、数据集市概括数据等。下面分别给出本文的定义：

1．数据仓库

数据仓库，英文名称为 Data Warehouse，可简写为 DW 或 DWH。数据仓库，是为企业所有级别的决策制定过程，提供所有类型数据支持的战略集合。它是单个数据存储，出于分析性报告和决策支持目的而创建。为需要业务智能的企业，提供指导业务流程改进、监视时间、成本、质量以及控制。

2．数据仓库技术

数据仓库技术（Data Warehousing）是基于信息系统业务发展的需要，基于数据库系统技术发展而来，并逐步独立的一系列新的应用技术。它是物理地存放数据，而且这些数据并不是最新的、专有的，而是来源于其它数据库的。数据仓库的建立并不是要取代数据库，它要建立在一个较全面和完善的信息应用的基础上，用于支持高层决策分析，而事务处理数据库在企业的信息环境中承担的是日常操作性的任务。数据仓库是数据库技术的一种新的应用，而且到目前为止，数据仓库还是用关系数据库管理系统来管理其中的数据。

3．当前细节数据

直接从企业操作型数据库中获取的数据，这些数据通常代表整个企业业务。当前细节数据是根据主题进行组织的，如教师分析数据，教师活动数据、成绩数据等等。

4．历史细节数据

当前细节数据中已经老化的数据称为历史细节数据，或者主题域的历史数据，这些数据可用来进行趋势分析。

5．数据集市

企业在某个部门进行的、范围相对较小的数据仓库实现。数据集市可以包含轻度综合的企业部门级数据，适合针对某个特定部门的数据。在一个大型企业中，数据集市通常是构建企业数据仓库的前奏。一系列数据集市的集合就构成了企业数据仓库。相反，数据仓库可以作为数据集市子集的集合。

6．概括数据

根据执行高级报表、趋势分析、企业范围的决策支持需要而包含的数据。概括数据的容量要比当前和历史细节数据少。

7．下钻

分析人员在进行分析时将数据从上到下展开，从高度综合的概括数据开始，遍历到当前数据或者历史数据的能力。例如，如果高度综合的地理销售数据显示了北方销售量的减少，分析者可以从这个概括数据出发，钻取到省、市、县的销售趋势，甚至钻取到某个销售部门的最差的销售记录情况。

8．元数据

元数据是数据仓库最重要的一部分，是有关数据的数据，包含数据仓库系统组件的位置和描述信息、仓库名称、定义、结构、内容以及终端用户视图，另外，元数据还包括数据仓库集成和转移的相关信息、仓库修改和更新的有关历史数据、终端用户模式分析数据仓库性能的度量单位等信息。

9．复制

关系数据库管理系统或者其他工具提供的一组程序。通过复制能够把数据从源数据库拷贝到目标数据库。复制没有解决数据源中数据不一致问题。

10．抽取、转换和装载（Exatract，Transfom Riatonand Load，ETL）工具

ETL工具具有复杂功能。ETL将源数据进行抽取、清理、然后转换成对终端用户有意义的数据，最后装载到数据仓库数据库中。抽取是从各个数据源拷贝数据，解决了数据的不一致性问题；转换是为了使数据对于DSS分析更加有用而进行的聚集、概括、分割、重组等数据加工过程；装载是将清理以后的数据存储到数据仓库中。

11．聚集

聚集是将相关数据放在一个预先连接的表中。是多维数据表进行预先计算的过程，如将经常访问的表示销售量的数据根据地区进行聚集后，分析者可以很快得到某个地区的销售量。

12．概括

计算某些字段（或者维）的总量。

13．粒度

数据的细化程度，数据仓库设计的最重要的问题。可以将数据划分为原子级粒度（单个事务级）、轻度综合和高度综合。

14．事实表

多维数据分析中分析查询的目标，多维分析中，维表提供约束，事实表提供答案。

15．分割

将事实表根据一定标准（如访问频率）分成更小的单位。对大的事实表进行分割可以提高查询速度，事实表可以根据时间、业务范围进行分割。

二、数据仓库的基本特征

（一）面向主题

数据仓库的数据是面向主题的。面向主题数据的组织方式是根据企业主题线索进行组织，典型的主题包括：客户主题、产品主题、供货商主题。

每一个企业都具有特定的需要考虑的问题。如，商场为了分析客户的购物心理，就要对客户进行考察，也就是在分析时，必须包含顾客的许多数据；学校为了分析学生的成绩、科技活动能力，要求系统能够提供学生的相关数据。通过对主题数据的分析，可以帮助企业决策者制定管理措施，从而做出正确的决策。因此，数据仓库要满足数据分析的特定需求，必须将数据按照主题进行组织，从而提高分析效率。目前的许多应用系统往往都是针对单位的某个特定应用而设计的，如学校的日常处理就包括：教学管理、图书管理、学籍管理、人事管理、财务管理等系统。

为了理解面向主题和面向应用的区别，可以比较一下主题和应用之间的区别。每一个具体应用都包含一些与每一个主题相关的数据。如学生主题的数据就包含在教学管理、图书管理、学籍管理和财务管理等具体应用系统中。同样，各个应用系统中同样也包含教师主题的数据。

将应用系统中的数据映像到每一个主题领域，意味着在创建数据仓库时必须遵循一定的数据重构和分配准则。数据是按照应用系统的格式读取的，写入数据仓库却必须遵循面向主题的格式。只有数据在物理上以面向主题的形式构造，才认为数据到达数据仓库环境。

（二）集成性

数据仓库数据是集成的，因为数据仓库的数据是面向主题方式组织的，而这些面向主题的数据是从各个应用系统中提取出来的，对于同样的主题数据，不同的系统也许有不同的表示方式，如，命名习惯、度量单位以及关键字的数据类型不相同等等。因此，要将各个应用系统中的各个主题包含的数据转移到数据仓库中，必须采用统一的形式，也就是在进行转换时要将各个应用系统的主题数据采取统一的形式进行转换。

集成数据表示在数据从应用系统进入数据仓库时，要对数据进行转换。具体应用系统由于各种原因，对代表同样主题的数据都有各自的表现形式，但是，当数据要进入数据仓库时，应用系统中不同形式的数据必须变成一个单独的形式以后放在数据仓库中，这也意味着数据仓库中必须只有一个单独的关键字结构和数据结构，尽管一些相同的数据在各个应用系统中具有不同的形式。在学校系统中，应该只有一个单独的学生数据结构和教师数据结构。举例来说明为什么要进行集成。例如，要在各个应用系统中收集教师主题数据，在教学管理系统中教师性别采用男／女方式表示，在学籍管理系统中采用 0/1 表示性别，而在人事管理系统中则采用 M/F 表示性别，财务管理系统采用"X"和"Y"来表示性别。这就需要了解数据仓库中教师性别的表示方式采用什么形式，是"1"和"0"，还是"M"和"F"。无论采取哪种形式，数据仓库中的性别只能采用一种形式。一旦表现形式确定以后，各个应用系统中的数据就要按照这种形式转换，也就是数据集成。

　　下面再说明一个进行数据集成的例子。假设不同的应用系统采用不同的度量单位记录某件产品的大小。应用系统 A 采用厘米，而应用系统 B 采用分米，应用系统 C 采用米，应用系统 D 采用英寸。数据仓库中数据库的度量单位采用厘米，因此，在进行数据转移的时候，必须将度量单位统一，也就是将各个应用系统的数据转换成厘米度量的大小，见图 2-14 所示。

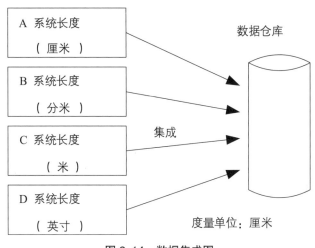

图 2-14　数据集成图

（三）非易失性和随时间改变

　　数据仓库数据具有非易失性，是指数据在进入数据仓库以后不能更新，这也是数据仓库和目前数据库应用系统的差别。数据仓库数据的这种性质又叫稳定性。日常应用系统主要是对数据进行频繁的查询、更新、插入、删除。因此，事务系统的数据经常改变。而数据仓库是为了帮助决策支持的，存储的数据不能够频繁改变，必须相对稳定才能进行数据分析。为了分析数据趋势，数据仓库的数据应该具有时间属性。这就意味着数据仓库中的每一条记录都是数据在某一时刻的快照。如果数据仓库环境中的数据需要改变，那么，就应重新对该项数据作相对较后的快照。结果是数据仓库保存了数据的快照的历史记录。因此，数据仓库一旦创建，数据是不能改变的。

　　数据仓库中随时间变化的记录是在某一段时间的某个时刻创建的记录，数据仓库的每一个记录都具有时间字段。为什么数据仓库中的记录要附加时间字段呢？因为数据仓库是为了决策支持系统而设计的，是企业领导为了分析企业某个主题的发展趋势的数据源。因此，记录必须包含时间因素，这样才能预测发展趋势。

表 2-4　原始数据与导出数据的区别

方法	原始数据	导出数据
面向什么	面向应用	面向主题
详细程度	详细	概括的，综合的
时间	在存取瞬间是准确的	代表过去的数据
服务对象	为日常工作服务	为管理服务
数据更新特点	可以更新	不能更新
运行方式	重复运行	启发式运行
需求是否可知	需求事先可确定	处理需求事先不能知道
开发生命周期	系统开发生命周期	完全不同的生命周期
性能要求	高	比较宽松
数据访问量	一个时刻存取一个单元	一个时刻存取一个集合
驱动方式	事务处理驱动	分析处理驱动
更新控制问题	更新控制涉及所有权	无更新控制权问题
可用性要求	高	无要求
数据冗余性	无冗余数据	时常有冗余
体系结构	静态结构，可变的内容	结构灵活
数据处理量	小	一次处理量大
支持方式	日常操作	支持管理需求
访问可能性	高可用性	低的或者适度的可能性

这里将随时间变化的记录同标准数据库的记录相比较。考虑标准的数据库记录，随着应用系统外部信息的变化，数据库中记录的值也将随着改变，数据库中的记录将进行频繁的更新、删除和插入。因此，应用系统中的数据属于操作型的数据，又称为原始数据、事务数据。相反，考虑数据仓库中的记录，数据被装入数据仓库就成为数据仓库的记录。数据装入数据仓库的时刻也是数据仓库记录的一部分。数据在数据仓库中被访问。但是，同标准的数据库系统不同，数据仓库中的数据一旦进入，就不能再改变。数据仓库中的数据称为分析数据或者导出数据。原始数据和导出数据具有许多不同的特性，表 2-4 给出了两者之间的差异。

（四）数据粒度

数据粒度是指数据仓库保存数据的细化或者综合程度的级别。数据的细化程度越高，粒度就越小；细化程度越低，粒度就越大。在操作型环境中，应用程序可以访问原子级别的数据，因此，数据的粒度很小；而在数据仓库环境中，一些访问是相对概括的、而某些时候又需要访问细节的数据；另外，数据的粒度与数据仓库的存储容量也有关系，粒度越小，数据存储量就大；粒度越大，数据存储量相对较小。因此，在设计数据仓库的时候，应该在存储容量以及访问效率和数据粒度之间权衡。

粒度设计是数据仓库设计需要考虑的主要问题。数据仓库数据如果具有很小的粒度，就可以回答详细的问题，如：学校数据仓库的教师数据可以回答每一节课程的教学情况问题，如某位老师在某天一节课的教学情况；银行 ATM 系统产生的数据是事务级别的记录，可以回答某些针对某个账户的自动取款行为；销售级别的零售数据可以回答某个商品的销售情况；在交通运输系统中，小粒度数据可以记录某段旅程的相关消息。

总之，在数据仓库中保存小粒度的数据，可以回答终端用户的各种概括程度的问题，而且对细化程度较高的数据，用户可以对数据进行各种改造和组合，从而满足不同的查询级别。数据仓库究竟采用小粒度还是大粒度？根据前面介绍的粒度知识来看，在数据仓库体系中既要满足各种查询，又要考虑系统效率以及存储容量，因此，大多数企业都采取"多重粒度方式"。也就是粒度最小的、事务系统产生的数据存储在数据仓库层，在这一层可以进行 5% 或者更少的 DSS 处理，因为对这种数据进行访问具有：耗费时间、查询复杂、查询费用高等特点；而对于 95% 或者更多的 DSS 处理，可以在称为"轻度综合"的层次进行。因此，将数据仓库的数据粒度设计成高度综合、轻度综合以及详细数据三层，设计者可以满足不同的查询需要，在详细数据层，存储所有来自操作型环境的细节数据，这一层包含大量的数据，由于数据量很大，这些数据一般都放在磁带等存储介质上。

大部分 DSS 处理都是针对经过压缩的、存取效率较高的轻度综合级数据，如果需要分析更加细节的数据，可以到数据的详细数据层。虽然在详细数据层上访问数据比较复杂，但如果问题的解决必须进入细节级数据才能做出正确回答，系统设计者也不得不如此。对于部门级别的查询，可以在高度综合级别数据层进行。

因此，从费用、访问效率、访问便利和能够回答问题的详细程度等各方面考虑，数据的多重粒度级设计是大多数机构构造数据仓库数据层次的最佳选择，只有当一个企业的数据仓库环境只有很少的数据时，才采用单一级别的数据粒度。

三、数据仓库体系结构

（一）数据仓库一般模型

数据仓库是解决决策支持系统数据存储的技术方案。数据仓库系统体系结构绝大部分是基于作为信息数据中心存储的关系数据库管理系统。在数据仓库体系结构中，操作型数据处理完全和数据仓库处理分离。

数据仓库系统的层次结构可以采用两层结构，即客户机/服务器结构，这是典型的胖客户机模型。客户端执行的功能包括用户界面、查询规范、报表格式化、数据挖掘、数据聚集以及数据访问等功能。服务器端提供的服务包括数据逻辑、数据服务、性能监控以及元数据存储。图 2-15 给出了两层体系结构的功能分配示意图。数据仓库服务器通常是一个关系数据库系统，服务器需要解决如何从外部或者操作型数据库抽取数据，创建数据仓库等。

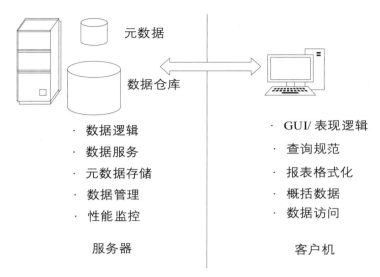

图 2-15 二层数据仓库系统结构

两层体系结构的缺点是缺乏可伸展性和灵活性，因此，现在提出了三层体系结构。三层体系结构解决了两层体系结构的上述缺点。在两层体系结构基础上，增加一个 OLAP 服务器作为应用服务器，执行数据过滤，聚集以及数据访问，支持元数据和提供多维视图等功能。而客户端只运行图形用户界面、查询规范，报表格式化和数据访问功能。图 2-16 给出了三层数据仓库体系结构的示意图。

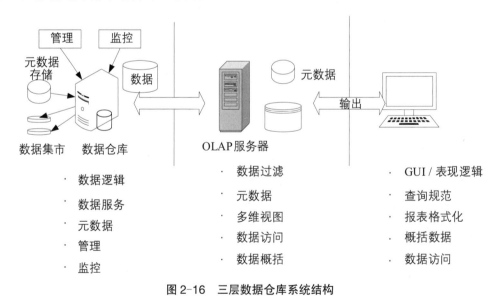

图 2-16 三层数据仓库系统结构

从结构的角度看，有三种数据仓库模型：企业级数据仓库、数据集市和虚拟数据仓库。企业数据仓库对主题的所有信息收集以后进行存储，数据处理涉及整个组织。特点是组织范围进行数据集成、包含多种粒度级别的数据、存储容量大、开发周期长（至少几年）。企业级数据仓库可以在传统大型计算机上实现，如 UNIX 超级服务器或者并行结构平台：数据集市针对特定部门，是企业范围数据的子集。特点是开发周期短（几周）、主题少、实现费用低（基于 UNIX 或者 Windows NT 的部门服务器）。虚拟数据仓库（Virtual Data Warehouse）是在操作型数据库上实现有效查询的方案。特点是容易建立，要求操作型数据库服务器具有剩余计算能力。

（二）独立数据集市体系结构

许多数据仓库解决方案供应商在一个产品中将数据抽取、数据库设计以及分析工具集成在一起销售（如微软公司的 SQ Lsevrer2000）。独立数据集市体系结构如图 2-17 所示。

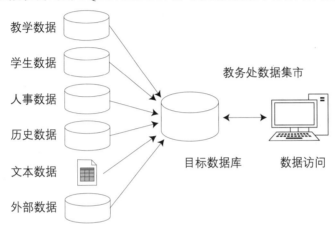

图 2-17　独立数据集市体系结构

在独立的部门数据集市体系结构中，数据源的数据经过抽取、转换和装载以后存储到目标数据库，用户通过数据分析工具提供的 GUI 访问数据。局部元数据（描述数据集市数据的数据）存储在目标数据库中。显然，该体系结构不能解决数据仓库的两个问题：

（1）脏数据（包含遗漏、不一致、错误值的数据）问题；

（2）孤立的数据集市问题。

由于采取同一个厂家的开发工具，系统还存在同其他数据仓库解决方案提供商的工具不兼容的问题；而且，该体系结构不遵循共同的语法规则、语义和数据定义。

显然，这种体系结构能够满足个别部门数据分析的需要。但是，由于没有同其他部门结合，要在组织级别实施数据仓库，这种体系结构存在难于扩展的问题。

（三）多个独立数据集市

数据集市在某个部门建成并取得一定效益以后，其他部门也开始计划实施数据集市。因此，作为上图体系结构中单个数据集市访问数据源的发展，当组织中许多部门都建立数据集市以后，就会出现图 2-18 所示体系结构。该体系结构支持多个非集成的独立的数据集市，每一个数据集市都提供各自业务领域的分析访问能力以及各个部门都是从独立的单个目标数据库中分析数据。

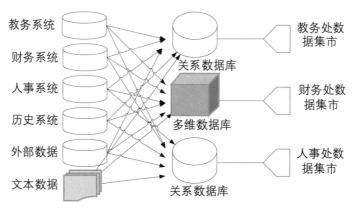

图 2-18　多个独立数据集市体系结构

这种体系结构中各个部门的数据集市没有经过集成，因此也不支持企业级数据仓库策略。多个独立数据集市体系结构具有以下特点：

（1）存在多个抽取程序访问数据源；

（2）数据集市没有集成，也就意味着各个集市之间没有共同的语法规则、语义以及数据定义；

（3）不存在唯一的、经过净化的、一致的决策支持系统信息；

（4）源数据具有多个不一致的数据视图。

显然，这种体系结构的特点决定了以下缺点：

（1）体系结构环境混乱，维护困难；

（2）具有单个独立数据集市的缺陷，也就是存在脏数据问题以及孤立的数据集市问题；

（3）同一事实具有不一致的视图（多个不一致的局部元数据存储）。

（四）具有数据抽取工具的独立数据集市

为了解决独立数据集市的数据仓库集成的问题，需要在体系结构中添加一层数据抽取程序。

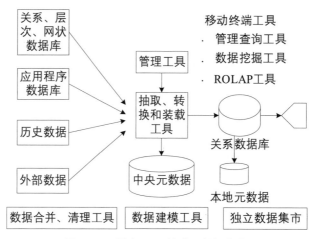

图 2-19　具有 ETL 的独立数据集市

图 2-19 所示的体系结构与图 2-17 所示的独立数据集市结构相比较，源数据库和目标数据库之间增加了一层抽取、转换和装载工具。经过这层结构，解决了图 2-17 中存在的集成问题。

图 2-19 中抽取、转换和装载工具是数据抽取的单独访问点，从而提供对数据源的同等访问。另外，ETL 工具同时将数据清理作为抽取和转换的一部分。这样就解决了脏数据问题，源文件的数据能够被统一清理。因此解决了数据的不一致问题。图 2-19 体系结构具有以下两个特点：

（1）中央元数据；

（2）具有管理和数据建模工具。

但是，该体系结构仍然具有一些问题。由于各个数据集市之间相互独立，因此，各个数据集市依然是孤立的，因为各个数据集市的元数据还没有同中央元数据结合，从而导致该体系结构具有以下缺陷：

（1）各个数据集市之间不存在共同的语法规则、语义和数据定义；

（2）最终结果是非集成的、非体系化的数据集市实现，从而导致组织级数据仓库项目失败。

（五）具有数据抽取工具的体系化数据集市

部门数据集市的元数据没有和中央元数据相结合，因此，出现非集成、非体系化的数据集市。为了解决上述问题，产生了将全局元数据同局部元数据结合起来的思想，从而产生图 2-20 所示体系结构。

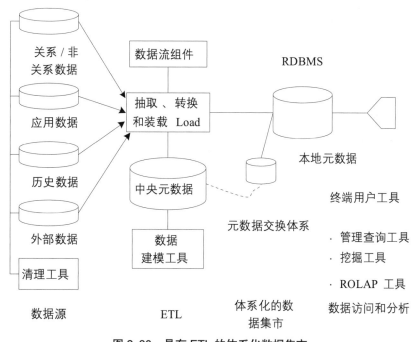

图 2-20 具有 ETL 的体系化数据集市

将中央元数据通过元数据交换体系和数据集市的局部元数据相结合，解决了图 2-19 所示体系结构的集成问题：体系化的数据集市共享企业全局相同的业务规则、语义和数据定义。为什么不通过共享中央元数据，而采取中央元数据和局部元数据相结合来解决集成问题呢？因为部门数据集市的元数据描述的是数据集市的局部信息，除了共享整个组织范围的共同业务规则和数据定义以外，还有自身的业务规则和语义。如果采用共享中央元数据方式，则不能满足局部数据集市的特殊规则。具有 ETL 的体系化数据集市具有以下特点：

（1）数据集成是在中央元数据仓库的基础上进行的，所有的数据仓库组件都由中央元数据驱动；

（2）数据仓库开发人员可以选择不同供应商提供的数据仓库组件。但是，所有的组件必须同中央元数据相结合，各个数据集市也必须遵循共同的开发框架。信息技术部门必须监督所有数据集市的开发都使用公共的体系结构标准。

进行第一次数据仓库项目开发时，应该采用下列组件开发的体系化数据集市：

（1）选择 ETL 工具：用来访问一个或者多个相对较新的数据源。另外，ETL 还应该具有简单的转换功能；

（2）选择目标数据库：数据库模式可以采用层次、网状以及关系数据库，但是，目前绝大多数应该采用关系数据库；

（3）简单的 OLAP 终端用户工具：OLAP 工具的作用是将元数据从中央元数据仓库读到局部元数据，这样，所有的体系结构组件都通过公共元数据联系起来。

（六）多个体系化的数据集市

随着数据集市在某个部门开发的成功，越来越多的部门要求建立数据集市，因此，企业需要实现其它体系化的数据集市，每一个数据集市都将元数据从中央元数据仓库读出。最后，就出现了许多的体系化的数据集市，如图 2-21 所示。

多重数据集市具有以下特点：

（1）源数据库种类较多可以是关系、网状和层次数据库；

（2）目标数据库形式多样可以是关系数据库或者多维数据库；

（3）多个数据集市支持独立的商务领域；

（4）每个数据集市都同中央元数据结合；

（5）数据从多种类型的数据源经过 ETL 抽取、转换、装载到多种目标数据库；

（6）体系结构采用更加复杂、集成的数据仓库框架，包括数据抽取工具，数据建模工具、元数据仓库以及数据仓库管理工具；

（7）适合样板项目开发可以在开发各个数据集市期间学习经验，不断提高开发水平。

当然，这种体系结构的现实问题是，目前数据集市解决方案供应商很少提供将局部元数据同中央元数据结合的机制。因此，采用这种体系结构开发的结果是很难避免孤立数据集市的产生。

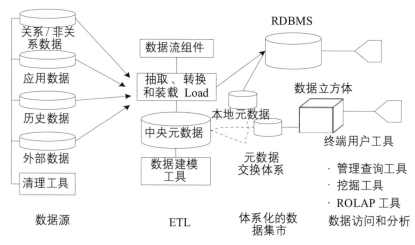

图 2-21　多重体系化数据集市

（七）企业级数据仓库体系结构

数据仓库扩展成企业范围的体系结构时，体系结构会发生很大变化，其中最显著的变化是需要一个用来存储详细（原子）数据的中央数据仓库，从而满足个别的、对详细数据的查询。图 2-22 给出了企业级别的数据仓库体系结构，这个体系结构包含的组件和特性如下：

（1）系统需要一个用来驱动多重数据集市的、具有海量存储的中央数据仓库；

（2）系统具有多种多样的数据源数据库，如 DBZ、关系数据库管理系统等；

（3）中央数据仓库用来存储细节数据，中央数据仓库为组织范围的分析和查询服务；

（4）数据仓库的协调和管理需要以中央元数据为基础；

（5）体系结构既具有较高开发价值，同时又具有很大风险，因为该体系结构组成、开发周期长，需要较大的资金和人力投资；

（6）体系结构适合终端用户需要访问详细数据的场合。

如果最终用户通过访问概括数据不能做出决策而需要访问细节数据，数据仓库设计人员就应该考虑采用具有中央数据仓库的体系结构。

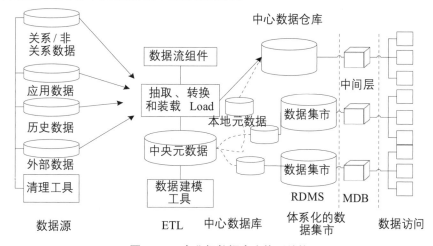

图 2-22　企业级数据仓库体系结构

　　数据源是操作型应用，绝大多数是企业目前或者历史系统中产生的数据，包括关系数据库系统数据（虽然目前还有其它类型数据库，如层次、网状数据库，但是，我国的信息系统几乎所有的数据库系统都是关系数据库），应用程序产生的大量数据、企业历史遗留的数据（这些数据对于企业的决策分析很有益处）以及外部数据。当这些数据进入数据仓库的时候，要进行一系列处理，如转换、概括、过滤以及数据聚集等，经过这些处理，源数据才能以集成的格式进入数据仓库。因为数据仓库中包含大量历史元素，因此，数据仓库必须具有存储和管理大量数据的能力以及不同数据结构的能力，如前面所说的数据结构。

　　图 2-22 所定义的数据仓库体系结构只是众多企业级体系结构中的一种。图中中间层表示其他多维数据访问分析工具，例如联机分析挖掘（On—Line Analysis and Mining，OLAM）就是将联机分析处理和数据挖掘以及知识发现集成在一起的中间层。虽然各个企业定义的体系结构不全相同，但是，各个体系结构都应该包含以下几个组件：

　　（1）数据源、数据抽取、数据转换、数据装载工具；

　　（2）元数据存储库；

　　（3）中心数据仓库；

　　（4）数据集市；

　　（5）数据仓库管理工具；

　　（6）数据查询、报表生成、数据分析、数据挖掘工具；

　　（7）信息传递系统。

　　图 2-22 设计的体系结构没有包含操作型数据存储（Operational Data Stores，ODS）。事实上，可以将上面的体系结构扩充以后包含一层 ODS，然后，ETL 工具在 ODS 上对数据进行处理，图 2-23 即为具有 ODS 的数据仓库体系结构。应用系统产生的大量当前数据经过转换后装载到 ODS，然后 ETL 工具对 ODS 进行抽取，清理，转移到数据仓库数据库中。

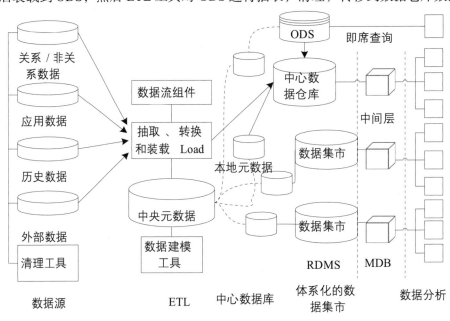

图 2-23　具有 ODS 的体系结构

ODS 数据也是面向主题和集成的，但是，与数据仓库中数据存储不同的是，ODS 的数据是不稳定的，容易改变的，而数据仓库的数据是非易变的；ODS 中包含当前数据，而数据仓库中包含当前和历史数据；ODS 只包含细节数据，没有预先计算的概括数据和集成数据。概括数据和集成数据在数据仓库中是很典型的。事实上，正是因为操作型数据存储不能包含聚集和概括的数据，使其不能满足决策需要而在构建数据仓库时受到冷落。因为 ODS 要进行频繁的更新活动以及包含几乎接近实时的数据，如果将概括数据存储在 ODS 中，那么每次数据更新都将激发概括数据的改变，这种情形特别浪费资源和时间。

ODS 和数据仓库的关系是什么？一般有两种看法：一种观点认为数据仓库需要设置 ODS 存储作为数据准备区，各种数据经过 ODS 后再进入数据仓库；另外一种相反的观点认为 ODS 没有必要充当数据仓库的数据缓冲区，特别是数据仓库需要的数据是外部数据时，数据仓库就不能从 ODS 环境中获得数据。

如果采用第二种观点，那么数据仓库和 ODS 从一开始就是分离的，或者可以将 ODS 理解为数据仓库的一个组成部分，ODS 数据的来源是应用系统更新处理直接产生或者企业历史和外部数据经过转移和装载以后得到，对于 ODS 中的数据，要经过数据仓库 ETL 组件清理以后才进入数据仓库。

具有 ODS 的企业级数据仓库由于包含有操作型数据存储，从而加强了从多个事务系统中获取数据的能力，并且为系统提供了几乎实时的、易变数据的集成的视图和当前数据。ODS 用于做出操作型决策的信息系统。而数据仓库用于为了得到战略的 DSS 决策支持而设计的数据存储。

数据仓库的数据存储在关系数据库中，由于数据仓库自身的特点，决定了数据仓库数据库和应用系统的数据库设计有许多不同点。数据仓库数据库的设计主要考虑查询的响应时间，而数据库应用系统的设计主要考虑事务的完整性以及及时对小事务的应答效率。

【习题】

一、选择题

1. 以下哪一项不是数据库管理系统提供的四种数据控制功能中的一项（　　）。

A. 并发控制　　　　　B. 数据恢复　　　　　C. 数据完整性　　　D. 数据共享性

2. 在文件系统阶段，信息系统的研制的中心是（　　）。

A. 程序　　　　　　　B. 数据　　　　　　　C. 数据结构的设计 D. 文件的存储

3. 数据组织的最高层次是（　　）。

A. 数据库　　　　　　B. 数据项　　　　　　C. 文件　　　　　　D. 记录

4. 用户使用 Internet Explorer 的企业信息系统的模式是（　　）。

A. 主从结构　B. 文件服务器 / 工作站　C. 客户机 / 服务器　D. 浏览器 /Web 服务器

5. TCP/IP 作为网络通信协议可以用于（　　）。

A. 小型机和大型机　　B. 因特网的标准连接协议　　C. 异型机联网　　D. 都可以

6. 在数据库系统中，数据操作的最小单位是（　　）。

A. 字节　　　　　　　B. 数据项　　　　　　C. 记录　　　　　　D. 字符

二、简答题

1. 信息系统经历了哪几个发展阶段？

2. 数据库管理阶段在管理数据方面有哪些特点？

3. 一个数据库管理系统应该具备哪些功能？

4. 物联网的关键技术技术有哪些，请简要介绍其功能？

5. 什么是云计算？它在纺织信息系统中的应用主要有哪些？

6. 数据库和数据仓库有何区别？有何关系？

第三章 管理信息系统及其在纺织中的应用

【本章导读】

1. 了解国内外纺织企业信息系统的现状及其我国纺织企业信息化存在的问题。

2. 了解事务处理系统的基本理论知识，熟悉其在纺织信息系统中的应用。

3. 了解办公自动化系统的相关技术及其发展现状，掌握基于移动互联网的办公自动化系统在纺织信息系统中的应用。

4. 了解管理信息系统的发展历程，理解并掌握管理信息系统对企业现有运营及管理机制的影响。

5. 理解群决策系统和分布式决策系统之间的区别，了解决策支持系统在纺织企业财务决策中的应用。

全球信息化正在引发当今世界的深刻变革，重塑世界政治、经济、社会、文化和军事发展的新格局。加快信息化发展，已经成为世界各国的共同选择。信息化的发展离不开管理信息系统的建设，信息只有通过进行有效的加工管理，建成一个管理信息系统才能发挥其作用，全球信息化的发展也体现出了管理信息系统的全球化发展。管理信息系统的全球化特点体现在以下三个方面：

（1）进入21世纪，全球信息化带动了国际间的交流与合作日益密切，国际间的信息合作日益增多。诸多领域呈现出一体化趋势。而这种交流与合作往往通过各国之间信息数据库。在管理信息方法、文化、观念等方面也获得交流与沟通。

（2）国际化的专业活动日益频繁。现在每年都有许多管理信息系统专业学术会议在世界各地举行，少则几百人，多则上千人，吸引着全世界的企业流程重组（BPR）、战略与经营模式、管理科学、电子商务、电子政务、信息技术和决策行为、信息管理与决策支持系统、计算机仿真与控制系统、信息技术实施与应用、数据库技术、计算机网络及技术基础设施、互联网技术、互联网监管及政策等相关专业的专家学者。

（3）管理信息系统专业信息的国际共享。随着互联网的发展，许多国际组织已在互联网上建起了自己的网站，关于管理信息系统专业信息不受时间和地理位置的限制，都可以在互联网上获取和交流。

近些年纺织企业信息化发展很快。根据不完全统计，上千家大中型企业配备了ERP系统，遍及棉纺、毛纺、针织、化纤、纺机、服装等各个行业。ERP这一通用软件系统在逐渐成熟、不断发展完善、实现产品化的同时，形成自己的行业特点和企业的个性化。企业在多年应用经验的基础上形成了这样的共识：纺织信息化中管理信息化是重点，其中应用软件是核心，选择合适的合作伙伴是关键，采用商品化ERP软件是趋势。企业对产品的选择呈现成熟和理性，更加注重实施效果和投资效益。目前已有90%的企业使用财务管理软件（包括OA），企业资源计划系统（ERP）的使用率也由过去的5%左右上升到目前的30%。

生产制造领域的信息化技术包括车间生产管理和生产过程自动控制，与制造工艺密切结合，相互渗透，经济效益和社会效益都十分明显。前者以MES为主，包括棉纺织厂、织厂、服装厂生产自动监测和管理系统、车间生产物流系统、车间智能调节系统等，MES的质量管理、设备运行管理和绩效管理等功能有很大的发展空间。而生产装备和过程的自动监测、自动控制无疑是最直接的手段，尤其在印染、化纤等耗能和排污受到各界关注的行业。如化纤企业生产过程集散式控制系统、纺织车间空调能源监控系统、印染企业生产过程在线监测系统、生产过程集中管理和监控系统、自动化清洁生产平台等项目。

目前，纺织企业接入互联网的比例达到80%以上，企业内部局域网建设达到30%以上，70%的企业已建立了自己的网站，而且一些优秀的企业网站已具备电子商务的功能，并通过电子商务获得了明显的经济效益。但绝大部分上网企业对网络经济的理解仅限于主页发布、Email收发、信息查询等阶段，真正实现高水平信息化的企业很少。大部分中、小纺织企业对企业信息化程度相对较低。这种状况已成了我国纺织企业进入国际市场的一道壁垒。

第一节　概述

一、我国纺织企业管理信息系统背景

当今世界已经迈向知识经济时代，新概念、新知识、新技术、新工艺、新产品层出不穷，传统的制造业面临着经济全球化、信息网络化、需求个性化和多样性、订购小批量化、产品生命周期缩短化的市场竞争环境，并且这种竞争环境是动态的、突变的、非平稳的，是一个更为残酷的生存环境。这对于纺织企业来说既是机遇又是挑战，为了适应国际化的竞争环境，通过引入信息技术来提高企业的市场竞争力是纺织企业发展的必由之路。

随着全球经济一体化进程的不断加深，国内中小企业大批涌现并迅速发展，为中国的经济发展做出了巨大的贡献，但是由于市场环境和企业内部各方面条件的限制，其生存和发展面临着巨大的压力，绝大多数中小型企业已经意识到自身传统管理方式与现代经营模式之间的差距，从而努力探索优化管理方式的途径。

信息化无疑是提高企业管理效率和管理科学性的重要手段之一。企业对信息化需求的不断增长加速了信息化的发展进程，而信息技术在企业生产管理中的广泛应用，又推动了企业管理方式的变革和创新，为企业的发展创造了机遇。信息化对于改善企业形象、增加员工积极性、提升管理思维和提高企业竞争力发挥着日益重要作用。因此，抓住信息技术给企业带来的便利，不仅可以为企业带来巨大的经济效益，而且可以使企业的管理更加标准化和规范化。在全球信息化的大环境中，为了提高企业的核心竞争力，实现管理方式的现代化和科学化，使企业在激烈的市场竞争中立于不败之地，必须要依靠高效的信息化技术。但是我国的中小型企业经常忽视信息化或错误认识信息化的作用。目前，我国的纺织企业大都采用粗放型、劳动密集型的经营模式和以订单为导向的生产模式。在国际市场上只能占据中低档产品的市场份额。从而导致产品的利润有限，附加值偏低，企业的规模效应已经完全发挥。想要在激烈的市场竞争环境下获得生存和发展，不仅要提高企业的产品质量、大幅度提升产品附加值和科技含量，还必须要加强管理的科学性，以管理求效益，实现内部资源的有效配置，提高企业经营管理的效率。利用信息技术建立高效的市场反应机制，优化企业经营管理方式，走信息化推动高效性的可持续发展道路已成为纺织企业的重要选择。"以信息化带动工业化，以工业化促进信息化"是我国纺织企业实现可持续发展的必由之路，是指导纺织企业由传统经营方式向现代经营模式转变的正确方针，也是我国纺织企业由大变强的有力支撑。

目前，发达国家的大部分传统行业已经引用最新的信息化技术来辅助生产管理。企业资源管理系统（ERP）、供应链管理系统（SCM）、辅助设计与制造系统（CAD/CAM）以及客户关系管理系统（CRM）在企业中的应用，加速了企业信息化的进程。国外某些大型企业已经把信息化作为其生存和发展的一级战略工具网。相比于发达国家，我国纺织企业的信息化建设仍处于初级阶段，要实现与发达国家接轨，必须建立高效的信息化机制。随着经济全球化和现代信息技术的发展，我国纺织企业在迎来新机遇的同时，也面临着很多严峻的挑战。

二、我国纺织企业信息化存在的问题

纺织行业的信息化起步于 20 世纪 80 年代。就目前来看，国有大型企业实施信息化的多，而且应用基础较好，外资、合资企业应用状况优于国有企业，服装、针织、家用纺织品企业多是小型企业，具有很大的市场潜力。除少数上市公司和企业集团之外，大多数企业信息化投资在 100～200 万元，一般不超过 500 万元。纺织企业的市场将从中心城市转向纺织服装业发展快的地区。浙江、江苏、广东等需求相对集中，投资立项积极中西部地区近期有需求增加趋势，京、津、沪等大城市因为产业结构调整，应用项目大多集中在少数改组后的企业。电子信息技术在纺织行业的应用主要包括 MIS、ERP、CAD、自动控制与监测、MRP II 等内容，绝大多数与企业信息系统密切相关。其中，近一半处于单项管理水平，如财务、库存、工资管理等。但在实施 MIS 的企业中，也有一部分只是单项管理的组合，没有实现真正的信息共享。以此为代表的管理系统仍将占 50% 以上市场份额。纺织专用 CAD 已经获得较好的推广，如服装 CAD 推广达到 1700 多套。但仍存在以下问题：

（1）企业管理者对信息化工作认识不足。棉纺企业信息化工作进展较慢，其主要原因之一是企业管理者对信息化工作的意义不完全了解，对实施信息化建设的紧迫性认识不足。当前很多企业仍停留在粗犷式的管理方法之中，在生产和销售上存在极大的盲目性。由于当今市场多变、产品需求多样，如果对需求信息掌握不足很容易出现生产过剩的现象，造成大量产品的库存积压。这不但影响了企业当前的经济效益，更影响了企业的长远发展。恶性循环长此下去必将使企业陷入困境。

因此，对市场、计划、生产、库存和销售的合理调配已成为当今企业升级改造的当务之急。提高企业管理者对信息化工作的认识，通过信息化改变企业的落后管理面貌，通过管理的科学化、现代化提高企业的竞争力和经济效益这将是行业发展的重要工作。

（2）信息化总体水平比较落后。纺织行业信息化起步较早，然而由于 90 年代末全行业的亏损，使得以前的信息化工作中断，企业信息化人才流失。很多企业对信息化的认识还停在计算机打字、财务统计、报表等简单的工作上面。另有些企业也只是利用计算机进行纺织服装设计、发送电子邮件、上网浏览等一些初级阶段。大多数纺织企业由于受到经营条件、管理理念、员工素质、资金条件等条件的制约，难以真正建立完整的企业信息系统，利用信息技术对企业资源进行管理的很少。系统集成难、重复建设严重、企业的信息系统包括很多子系统，由于企业各个系统建立不同时，企业的信息化没有统一的规划，导致企业的各个子系统不兼容，不能成为一个有机整体，造成所谓的"信息孤岛"问题。纺织企业的信息化建设起步比较早，很多早期的系统建设没有考虑到以后的其他系统的相接问题，信息孤岛现象尤其严重。

（3）系统集成难、重复建设严重。企业的信息系统包括很多子系统，由于企业各个系统建立不同时，企业的信息化没有统一的规划，导致企业的各个子系统不兼容，不能成为一个有机整体，造成所谓的"信息孤岛"问题。纺织企业的信息化建设起步比较早，很多早期的系统建设没有考虑到以后与其他系统的相接问题，信息孤岛现象尤其严重。

（4）信息孤岛。虽然很多企业都进行了基本的 ERP 应用，但是由于技术等客观原因，信息孤岛现象严重，其进销存、财务、CAD/CAM 软件都来自不同的公司，遵循着不同的技术规范，而大多企业都没有进行更为重要的子系统整合，大大限制了信息系统的应用。

（5）信息化利用层次比较低。由于缺乏整合和后续开发，企业对于信息系统的应用层次比较低，很多为办公自动化和业务电子化；虽然很多企业利用 POS（Point of Sales）系统收集了一些实时数据，但是对于利用实时数据实现更为重要的预测、计划、补货等功能，很多企业还处于起步阶段。

（6）专业技术人员和资源缺乏。虽然多年的信息化过程培养了很多信息化从业人员，但是由于纺织服装业的特殊性，既懂得纺织服装企业的业务管理又懂得信息技术的技术人员还是比较少。目前专业技术人员的缺乏严重阻碍了纺织服装企业特别是需求急迫的中小企业的信息化进程，甚至人员的流失和缺乏造成了很多信息系统实施的失败。

（7）缺乏适合纺织服装业特点的行业化产品。虽然有很多企业实施信息化的成功案例，但是大多企业自身特色比较强，而通用性和可推广性比较差；而很多国外行业软件虽然先进成熟，但是一方面软件昂贵实施成本高，另一方面很多特点不能适用我国企业的自身特点。相对于国外公司，我国的很多纺织服装企业规模比较小，虽然对于信息系统的需求比较高，但是对于价格的承受能力还比较差。然而我国的中小服装企业数目众多，总体上看其市场颇为庞大，信息系统开发商应该在行业管理部门的协助下，尽快开发适合我国企业特点的行业版本，更为高效的在中小纺织服装企业推行信息化。

（8）基础工作不够扎实。纺织服装行业涉及的环节和主体特别多，从纺纱、印染、织布、后整理、成衣、配送到最终零售，形态发生多次变化，管理难度比较大。信息化的基础工作不扎实，包括产品条形码、单据编码不规范，数据的准确、及时、完整性不是太好等。虽然这是一项极为重要的基础工作，却也是一件吃力却难有显赫成果的事情，所以往往没有相关部门或责任人来持续抓好落实此事，终将是一大隐患。服装企业自身的管理模式、组织机构模式、产业流程模式落后，和先进的信息化技术软件、管理系统软件有较大的差距。

（9）信息化投资重硬轻软。有人在对众多实施信息计划的公司进行研究后，发现了一个奇特的悖论：大多数企业相信信息能力的主要动因来源于技术；事实上，这些动因在本质上是非技术的，即麦凯恩悖论。大多数企业在发展客户、经营和财务信息能力时，将主要资金不均衡地投入技术部分而不是非技术部分，而实际上，正是这些能力的非技术因素决定了一个企业的信息能力。信息能力因素包括：员工应用信息的能力、实现信息有效配置的程序、组织结构以及对各职能部门有效使用信息的奖赏、长期利用和体现这种价值的信息文化、充分理解这一作用并支持投资的领导艺术、与价值和准确性相关的信息本身等。

表 3-1 传统投资与能力决定因素以百分比的形式显示了企业过去在客户信息能力方面的投资与实际决定客户信息能力的各种因素之间的关系。

表 3-1　传统投资与能力决定因素

要素	传统投资	能力决定因素
人才	2%	20%
程序	2%	15%
组织结构	2%	10%
文化	1%	20%
领导艺术	1%	10%
信息	10%	15%
技术	82%	10%
总计	100%	100%

我国纺织服装企业观念比较传统，重概念轻实效、重建设轻维护、重硬件轻软件、重网络轻资源、重技术轻管理、重电子轻业务等错误观念普遍存在，严重影响了我们信息技术的成效。其实，不应该把目光全聚焦在到底买多少机器、到底建多少网络，而是应该全面考虑想达到什么目标、提升哪方面的能力、改善什么东西，然后才决定投资。

（10）应用深度不够。系统不集成、信息孤岛的事情暂且不说，很多企业的销售、采购、入库、出库、库存数据都有了，但还没有让它们发挥应有的作用。就像哈佛商业评论编辑 Hal Varian 指出的那样："卡尔说 IT 正在商品化、不再提供竞争优势，这一点他是对的。但知道如何有效使用 IT 还是一种非常稀缺的技能。""提供竞争优势的不是 IT 本身，而是那些知道如何有效利用它的人。""公司在花成千上万的钱在数据存储和获取客户交易数据上，但一大堆数据就躺在那儿、没有经过分析、没有使用，但是，在那些训练有素的分析人员手上同样的数据却能产生巨大的回报！"

这是一个数据丰富的时代，但同时是一个知识贫乏的时代！现在中国大多数企业没有人去分析如何应用已有的数据来决策，来提高要货满足率、降低库存、如何优化流程更好地为顾客服务等，当然原因是多方面的，有相关理论研究不够深入、宣传推广普及不到位的问题，有企业本身对这方面知识的欠缺或粗放式操作习惯的问题，有软件企业本身对经营管理理解不深刻、对客户培训知识转移不到位的问题等等。也正因为没有充分利用信息系统中数据来决策，数据的准确、及时、完整性也没有引起足够的重视。而大量实践证明，数据的准确、及时、完整只有在使用过程中才能不断完善和提高。也许是因为 IT 还太年轻，还没有能够充分展示其魅力，虽然美国宣称 50 年代就进入了信息化时代，但真正意义上 IT 发挥价值是在 90 年代之后。

美国麻省理工学院经济学家布尔佛森（Erik Brynjolfsson）、宾州大学教授希特（Lorin Hitt）研究表明，企业对于科技的投资，最大的报酬要在五到七年后才会出现。波士顿大学管理学院信息系统管理学教授托马斯·H·达文波特要把"过去的 40 年，更确切地描述为'数据时代'，而不是'信息时代'""将数据转化为某种更有用的东西，需要相当多的人力投入和智慧，但大多数组织仅仅从技术的角度来看待这一问题。拥有一个数据库或数据挖掘系统，与拥有其他技术一样，是必要的，但对于高质量的信息和知识而言，则是不够的"。这一点对中国纺织服装企业的信息化有着非常重要的启示，我们应更注重、加强信息分析，而不是只停留在现阶段的数据采集和存储上。

纺织企业要想实现全面的信息化就必须克服自身的困难，从实际情况出发，走适合其发展特点的信息化道路。

三、国内外纺织企业管理信息系统的现状

管理信息系统是纺织企业信息化应用的重点和难点，其中生产管理是 ERP、MIS 等系统中的重要模块，对它的研究具有很高的理论意义和实际意义，因而受到学术界和工业界的广泛关注。信息化技术的不断发展促使众多先进的生产管理系统不断涌现，成功地辅助企业管理生产过程、制定生产计划、安排生产调度。

在国外，德国奥伽（Orga System）公司应用 MRP 哲理和方法研发的 MIS 软件 TEXIS 是一款商品化的软件，它包括合同订单、成品原材料库存、采购计划、生产过程、成品发货、成本核算等模块。意大利 Datasys 软件公司研发的数码纺（Datatex）被美国卡莱罗纳州立大学纺织工程专业作为示范教材，该软件与 TEXIS 的功能大致相同。另外国外学者设计的生产管理系统能够适用于网络组织，主要包括网点设置以及经济因素的跟踪，从时间范围、公司决策、区域限制等几个方面出发，该系统采用四级分层法并运用数学优化方法对原型方案进行评估，从而获得最优的生产计划。

在国内，苏州大学在纺织企业敏捷供应链的研究过程中，对纺织动态联盟的重要性有了充分的认识，并以此为基础开发了适用于纺织企业的生产管理信息系统。华南理工大学设计了具备系统化、可视化、生产数据集中化及效率化管理功能的生产计划及辅助分析系统，该系统可以实时监控、采集和分析不同的业务性能指标。东南大学提出了智能纺织生产管理，运用算法进行算例分析，构建了适用于纺织企业的生产智能调度数学模型，该模型可以获取生产调度的最优值，在分析纺织企业实际生产需求的基础上结合智能调度数学模型开发了智能纺织生产计划调度系统。上海大学在对任务集成与制造资源建模、产品标准时间计算分析、生产计划调度集成优化模型求解分析的基础之上，提出了复杂产品多级制造的生产管理信息系统，解决了复杂产品的生产计划与调度问题。复旦大学以生产计划、能力需求计划、物料需求计划为研究重点，从某企业实际发展规划和实际生产需求出发，提出了基于 BSS 三层体系结构的 ERP 生产管理系统，该生产管理系统主要面向中小型企业。重庆大学对多品种少批量生产模式的企业做了充分的调研，针对其生产计划过程中遇到的困境，提出了基于准时制的生产计划体系，其核心思想是从产品的根节点出发逐层倒推每个零件的最迟完工时间并将产品的截止日期作为准时制生产的"拉动源"，从而得到相应的主生产计划和物料需求计划。

第二节　事务处理系统及其应用

一、事务处理系统相关概念

在许多大型、关键的应用程序中，计算机每秒钟都在执行大量的任务。更为经常的不是这些任务本身，而是将这些任务结合在一起完成一个业务要求，称为事务。如果能成功地执行一个任务，而在第二个或第三个相关的任务中出现错误，将会发生什么？这个错误很可能使系统处于不一致状态。这时事务变得非常重要，它能使系统摆脱这种不一致的状态。事务是一个最小的工作单元，不论成功与否都作为一个整体进行工作。不会有部分完成的事务。由于事务是由几个任务组成的，因此如果一个事务作为一个整体是成功的，则事务中的每个任务都必须成功。如果事务中有一部分失败，则整个事务失败。

当事务失败时，系统返回到事务开始时的状态。这个取消所有变化的过程称为"回滚"（Rollback）。例如，如果一个事务成功更新了两个表，在更新第三个表时失败，则系统将两次更新恢复原状，并返回到原始的状态来保持应用程序的完整性

任何应用程序的关键是要确保它所执行的所有操作都是正确的，如果应用程序仅仅是部分地完成操作，那么应用程序中的数据甚至整个系统将会处于不一致状态。我们来看一下银行转账的例子。如果从一个账户中提出钱，而在钱到达另一个账户前出错，那么在此应用程序中的数据是错误的，而且失去了它的完整性，也就是说钱会莫名其妙地消失。

克服这种错误有两种方法：

在传统的编程模型中，开发者必须防止任何方式的操作失败。对任何失败点，开发者必须加上支持应用程序返回到这一操作开始时的状态的措施。换句话说，开发者必须加入代码使系统能够在操作出现错误时恢复原状（撤销）。

更为简单的方法是在事务处理系统的环境之内进行操作，事务处理系统的任务就是保证整个事务或者完全成功，或者什么也不做。如果事务的所有任务都成功地完成，那么在应用程序中的变化就提交给系统，系统就处理下一个事务或任务。如果操作中某一部分不能成功地完成，这将使系统处于无效的状态，应回顾系统的变化，并使应用程序返回到原来的状态。

事务处理系统的能力就是将完成这些操作的知识嵌入到系统本身。开发者不必为将系统恢复原状编写代码，需要做的只是告诉系统执行任务是否成功，剩下的事情由事务处理系统自动完成。在帮助开发人员解决复杂的问题时，事务处理系统的另一好处是其 ACID 属性。

二、事务处理系统的 ACID 属性及状态

（一）事务处理的 ACID 属性

当事务处理系统创建事务时，将确保事务有某些特性。组件的开发者们假设事务的特性应该是一些不需要他们亲自管理的特性。这些特性称为 ACID 特性。ACID 就是：原子性（Atomicity）、一致性（Consistency）、隔离性（Isolation）和持久性（Durabilily）。

1．原子性

原子性属性用于标识事务是否完全地完成，一个事务的任何更新都要在系统上完全完成，如果由于某种原因出错，事务不能完成它的全部任务，系统将返回到事务未开始的状态。

让我们再看一下银行转账的例子。如果在转账的过程中出现错误，整个事务将会回滚。只有当事务中的所有部分都成功执行了，才将事务写入磁盘并使变化永久化。

为了提供回滚或者撤消未提交的变化的能力，许多数据源采用日志机制。例如，SQL Server 使用一个预写事务日志，在将数据应用于（或提交到）实际数据页面前，先写在事务日志上。但是，其他一些数据源不是关系型数据库管理系统（RDBMS），它们管理未提交事务的方式完全不同。只要事务回滚时，数据源可以撤消所有未提交的改变，那么这种技术应该可用于管理事务。

2．一致性

事务在系统完整性中实施一致性，这通过保证系统的任何事务最后都处于有效状态来实现。如果事务成功地完成，那么系统中所有变化将正确地应用，系统处于有效状态。如果在事务中出现错误，那么系统中的所有变化将自动地回滚，系统返回到原始状态。因为事务开始时系统处于一致状态，所以现在系统仍然处于一致状态。

再让我们回头看一下银行转账的例子，在账户转换和资金转移前，账户处于有效状态。如果事务成功地完成，并且提交事务，则账户处于新的有效的状态。如果事务出错，终止后，账户返回到原先的有效状态。

记住，事务不负责实施数据完整性，而仅仅负责在事务提交或终止以后确保数据返回到一致状态。理解数据完整性规则并写代码实现完整性的重任通常落在开发者肩上，他们根据业务要求进行设计。

当许多用户同时使用和修改同样的数据时，事务必须保持其数据的完整性和一致性。

3．隔离性

在隔离状态执行事务，使它们好像是系统在给定时间内执行的唯一操作。如果有两个事务，运行在相同的时间内，执行相同的功能，事务的隔离性将确保每一事务在系统中认为只有该事务在使用系统。

这种属性有时称为串行化，为了防止事务操作间的混淆，必须串行化或序列化请求，使得在同一时间仅有一个请求用于同一数据。

重要的是，在隔离状态执行事务，系统的状态有可能是不一致的，在结束事务前，应

确保系统处于一致状态。但是在每个单独的事务中，系统的状态可能会发生变化。如果事务不是在隔离状态运行，它就可能从系统中访问数据，而系统可能处于不一致状态。通过提供事务隔离，可以阻止这类事件的发生。

在银行的示例中，意味着在这个系统内，其他过程和事务在我们的事务完成前看不到我们的事务引起的任何变化，这对于终止的情况非常重要。如果有另一个过程根据账户余额进行相应处理，而它在我们的事务完成前就能看到它造成的变化，那么这个过程的决策可能建立在错误的数据之上，因为我们的事务可能终止。这就是说明了为什么事务产生的变化直到事务完成才对系统的其他部分可见。

隔离性不仅仅保证多个事务不能同时修改相同数据，而且能够保证事务操作产生的变化直到变化被提交或终止时才能对另一个事务可见，并发的事务彼此之间毫无影响。这就意味着所有要求修改或读取的数据已经被锁定在事务中，直到事务完成才能释放。大多数数据库，例如 SQL Server 以及其他的 RDBMS，通过使用锁定来实现隔离，事务中涉及的各个数据项或数据集使用锁定来防止并发访问。

4．持久性

持久性意味着一旦事务执行成功，在系统中产生的所有变化将是永久的。应该存在一些检查点防止在系统失败时丢失信息。甚至硬件本身失败，系统的状态仍能通过在日志中记录事务完成的任务进行重建。持久性的概念允许开发者认为不管系统以后发生了什么变化，完成的事务是系统永久的部分。

在银行的例子中，资金的转移是永久的，一直保持在系统中。这听起来似乎简单，但这依赖于将数据写入磁盘，特别需要指出的是，在事务完全完成并提交后才写入磁盘。

所有这些事务特性，不管其内部如何关联，仅仅是保证从事务开始到事务完成，不管事务成功与否，都能正确地管理事务涉及的数据。

（二）事务的状态

一个事务开始运行后，其结果如何是难以预测的。为了保障系统赋予事务的 ACID 特性，必须记载事务的状态，供 DBMS（Database Management System）分析和处理。

（1）事务开始（begin-transaction）：开始执行，进入活跃状态。

（2）事务操作（operating）：事务进行一系列的操作，仍处于活跃状态。

（3）事务结束（end-transaction）：事务完成了所有读、写操作，执行完最后一个语句。从用户看，事务似乎已完成它的使命。但从系统看，事务的工作虽已完成，但它产生的结果是否全部保存下来，尚不得而知。此时事务进入部分提交状态（partially committed）。

（4）事务失败（abort）：事务在进行某些读写操作后出现异常情况，不能继续下去或部分交付之后要求撤消其操作结果，则进入失败状态，这种事务必须回滚。

（5）事务交付（commit-transaction）：事务完成了所有读、写操作。系统已保存或承诺保存该事务的所有操作结果，此时事务进入交付状态。

（6）事务终止（terminated）：事务交付或事务撤消后进入终止状态。系统运行时从此开始忘记该事务。

三、大数据时代下的大规模事务处理监测系统

（一）大规模事务处理系统概述

大规模事务处理系统平台是用于开发并行海量数据库系统的分布式大规模事务处理中间件，它提供对海量数据的并行加载和存储、海量数据的并行查询分析功能。它由多个局部自治的数据库管理系统和一组中间件组成，中间件用于对这些数据库进行管理，并为用户的管理和操作提供统一视图。大规模事务处理系统作为一个海量信息系统开发和管理平台，针对海量信息系统特点，解决了如下技术难点：

（1）提供海量信息的分布存储。通过数据划分技术，按照划分规则，将海量信息划分成相互独立的集合，分别存储到多个局部数据库中，使整个系统的存储能力随数据库节点个数线性增加。

（2）提供海量信息的并行加载。数据库并行化技术包括操作间并行和操作内流水并行，通过数据划分方式，将数据均衡分布到多个局部数据库上，从而实现多个数据库并行加载，使得整个系统加载能力得到线性提高；另外，由于数据划分等操作，可能增加数据加载的开销，因此，在该系统中采用流水并行方式，将整个数据加载过程分割成多个独立步骤，使得步骤间按流水并行方式完成加载任务。

（3）海量数据加载需要海量的接入能力。该系统采用多个加载流水线方式，实现并行加载，并将流水线均衡分配给用户，既保证了海量用户接入能力，也保证了海量数据接入能力。

（4）提供对海量信息的并行查询与分析。对海量信息的查询主要是并行数据库技术，以往的并行数据库并行查询算法都包含三个阶段，即数据重分布、并行子查询执行、结果合并，由于数据重分布开销太大，并行算法在商用数据库中采用的很有限，一般用于数据挖掘等数据后处理应用，对于海量信息的在线查询分析，不断有大量数据加载，因而不可能采用上述技术。该系统在加载时即进行数据分布，因此查询时只执行后两个阶段。为了提高系统的适应性，采用了数据复制技术，对于某些小表，通过将其复制到相关局部节点上，可以减少数据交换的数量，从而提高性能。

（5）为用户提供统一的对多个异构自治数据库的管理和使用接口。该系统为了提供统一接口，采用 SQL92 标准作为数据库的查询语言，用户不感知多数据库存在，由大规模事务处理系统对多个数据库进行管理和维护，对所有请求并行化，并调度局部数据库完成请求。并行域和 OTS 是维护多数据库一致性的主要技术。

（6）提供高可靠性服务。大规模事务处理系统及其管理的数据库系统无单点失效问题，即在单点失效的情况下可以正常运行。为了解决单点失效问题，该系统采用了高可用体系结构实现磁盘和操作系统容错，采用冗余服务技术、负载平衡和容错服务技术解决服务对象容错，负载平衡和容错服务采用热备份技术解决本身的单点失效。

（7）系统在线维护，包括系统在线升级，在单点失效情况下可以在线故障恢复。通过

负载平衡和容错服务技术所实现的系统在线升级，实际上是用新的服务对象代替旧服务对象的过程，在线故障恢复是通过动态保持冗余服务方式实现，这两种技术通过系统管理工具的动态配置和在线运行维护功能实现，即通过更改配置可以实现在线升级，通过检测冗余服务对象，判断其是否满足配置要求，如果因为对象失效等原因不能满足配置要求，则管理工具自动根据配置要求，启动冗余服务对象，并进行初始化，建立和其他对象的连接关系。

（8）系统规模和处理能力可以在线调整，并动态负载均衡。该技术特点是通过冗余服务方式、负载平衡和容错服务技术实现的。

（二）大规模事务处理系统结构

大规模事务处理系统结构如图 3-1 所示，它的主要服务是由一组加载服务对象和一组查询服务对象构成，加载服务对象负责海量信息的并行加载，加载服务对象在进行加载时通过数据划分，调度多个数据库并行加载，提高了大规模事务处理系统的加载性能，另外，加载服务对象采用多层次设计，分别包括数据划分服务器、批量表加载服务器、表加载服务器三个层次，它们采用松散耦合方式组合在一起，在这三个层次之间，通过流水并行进一步提高系统的加载性能。

并行查询服务负责对海量信息数据进行高效的并行查询和分析，它同样由多个层次的服务对象组成，包括并行查询服务器、数据查询服务器以及结果服务对象等，并行查询服务器负责查询请求的并行优化和分解、并行查询规划生成和并行查询调度执行，数据查询服务器负责查询在局部数据库执行，结果服务器负责查询结构的缓冲、结果合并，并与客户交互，将结果返回用户。

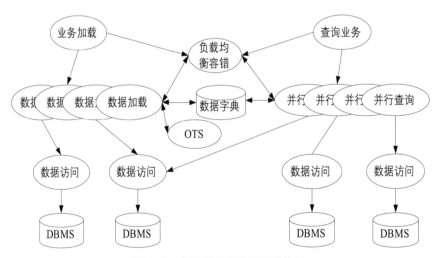

图 3-1 大规模事务处理系统结构

数据库访问对象负责解决异构数据库接口的不一致性，整个系统中，除了数据库访问对象必须和底层数据库相关外，其他服务对象都和数据库无关。

另外两个重要的对象是两个 CORBA（公共对象请求代理体系结构）服务，OTS 是一个分布式对象事务服务，完成两阶段提交协议，用于维护全局数据库的一致性；AFLS 为负载平衡和容错服务，通过冗余服务技术，提高系统的容错能力，着重解决服务对象负载分配可能出现的不均衡问题，并能实现动态负载均衡。

（三）监测系统的设计

1. 监测系统设计的基本思想

监测系统是大规模事务系统管理工具的一个重要组成部分，是系统管理的基础，本节将讨论系统设计的目的、原则和基本思想。

（1）监测的目的。

①解决开发和测试阶段中的错误。在部署一个应用之前，可能存在很多错误，而在分布环境下发现一个错误是非常困难的，如果在调试阶段通过一种通用的、并且不影响系统的监测工具来获取不同对象之间的通信消息，将有利于问题的解决和工作效率的提高。

②在系统运行阶段通过监测了解系统运行情况，帮助管理员发现错误并进行故障定位。

③通过获取到的信息可以进一步对系统的性能进行分析，发现系统性能瓶颈所在，在此基础上改进系统的性能。

④系统监测作为管理工具的一个重要组成部分，为系统的配置、部署和自动维护提供科学依据。

（2）监测机制的实现原则。

①监测的透明性：监测对应用（对象）来说是透明的，他们应该感知不到监测机制的存在；监测可以动态地开关。

②监测内容的可伸缩性：用户能根据需要对系统进行监测，即监测内容是可以动态配置。

③监测策略的自主性和可扩展性：自主性是指监测系统通过分析历史信息可以实时调整自己的策略，可扩展性主要是指用户可以根据需要通过策略编辑器进行策略编辑，例如用户可以调整系统报警的条件以及指定发现故障后采用何种处理方式等。

④监测系统规模的可扩展性：监测系统应支持服务对象、服务器节点和数据库的在线规模扩展。

（3）监测系统设计的基本思想。

大规模事务处理监测系统是一个集信息采集与传输、数据处理和决策支持于一体的综合系统。该监测系统具有以下基本功能：系统服务对象状态监测与分析；应用服务器节点状态监测与分析；数据库状态监测；检测系统各种可能的错误，并给出报警信息；帮助管理员进行错误定位和解决故障；发现系统出现的性能瓶颈并提出优化建议。

基于以上监测目的和实现原则，监测系统设计的基本思想如下：

①在每个服务对象实例上附加一个服务代理 SA（Server Agent），它负责收集各个服务对象实例的管理信息。

②在系统每个应用服务器主机上都驻留一个主机管理者 HM（Host Manager），它向上为监测中心提供服务器主机的管理接口，向下管理驻留在本服务器主机上的各个实例对象。

HM 负责定时收集本服务器主机的状态信息和运行在本服务器主机上的对象实例的状态信息，如果发现失效的对象实例，负责向监测中心报警。

③系统设置一个管理全局的监测中心，它负责收集和处理系统全局的监测信息、各个对象实例的状态信息、各个主机 HM 的状态信息、数据库状态信息。这些信息需要及时更新，以保证系统的正常运行。它为系统管理员提供图形用户界面 GUI，能够动态地监视系统的运行状况，及时显示服务器的状态信息和系统中各个对象实例的运行情况，以便系统管理员发现问题并及时做出调整。它能依据系统策略要求进行信息处理，并将处理完的信息送往错误分析及故障定位器、负载性能分析器等。

2．监测系统体系结构

（1）系统的构成。

监测系统的结构如图 3-2 所示（数据库监测部分未画出），各部分主要功能：

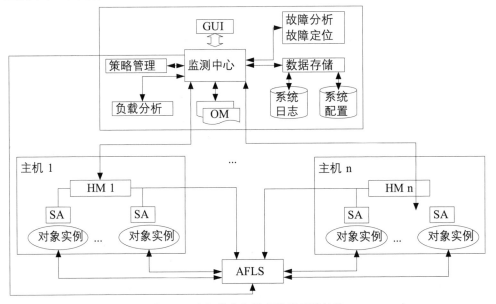

图 3-2　大规模事务处理监测系统结构

服务代理 SA（Server Agent）：依附在服务对象实例上的探测器对象，对服务对象实例及 ORB 本身进行监测并获取被监测实体的通信消息以及相关信息。

主机管理者 HM（Host Manager）：HM 通过 SA 收集驻留在本服务器主机上所有服务对象实例信息，收集主机本身的运行状态信息，并经过数据预处理后将结果信息传递给监测中心；接受监测中心发出的指令并下达到本主机的每个代理服务 SA，使 SA 按照用户的要求工作。

监测中心：根据收集的信息分析系统是否按照系统配置的要求正常运行；依据系统策略要求进行信息处理，并将处理完的信息送往错误分析及故障定位器、负载性能分析器等，最后通过 GUI 将系统运行情况动态显示给用户；按照用户指令通过 HM 设置 SA 的工作方式；各种信息的存储、监测日志的记录、系统参数设置以及提供系统配置的编辑等等。

GUI：接受信息管理中心提供的信息并将系统状态以各种表现形式呈现给观察者，提供通用历史趋势图、实时数据表、动态棒形图、动态 X — Y 曲线图、功能拓扑图、对象状态拓扑图、报警信号等，用户还可以根据需要定制各种特色的可视化画面。

故障分析及故障定位：通过获取的信息进行故障分析，并帮助管理员进行故障定位。

负载分析：计算并分析系统负载平衡状态，分析是否出现性能瓶颈，并提出解决的建议。

策略管理：策略是一套指导和确定如何监测、分析和处理信息的业务规则。策略管理的目标是确保业务规则总是得到遵循。

数据存储：提供系统日志和系统配置的存储和读取机制。

OM（Object Manager）服务对象类管理者，在监测系统中每一类服务对象都有一个管理者 OM，它为服务对象类提供管理接口，集中管理每个服务对象类的各个实例。

（2）系统主要特点。

该体系结构具有如下特点：

①监测透明性：监测工具对于大规模事务处理系统来说是透明的，监测工具的动态开启和关闭不会影响原有系统的正常运行。

②重大故障检测的实时性：监测工具对系统重大故障采用"事件驱动"，能保证及时发现系统故障。

③预报警：监测工具具有一定的智能性，能不断更新自己的诊断知识库，采用了模糊匹配推理机制，具有一定的预报警功能。

④高安全性：建立了一套独立的加密系统，用于对用户口令进行加密，用户口令经过加密后存储在数据库中，操作人员必须拥有用户口令才能对监测系统进行管理操作，从而避免了无关人员或恶意攻击者对系统的破坏。

⑤高可靠性：使用主备式失效检测器，保证监测结果的可靠性。

⑥良好的人机接口：监测工具的客户端使用可视化开发工具进行开发，具有良好图形化人机交互界面。监测软件的人机界面结合了菜单、工具栏、命令按钮、图标等多种操作方式，操作方便，界面布局合理，同时在人机接口程序中还采取了大量的容错和防误操作设计，最大限度地减少误操作的发生。

⑦对象规模在线扩展：当系统对象规模需要扩展时，只需在配置文件中添加对象实例的相关信息即可，监测工具自动将其纳入监测范围，一旦扩展的对象实例开始运行，对应的 HM 就会自动收集添加的对象实例的状态信息。

⑧服务器规模在线扩展：当系统增加服务器主机时，只需在配置文件中添加该主机的相关信息，同时在增加的主机上部署 HM 并使其处于运行状态，监测工具即可对其进行监测。

⑨数据库规模在线扩展：数据库规模扩展时，只需在配置文件中添加数据库信息即可。

（3）系统信息收集机制。

基本的信息收集方式通常有两种：推模式（push）和拉模式（pull），在推模式下，被监控对象实施主动行为，主动向监控对象发送信息。在拉模式下监控对象实施主动行为，主动向被监控对象发布指令收集信息。两种监控模式各有优劣，监控对象和被监控对象之间具体采用哪种交互类型取决于应用程序的需求。一般来说，如果应用运行的通信带宽是紧缺资源，更看重通信的效率，则可以选择 push 模式；而如果应用只需在特定的时间点检查被监控对象的状态，则 pull 模式更加合适。

由监测系统的体系结构可以知道，信息收集主要由监测中心、主机管理者 HM 和服务代理 SA 三级构成，图 3-3 展示了三者之间信息交换的基本模式。

图 3-3　系统信息收集模式

主机管理者 HM 和服务代理 SA 之间采用的是拉模式，即 HM 定期向 SA 收集对象实例的相关信息。HM 和监测中心之间则采用了推和拉相结合的模式，监测中心定期向 HM 收集各服务对象实例及服务器主机的相关信息，但为了保证系统对错误和故障处理的实时性，一旦 HM 判断所获得的信息出现异常则主动以推的方式向监测中心报告，即采用"事件驱动"方式。

3．监测系统体系结构设计的关键问题

（1）服务代理 SA。SA 是附加在被监测对象实例上的监测器，与被监测对象实例同属一个进程，对监测器的设计通常有两种方案：

①在被监测的服务对象中增加管理接口，即监测器作为被监测的服务对象的一段代码，完全嵌入至服务对象中。

②重新定义一套 IDL 接口，并且把该套接口的实现同服务对象的实现相分离，即监测器作为一个单独的对象存在。

两种方法各有利弊，对于第一种方法，监测器实际上成了服务对象的一部分，在服务对象的接口中添加管理接口，并把新接口的实现和服务对象的实现相结合。这种方法简化了代码的实现和接口的访问，因为只要找到服务对象实例就可以访问服务对象实例的所有接口，但这么做却破坏了服务对象实例的程序代码，代码的改写和维护工作比较繁琐，同时还降低了代码的重用性。在第二种方法中，我们定义了一套新的 IDL 接口，使得 SA 形成了一个新对象，并且通过改变 POA 的策略使得服务对象和新对象都注册到 ORB 中。这种方法虽然使得系统中增加了大量的对象，但监测器作为单独的对象存在，可以最大限度实现监测系统与被监测对象的分离，同时所添加的新接口不仅不破坏服务对象程序代码，还使代码具有通用性，任何服务对象，只通过简单修改就可以使接口生效。

（2）服务对象运行状态的设置与获取。服务对象实例的运行状态可以定义为如下四种：

①正常状态（Normal）：服务对象实例可以正常地接受和发送请求。

②半活跃状态（Request Decline）：服务对象实例不响应请求，而是把接收到的请求重新发送给其他服务对象实例。如果服务对象有缓存，并且缓存中存有没有执行的任务，那么允许该服务对象实例执行这些任务。

③停止状态（Stop）：服务对象实例既不能响应请求也不能够发送请求，并且服务对象

的缓存为空。

④挂起状态（Suspend）：服务对象实例不存在，也就是说，服务对象实例在后台进程中不存在。

绝大部分的服务对象都支持两种状态，即正常状态和挂起状态。但是，要支持半活跃状态或者停止状态，服务对象自身必须提供 Commit 接口。

Commit 接口描述：提交操作，返回值是布尔型。Commit 操作使服务对象尽快完成缓存中的任务，任务完成后返回 True，否则返回 False。如果服务对象有缓存，那么这个服务对象必须提供 Commit 接口。

值得注意的是，对于没有缓存的服务对象而言，半活跃状态和停止状态是一样的，所以此类对象不用提供该接口。

服务代理 SA 设置了两个接口用来设置和获取对象的运行状态：

① SetObjState（ObjState State）接口：负责改变服务对象实例运行状态。

② GetObjState 接口：负责获取服务对象实例当前的运行状态。

截获器根据 SetObjState（ObjState State）中变量的值来改变对象实例当前的运行状态。当服务对象实例进入半活跃状态时，截获器"截获"ORB 内核的执行过程，同时抛出重定向异常（exception ForwardRequest{Objectforward reference}），此时客户方的 ORB 负责将当前请求以及所有后续的请求发给异常中 forwardee reference 域指出的新引用地址。

服务对象实例进入半活跃状态以后，调用服务对象的 Commit 接口，当接口调用返回 true 后（对象缓存为空）对象实例就进入了停止状态。

在服务对象进行状态转换的同时，必须遵循如下的原则：要使一个正常运行的服务对象实例进入到挂起状态（Suspend），这个服务对象实例必须首先进入半活跃状态（Request Decline），然后再进入停止状态（Stop），最后达到挂起状态（Suspend）。服务对象的状态不允许跨越变化。其理由是：如果一个服务对象正在处理任务，或者服务对象的缓存中存有任务，那么跨越性的状态变化就会使服务对象在执行完所有任务以前就进入了挂起状态。也就是服务对象丢掉了许多任务，这对于系统是不允许的。

GetObjState 接口通过查询当前变量 state 的值即可得到对象实例当前的运行状态。

（3）数据存储。监测系统的数据主要分为四类：

①系统配置数据，存储整个系统的配置和部署情况，配置数据是系统监测的依据和基础。

②系统运行日志数据，主要是记录系统运行的状态，以便管理员对系统历史运行情况的查询。

③策略库数据，主要存储各种监测分析策略和系统参数。

④整个监测过程会产生的大量监测数据，数据存储中心可存储这些数据，监测中心根据要求对原始数据进行计算、分类、统计和重新构造等抽象化分析后建立有效的数据集，抽象后的结果仍存储在数据存储中心。

数据的存储方式有数据文件和数据库两种：

①数据文件方式：这种方式对数据存取的程序实现更接近于底层，实现方式灵活，有较高的存储效率和存取速度，整个系统的资源开销小，它适合数据结构简单、读写频繁且

数据规模小的应用要求。

②数据库方式：主要用于存储大规模数据，技术成熟，支持软件和维护工具多，功能强大，可靠性强，使用方便，实现程序比较简单。

根据监测系统的特点，系统配置和策略库读写频繁，且数据规模较小，采用数据文件方式，而原始数据和错误日志则采用数据库方式。

（4）策略管理。策略是一套指导和确定监测系统如何进行信息处理、错误分析和性能分析的业务规则。策略管理的目标是确保业务规则总是得到遵循。业务规则由条件和行为结合在一起构成，条件回答"我们应在何时何地执行策略？"的问题，行动回答"执行策略必须做什么？"的问题。业务规则示例如图3-4所示：

业务规则	条件	行动
服务对象的单个请求处理时间超过管理员设置的阀值时报警并定位服务对象的位置、状态并给出处理建议	服务对象的单个请求处理时间超过管理员设置的阀值	报警、定位服务对象的位置、状态并给出处理建议

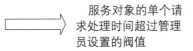

图 3-4　业务规则示例

基于策略的系统监测将显著改进系统管理人员过去所遵循的传统方法，它使业务和系统管理人员能够采用业务规则，并使这些业务规则自动转换成特有的指令，从而模拟和定义被监测对象。

策略管理器通过以下组成部分完成基于策略的管理：

①策略控制台，是策略管理器和系统之间的接口，主要用于输入和编辑策略。为了防止用户误操作，工作人员进行数据输入时，策略控制台必须对其输入的数据进行检测，如：输入的数值型数据中不能包含非数字类型字符，比如字母、空格等均为非法输入；输入阀值时其上限必须大于下限，等等。控制台定义了一套规范，用户输入和编辑的策略必须符合这种规范。此外，系统还采用屏蔽无关键的方法对工作人员输入过程进行控制，即对于工作人员按下的无关键，程序将不予以响应，从而避免出错。

②策略库，一般是生成的规则和策略的目录业务，策略库允许授权用户进行修改，前面已经讨论过，由于策略库读写比较频繁并且数据规模较小，所以采用文件方式进行存储。

③策略决策点，负责存取存储在策略库内的策略模式，并根据策略信息做出决策。

④策略执行点，负责调用执行和实现策略的目标模块，如调用自动维护、报警、故障分析及处理意见、错误定位等。

（5）故障分析。故障分析器是监测系统的重要组成部分，它由知识库、策略库和推理机组成。策略库存储用户输入生成的规则和判断故障的策略，知识库主要用来存放系统故障诊断知识，当出现某种故障时，系统将获取该故障产生前一段时间的历史状态和数据以及该故障发生时的各种状态和数据，并将其存入知识库，因此知识库是不断更新的，策略库和知识库是推理机构的依据和基础。

系统采用了两种推理机制：征兆推理（又称模糊匹配推理）和规则推理（又称精确推理）。征兆推理采用模糊匹配的方法，模糊匹配认为两事物已经相似到可以认为匹配的某个程度，就认为两者是模糊匹配的。这种推理方式主要是将获取的信息与知识库中出现某种故障前一段时间的历史数据进行比较，如果两者的趋势是模糊匹配的，推理机构就会认为可能会出现某种故障并发出预警。而规则推理则是根据系统正常工作特性及制定的判断标准判定其运行状态是属于正常还是异常，如果状态属于异常，则确认出现故障并启动报警，同时将故障的描述添加到日志表中，并调用故障定位机构确定产生故障的位置。

（6）故障定位。故障定位机构主要是在推理机判断出现故障时帮助用户定位故障的位置，系统根据不同的情况采用了两种定位方法，一种是在系统中某资源失效或者状态出现异常时向用户提供该资源位置（如所在服务器、使用端口、进程 ID 等），另一种方法是根据对象拓扑图来定位故障，对象拓扑图是根据系统中对象之间的关系而构成的，图中的每个点代表了系统中某一个对象实例，当两个对象实例之间建立链接时，就在二者之间连线，线的粗细代表该链接上的数据流量，同时以数据的形式在线上将链接的某些参数表示出来（例如请求的名称、ID 等）。根据对象拓扑图可以实时跟踪某个请求的处理情况，下面以本系统中在加载数据时出现了数据丢失这种情况来说明故障定位机构的工作流程，图 3-5 是系统对象拓扑图的一部分。

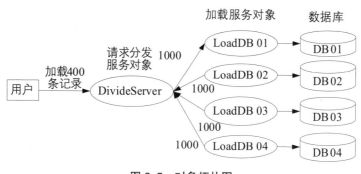

图 3-5　对象拓扑图

用户发出请求向数据库中加载 4000 条记录，DivideServer 收到后按一定的策略分发给加载服务对象实例 LoadDB01，LoadDB02，LoadDB03，LoadDB04，然后由各加载对象实例向数据库中加载记录，而在这一过程中每个环节都可能因为出错而丢失数据。如果监测到的信息表明在加载的过程中丢失了数据，根据拓扑图很快就知道丢失数据的具体位置，如图中所示，LoadDB04 接收到 1000 条记录，然而通过查询数据库知道成功插入到 DB04 数据库的记录却只有 200 条，由此可知道到在 LoadDB04 加载是发生了错误。根据拓扑图来进行故障定位的最大优点是直观、快捷，能帮助用户很快找到产生故障的位置，不但能对错误定性，而且还能定量。

（7）负载分析。对于一个分布式计算机系统，由于任务到达的随机性，以及各处理结点（服务对象）处理能力上的差异，当系统运行一段时间后，某些结点（或对象实例）分配的任务还很多（称之为超载），而另一些结点（或对象实例）却是空闲的（称之为轻载）。一方面，使超载结点（或对象实例）上的任务尽快完成是当务之急；另一方面，使某些结点（或对象实例）空闲是一种浪费。如何避免这种空闲与忙等待并存的情况，从而有效地提高系统的资源利用率，减少任务的平均响应时间，成为了负载均衡产生的原因，而负载监测是负载均衡的必要前提，它为系统的负载管理提供科学的依据，本节着重研究了大规模事务处理环境下的服务对象和服务器主机的负载索引（又称为负载度量）和负载计算问题，并对各种可能的策略、方注进行了深入探讨和分析。

①负载的度量。

服务对象负载的度量参数。

对于分布式服务对象实例负载刻画一般可以采用以下几种参数：

A. 链接数：以服务对象实例当前服务的客户数量描述系统负载，在一定程度上反映了对象实例负载情况，但对于基于 CORBA 的服务对象实例负载分析来说，得到链接数需要 ORB 底层支持。

B. 请求数：通过服务对象实例单位时间内接收并处理的请求数量来刻画服务对象实例负载。

C. 请求处理时间：单位时间内服务对象实例处理请求所占用的时间，这实际上反映的是对象实例的忙闲程度。

服务器主机负载的度量参数。

一般来讲，对于服务器主机的负载可以用以下几种参数来刻画：

A. CPU 利用率：利用系统调用获取 CPU 利用率，可以十分准确地描述系统当前负载，这种度量方式较为通用，特别是对于计算密集型应用。

B. 内存利用率：以内存使用情况来度量系统负载，主要适用于内存消耗型应用，如数据查询或数据加载需要缓存大量结果集的应用。

C. 进程个数：以当前服务器主机上运行的进程个数描述主机负载，由于不同进程占用资源不同，再加上多线程技术的引入，一个进程有可能有多个线程，且其数目可以动态改变，因而对进程数目的统计，不能准确地描述主机负载状况。

D. 请求数：由服务器接收处理的请求数量来刻画系统负载，定义简单，易于获取，精确程度较高，特别适用于对象交互型应用。

除去上述几种参数，还可以用活动事务数、网络带宽、I/U 队列长度、I/0 设备数等等描述主机负载。然而，通过比较分析，可以看出 CPU 利用率、内存利用率和服务器处理的请求数量，具有通用性，适合绝大多数应用。其他度量方式与应用特点结合更为紧密。负载平衡服务应该提供几种通用的度量方式，供用户选择配置，同时应该允许用户根据应用特点开发自己的负载度量方法。

对服务对象和服务器主机，可以使用一种参数来度量它的负载，也可以综合使用几种来刻画。如果采用资源综合使用情况来刻画负载，可以更为真实的反映服务对象和主机负载状况，但这也带来较高负载获取与计算开销。

②可变阀值和阀长的负载分析模型。

上面已经讨论了刻画对象和服务器负载的各种参数，不管采用何种方式度量负载，只要最终形成一个一维的负载值，那么下面的负载分析模型就可以做到与负载度量无关。

在下面的负载分析模型中，不管是服务对象还是服务器主机，都统称为成员。对于系统中每一个成员，可以用一个正整数 C 来抽象地描述其处理能力，称 C 为该成员的能力值，处理能力 C 的最小阀值用正整数 T（T<C）来描述，而阀长用正整数 a 来描述，于是，当前成员的实际负载 L 和处理能力 T 与阀长 a 之间存在如下函数关系：

如图 3-6，成员的当前状态处于图中描述的三个区域之一，当成员负载 L 小于 T-a 时，处于空闲区域，表示该成员任务量较小，可以成为任务的接受者；当成员负载处于负载适中区域时，表示该成员的负载适中，当成员处于过载区域时表示该成员负载很重。

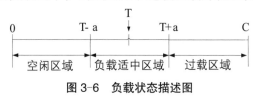

图 3-6　负载状态描述图

第三节　办公自动化系统及其应用

一、办公自动化的概念及发展现状

（一）办公自动化的概念

办公自动化（Office Automation，简称 OA）是将现代化办公和计算机网络功能结合起来的一种新型的办公方式，是当前新技术革命中一个技术应用领域，属于信息化社会的产物。在第一次全国办公自动化规划讨论会上提出办公自动化的定义为：利用先进的科学技术，使部分办公业务活动物化于人以外的各种现代化办公设备中，由人与技术设备构成服务于某种办公业务目的的人—机信息处理系统。在行政机关中，大都把办公自动化叫做电子政务，企事业单位叫 OA。

办公自动化（OA）技术分为三个层次：第一个层次只限于单机或简单的小型局域网上的文字处理、电子表格、数据库等辅助工具的应用，一般称之为事务型办公自动化系统；第二个层次是信息管理型的办公系统，是把事务型（或业务型）办公系统和综合信息（数据库）紧密结合的一种一体化的办公信息处理系统；决策支持型 OA 系统是第三个层次，它建立在信息管理级 OA 系统的基础上。它使用由综合数据库系统所提供的信息，针对所需要做出决策的课题，构造或选用决策数字模型，结合有关内部和外部的条件，由计算机执行决策程序，做出相应的决策。

办公自动化系统一般均以公文处理和事务管理为核心，同时提供信息通信与服务等重要功能。具体表现为以下六大常见功能需求：提供电子邮件功能、处理复合文档型的数据、支持工作流的应用、支持协同工作和移动办公、具有完整的安全性控制功能、集成了其他业务应用系统和 Internet。

（二）办公自动化的发展现状

1. 国内发展现状

办公自动化（OA）是20世纪50年代提出的一种新型办公理念，伴随着计算机软硬件的发展，目前已经发展成为集合了通信技术、信息处理技术、数据库技术、芯片技术、系统科学、行为科学等先进科学技术的综合技术体系。它可以简化办公流程，提高工作效率，缩短办公流程时间。办公自动化（Office Automation，OA）是美国福特公司的D.S.哈德于1936年首创，在20世纪70年代中期，计算机已经普遍应用起来之后才开始有了较大发展，90年代获得广泛的应用。

到目前为止，办公自动化共经历了三个发展阶段：

（1）传统纸质办公模式。这个阶段主要以纸和低容量软盘作为办公的媒介。这个时期的办公自动化技术局限于计算机软硬件的发展，没有通信和协同工作能力，缺少统一的平台和相应的软件。

（2）网络办公自动化模式。伴随着网络技术特别是局域网技术的快速发展和成熟，办公自动化技术日益成熟。形成了工作流的概念，并在此基础上结合高效协同技术、辅助决策技术等新兴技术，可以方便高效的实现群体交流和协作，极大地改变了办公自动化的工作形式，降低了工作强度，提高了工作效率。

（3）办公自动化综合服务阶段。以行业的基础信息支撑环境（包含MIS系统、基础数据库系统等）和网络技术为基础，有效地将各种内外部信息综合起来形成信息流，为单位内部的管理过程服务。主要包含沟通、协作、控制、管理等服务一体化的公文处理和日常事务管理技术。

现在国内的各个单位和大中型企业基本实现了不同程度的企业信息化运作，并且随着应用与需求不断增长和变化，各个单位和企业也不断对其信息化系统进行完善和升级。

2. 国外发展现状

20世纪70年代后期，美、英、日等发达资本主义国家开始办公自动化理论和技术的研究。美国是推行办公自动化最早的国家，其发展大致经历了4个阶段：

（1）单机设备阶段（1975年前）已以采用单级设备，以完成单项工作为目标。这时的办公自动化可以称为"秘书级别"。

（2）局域网阶段（1975～1982年）。开始采用部分综合设备，如专用交换机、局域网等，将许多单级设备融入到局域网络中，以实现数据、设备的共享。这时的办公自动化可以成为"主任级别"。

（3）一体化阶段（1983～1990年）。采用以数据、文字、声音、图像等多媒体信息传输、处理、存储的广域网为手段，实现非常先进的办公自动化。这一阶段的办公自动化进入了"决策级别"；

（4）多媒体信息传输阶段（20世纪90年代以后）。日本办公自动化的起步稍晚于美国，并针对本国的国情制定了一系列发展本国办公自动化的规划，并建立了相应的执行机构，组建了办公自动化的教育培训中心。随后完成的日本东京都政府办公大楼，成为一座综合利用了各种先进技术的智能大厦，是当代办公自动化先进水平的代表。电子政务

（SOA，Service Oriented Architecture）是办公自动化应用最广泛、最具潜力的一个领域。早在 1996 年，Gartner Group 就已经提出了 SOA 的预言，不过当时仅仅是一个"预言"，软件发展水平和信息化程度还不足以支撑这样的概念走进实质性应用阶段。

二、办公自动化相关技术

（一）信息交换、传输加密技术、公文传输

信息资源的共享是办公自动化系统的重要方面。为了提高办公自动化的效率，需要建设统一、安全、高效的信息资源共享交换平台。信息交换平台提供一整套规范、高效、安全的数据交换机制。由集中部署的数据交换服务器以及各类数据接口适配器共同组成，解决数据采集、更新、汇总、分发、一致性等数据交换问题，解决按需查询、公共数据存取控制等问题。

信息传输加密技术是信息安全的核心和关键技术，通过数据加密技术，可以在一定程度上提高数据传输的安全性，保证传输数据的完整性。信息传输加密技术主要是对传输中的数据流进行加密，常用的有节点加密、链路加密和端到端加密三种方式。

电子公文传输系统代替了多年来传统的上呈下达以红头文件传递的法定方式，是一条方便快捷、安全可靠的公文传输途径，具有速度快、保密性好的特点。电子公文传输系统利用计算机网络技术、版面处理与控制技术、安全技术等，实现了部门与部门之间，单位与单位之间红头文件的起草、制作、分发、接收、阅读、打印、转发和归档等功能，以现代的电子公文传输模式取代了传统的纸质公文传输模式。对公文进行排版，再将其转换成为不可篡改的版式文件，并通过该系统直接发送给接收方，接收方在收到电子公文后，通过专用的版式阅读器来阅读内容和版面与发送方完全一样的公文文件，最后在权限允许范围内用彩色打印机打印出具有正式效力的含有红头的公文。整个过程通过计算机来实现，安全与保密得到有效保障，大大缩短了公文传输的时间。

（二）业务协同机制

数字化、网络化、信息化是办公自动化发展的潮流，而多维度，多领域的"协同办公"成为了办公自动化发展的新方向。协同最基本的含义是协同工作，也就是由多人互相配合完成同一工作目标。依据此定义，可以说为了实现办公自动化中各业务信息的交流、组合以及信息共享等都可以看作是协同办公。从 20 世纪 90 年代末期开始，随着办公环境的变化和协同管理的兴起，更多地强调跨地域、跨部门之间的协同，但此时办公自动化实现的协同也仅仅是局部、浅层次的，更多的信息及资源依然处于离散和难以管理的状态。

要实现良好的协作，首先需要突破地理边界和组织边界，让处于不同地理位置，不同部门的人员可以进行无障碍的交流；其次，需要对整个协作过程进行管理，使相互协作的部门内部以及部门与部门之间为共同目标进行一致的、协调的运作，并将协作过程中产生的信息完整的保留、整理后，以知识的形式实现再利用。总的来说，实现协同办公可以从

流程、人员、知识以及应用等四个角度来考虑。

从流程协同角度分析，需要强化跨部门、跨组织的流程自动化。依靠全面的系统处理逻辑与相关工具，实现高效的数据处理与交互，实现组织内部之间、组织外部之间、相同或不同组织内外部之间的各种业务流程的自动化，实现现代化的协同办公；从人员协同角度分析，人员协同的终极目标就是"零距离"。员工之间的沟通越简单、越方便，企业的工作效率就越高。通过提供综合通信，文档交换以及电子会议等群组协作环境，建立合理的团队管理模式，最大限度地强化人员之间的沟通，协调团队的行动；从知识协同角度分析，通过提供综合文档管理，动态数据处理，高效整合分散于各部门内外的各类文档，数据资料与其他信息，实现知识共享。通过挖掘信息的内在关联，形成一套适用于不同部门的协同办公知识体系，使协同办公进一步规范化；从应用角度分析，通过提供具有扩展能力的协同办公应用平台，实现方便快捷地开发，实施与集成各种应用系统，并使之相互配合，通过阶段性地功能扩充与系统升级，满足各部门办公自动化发展的要求。

（三）工作流技术

工作流技术（Workflow）的概念形成于生产组织和办公自动化领域，是计算机应用领域的一个新的研究热点。国际工作流管理联盟（Workflow Management Coalition，WfMC）对工作流的定义是：一类能够完全或者部分自动执行的经营过程，根据一系列过程规则，文档、信息或任务能够在不同的执行者之间传递、执行。工作流实施的三个基本步骤分别是：映射、建模和管理。工作流技术是办公自动化中的重要技术，通过对独立零散的计算机应用进行综合化和集成化，工作流管理系统可提高业务工作效率，改进和优化业务流程，增强业务流程的有序性，提高竞争能力。

在办公自动化中，工作流技术的实施是通过工作流管理系统来实现的。工作流管理系统是一个软件系统，它通过计算机技术的支持完成工作流的定义和管理，并按照在计算机中预先定义好的工作流逻辑推进工作流实例的执行，工作流管理系统将现实世界中的业务过程转化成某种计算机化的形式表示，并在此形式表示的驱动下完成工作流的执行和管理。

工作流技术是管理软件和办公自动化两大类软件发展过程中的重要标志。办公自动化的发展过程主要分为文档型 OA、流程型 OA 和知识型 OA 三个阶段，其中流程型 OA 是当前办公自动化的主流应用，它正是利用了工作流的概念和技术作为其一大基础架构。在自动化系统中，工作流技术已经成功地运用到图书馆、电信、物流、金融、政府机构等各个行业，特别是工业领域中的制造业。随着办公自动化的日渐成熟，工作流技术在高校和科研单位的事务处理中也得到了广泛的应用，在促进科研单位信息化建设，提高工作效率和管理效能等方面发挥了重要作用。

（四）办公门户技术

门户技术是整合内容与应用程序，以及随意创作统一的协同工作场所的新兴技术。信息门户技术提供了个性化的信息集成平台，能够根据需要进行全方位的信息资源整合。门户提供可扩展的框架，使应用系统、数据内容、人员和业务流程可以实现互动。门户技术屏蔽了分布在不同地域的异构系统访问难度，将机构内部各个不同应用系统界面和用户权限管理统一集成到一个标准的信息门户平台上，提供信息平台的统一入口，用户登录一次即可快速便捷地访问到分布在不同应用系统的信息资源。除此之外，门户技术还针对安全性、文件管理、WEB 内容发布、搜索、个性化、协作服务、应用集成、移动设备支持和网站分析提供较为便捷的解决方法。

企业信息门户系统就是指 EIP（Enterprise Information Portal）。是指在 Internet 的环境下，把各种应用系统（诸如 ERP、CRM、OA 等）、数据资源和互联网资源统一集到企业信息门户之下，根据每个用户使用特点和角色的不同，形成个性化的应用界面，并通过对事件和消息的处理、传输把用户有机地联系在一起。EIP 是"一站式"全面解决企业信息化问题的最佳选择，是企业信息化的核心。一个企业的信息门户对外是企业网站，对内则是管理和查询日常业务的公用系统。

在办公自动化中门户网站以及门户系统是较常用的两种表现形式。例如根据企业的需求建立企业门户系统，应用不同技术建立的基于门户技术的电子办公系统，以及根据不同需要建立的门户网站等。

（五）辅助决策技术

辅助决策系统，以决策主题为中心，以互联网搜索技术、信息智能处理技术和自然语言处理技术为基础，构建决策主题研究相关知识库、政策分析模型库和情报研究方法库，建设并不断完善辅助决策系统，为决策主题提供全方位、多层次的决策支持和知识服务，为行业研究机构以及政府部门提供决策依据，起到帮助、协助和辅助决策者的目的。

决策问题分为三个层次：最上层为目标层；中间层为准则层，即用什么标准去衡量方案的优劣；最下层为方案层，即要评审的方案。各层间的联系以直线相连表示。通过相互比较确定各准则对于目标的权重以及各个方案对于每一准则的权重。这些权重不同的人可能会给予不同的值，而在层次分析法中则要尽可能最大客观性地给出权重的定量方法。将方案层对准则层以及准则层对目标层的权重进行综合，最终确定方案层对目标层的权重。在层次分析法中要给出进行综合的计算方法。

三、基于移动互联网的办公自动化系统

（一）国内外移动互联网研究现状及发展

随着智能终端技术的不断成熟，现在全球移动网络使用总量大幅增长。截至 2012 年 9 月，全球移动互联网用户已超过 15 亿人，其中美国和中国移动互联网用户占移动通信用户的比重已经达到 54% 和 56%，在移动网络更加发达的日本，移动互联网用户占移动通信用户的比重已经达到 85%，越来越多的人进入了移动互联网的时代。

美国移动互联网的发展早已进入高速成长期，在 2013 年，手机网络变得更快、智能机的屏幕越来越大，这两大变化使得美国移动数据的消费量几乎增长了一倍，极大地促进了美国移

动互联网的发展；日本的移动互联也一直走在世界的前列，和别的国家不一样的是，日本是先有移动互联网，再发展互联网，发达的通信网络让日本整个移动互联网产业快速腾飞。

中国移动互联网应用产品也不断完善，用户上网黏度快速提高。在移动互联网发展初期，用户规模是构建移动互联网快速发展的重要基础。根据《2013—2014 年中国移动互联网行业研究报告》统计数据显示，2013 年，中国整体网民规模达到 5.6 亿人，移动网民为 4.2 亿人，移动网民增速高于整体网民，二者之间的差距正在逐步缩小。随着智能手机的普及、无线通信网络技术的成熟以及移动应用的个性化、多样化，用户对移动服务的体验大大改善，推动了移动互联网的发展。

据《美国发布的移动互联网未来报告》中显示，全球智能手机销量已经超过普通手机，发达市场已经接近饱和，美国智能手机增速放缓。2014 年智能手机销量将由新兴市场的新用户推动，现在最大的机遇在中国和印度。因此中国的移动互联网有非常好的发展前景。

随着 4G 网络的推广，为我国移动电子商务的发展注入了强劲动力，也给中国移动互联网的发展带来了新的机遇，中国移动互联网的发展主要呈现六个发展趋势：移动智能终端出货量超过 PC，移动互联网发展引领新潮流；云计算成为考验企业移动互联网发展能力的关键，通过云计算将资源得到最大化利用，创造更多服务盈利模式；移动互联网与其他传统行业实现多屏互动融合，启发新的应用模式；开放平台成为移动互联网发展的主旋律，通过构建平台、细分市场，实现平台和开发者的共赢；移动互联网新技术进一步普及，推动移动应用市场；智慧生活和智慧城市围绕物联网的发展成为新兴模式，拓展大数据时代，推动移动互联网的发展。

基于 RS10 产品 PC 版 OA 和工作流的基础上研发的移动办公系统，与原 RS10 产品研发的方向一致，主要应用在制造业。

国内制造业信息化从 MIS，CAD/CAM 到 MRP/ERP，从 CIMS，SCM 到 CRM，PLM，初步达到一定规模，目前，中国制造业规模很大，但信息化建设在行业之间差距较大，石化、钢铁、汽车等行业集中度高的企业，其信息化建设比较好，而纺织、轻工等行业，信息化建设水平较低。中小制造业信息化水平普遍偏低，企业办公效率不高。企业的办公模式从之前的手工模式到基于计算机网络的传统办公自动化模式，虽然办公快捷、高效了很多，但是传统办公自动化模式下，受到位置以及网络的限制，无法更加高效地进行企业办公，现在越来越多的企业家需要随时随地地根据业务需求展开工作，传统的办公自动化系统已不能满足现在企业的需求。

移动互联网时代的来临给制造业企业带来了新的机遇，也给管理软件服务商提供了一块大"蛋糕"。基于移动终端轻便、智能的特点，以及网络的铺设范围越来越广，移动办公自动化系统可以满足企业随时随地办公的要求。企业通过使用移动终端进行办公，不仅可以节约资源，降低成本，而且可以提高工作效率，移动办公自动化系统的应用，可以让领导及员工不再受电脑控制，不管在哪都可以随时处理各种办公业务，提高工作效率，促进制造业信息化的发展。目前，我国制造业企业中的顶尖级企业三一重工也建立了高效的移动办公自动化系统；IT 管理软件服务商看到了企业级移动互联网的应用价值，纷纷行动，著名的 SAP 公司重金收购 Sybase，计划利用移动设备办公趋势扩张移动业务；用友整合用友移动并联手电信进军移动互联网。不管是制造业企业还是信息服务提供商，都越来越重视移动互联网的应用，必将会促进移动互联网在企业办公中的应用，移动办公自动化系统在制造业企业中的应用前景广阔。

（二）基于 Android 端的移动办公自动化系统

1．Android 平台简介及系统构架

Android 是基于 Linux 内核的开源移动操作系统平台，最初由 Andy Rubin 开发，主要支持手机。在 2005 年被 Google 公司收购注资，通过组建开放手机联盟，经过开发改良，逐步扩展到了平板电脑及其他领域上。该平台主要由操作系统、中间件、用户界面和应用软件等四部分组成，其最大的优势是开源，开发软件成本低，并且运用 Java 语言编写应用程序，跨平台能力好。

Android 的系统架构采用了分层的思想，主要分为四层，自底向上分别是 Linux 内核层（Linux Kernel）、系统运行库层（Librariers，Android Runtime）、应用框架层（Application Framework）、应用层（Application）。通过分层，各层封装各层的功能，本层使用下层提供的服务并为上层提供统一的服务，当本层或者下层变动后不会影响上层，比如要做应用程序开发，只需调用相应的接口就行了，而无需了解 Linux 内核层。Android 的系统框架图如图 3-7 所示。

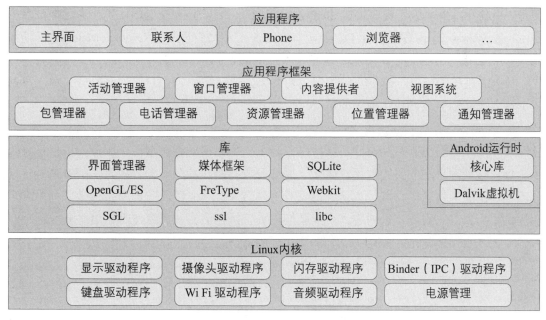

图 3-7　Android 的系统框架图

（1）Linux 内核层（Linux Kernel）。Linux 内核层用于提供核心系统服务，比如有效的进程间通信管理、内存管理等；通过 Linux 内核层，使得软件与硬件分开，对于做应用开发的，就无需了解 Linux 内核层的实现，Linux 内核层屏蔽了本层及以下层的差异，并为上层提供统一的服务．

（2）系统运行库层（Librariers，Android Runtime）。系统运行库层由系统库（librariers）和 Android 运行时（Android Runtime）两部分组成。

系统库是 Android 应用程序框架的支撑，是连接 Linux 内核层和应用程序框架层的重要纽带。当使用 Android 应用框架时，Android 系统会通过这些 C/C++ 语言编写的系统库来支持使用的各个组件。系统库主要包括 Source Manager（负责多个应用程序的显示与存取操作的互动）、Media Framework（多媒体库）、SQLite（小型关系型数据库引擎）、OpenGL ES（3D 绘图函数库）、FreeType（负责点阵字与向量字的描绘与显示）、Webkit（网页浏览器的软件引擎）、SGL（底层的 2G 图形渲染引擎）、SSL（为数据通信提供支持）、Libc（C 语言标准库）等。

Android 运行时主要负责执行 android 应用程序，包括核心库（Core Libraries）和 Dalvik 虚拟机（Dalvik Virtual Machine）两部分。核心库提供了 JAVA API 中的大多数功能，同时也包含了 Android 的一些核心 API，如 android.net，android.os 等。Dalvik 虚拟机是一种基于寄存器的 Java 虚拟机，运行速度比较快。Dalvik 虚拟机通过 DX 工具把所有的 .class 文件整合到一个专有的 .dex 文件中，减少了 .class 文件中的冗余信息，提高运行性能。

（3）应用框架层（Application Framework）。应用框架层主要是用于简化组件的重用，通过提供开放的开发平台，任何应用程序都可以发布其功能，别的应用程序在遵循框架安全约束下也可以使用这些已发布的功能。开放的应用框架层使得开发人员能够有权限使用核心应用程序所使用的框架应用程序接口（API：Application Programming Interface）。应用框架层主要由视图（View）、内容提供者（Content Providers）、资源管理器（Resource Manager）、通知管理器（Notification Manager）、活动管理器（Activity Manager）等部分组成。

（4）应用层（Application）。应用层主要是在 Android 软件开发包（Android SDK）下通过 Java 编程语言开发的应用程序的集合。

2．移动办公系统功能模块设计

（1）服务器端功能模块设计。移动服务端主要是为移动客户端提供服务，根据系统需求分析，移动客户端需要实现用户登录、通知公告、企业新闻、邮件收发、待办流程、已办流程、企业通信录等功能，因此，移动服务端需要与原 PC 版数据库相连接，并为客户端提供用户信息、通知公告内容、企业新闻内容、待办流程和已办流程内容、企业通信录内容等。移动服务端的功能模块设计如图 3-8 所示。

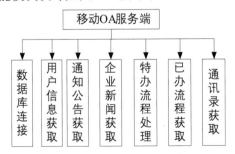

图 3-8　移动服务端的功能模块设计

（2）客户端功能模块设计。根据系统需求，本移动办公系统初步设计的功能模块主要有：用户登录、通知公告、企业新闻、邮件收发、待办流程、已办流程、企业通信录。本移动办公系统的功能结构图如下图3-9所示。

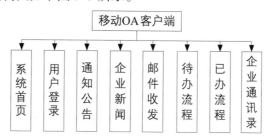

图3-9　移动办公系统客户端功能结构图

系统首页模块：系统首页显示本系统提供的功能模块，每个功能模块显示成"图片＋功能名称"的形式。并且在界面的下方显示tab标签，每个tab标签对应着一个功能模块。点击任意一个功能模块，打开显示此功能的具体内容。

用户登录模块：用户登录后，下次再登录，会记住用户名，当然用户名也可以重新输入。在登录功能中还提供两种便利操作，可以选择记住密码和自动登录两个复选框按钮。勾选了"记住密码"，下次登录时密码自动带出，点击登录，输入用户名和密码，然后通过与数据库中存储的用户名和密码进行对比验证，如果正确，则进入系统首页，否则给出登录信息不正确的提示。自动登录功能必须在勾选了"记住密码"的情况下才起作用，当勾选了"记住密码"和"自动登录"时，打开系统则直接进入系统首页。如图3-10所示。

图3-10　用户登录及系统首页

通知公告模块：打开通知公告模块，首先显示的是通知公告的列表页面，可以上下滑动来查看，列表页面的每一行是一个简单的通知公告模块，此模块由通知公告的标题、部分内容、发布人、发布时间组成。点击列表页面的某一行通知或公告，打开一个新页面，可以查看到其详细内容，包括通知公告的标题、完整内容、发布人、发布人所在部门、发布时间等。如图3-11所示。

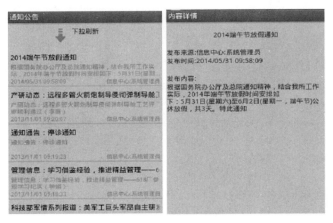

图 3-11　通知公告

企业新闻模块：打开企业新闻模块，首先显示的是新闻列表页面，可以上下滑动来查看，列表页面的每一行是一个简单的新闻模块，此模块由新闻附带的图片、新闻标题、新闻部分内容、新闻发布人、新闻发布时间组成。点击列表页面的某一行新闻，打开一个新页面，可以查看到其详细内容，包括新闻的标题、完整内容、发布人、发布人所在部门、发布时间等。如图 3-12 所示。

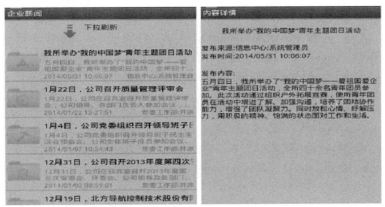

图 3-12　企业新闻

邮件收发模块：打开邮件管理模块，调用手机自带的邮件客户端，如果手机没有邮件客户端，则给出提示，若有多个，则给出选择界面，若只有一个，则打开此邮件客户端。对于手机自带的邮件客户端需要进行服务器配置，配置完之后就可以正常使用，可以进行邮件的查看、发送，当有新邮件时，会给出提示，提醒有新邮件。如图 3-13 所示。

图 3-13 邮件收发

待办流程模块：打开待办流程模块，首先显示待办流程的列表页面，可以上下滑动来查看，并且提供搜索功能。列表页面的每一行是一个简单的待办项模块，该待办项模块包括流程号及标题、流程发起人、流程发起时间等。点击列表页面的某一行待办项，调用 PC 版的待办内容页面，通过执行审批功能，流程流转到下一个待办人那里，下一个待办人登录后，可以查看到自己的待办工作项，同样进行自己的待办工作处理，按照事先定好的流程依次流转，当流程的最后一个人处理完之后，流程状态改为已结束。如图 3-14 所示。

图 3-14 待办流程

已办流程模块：打开已办流程模块，首先显示已办流程的列表页面，可以上下滑动来查看，并且提供搜索功能。列表页面的每一行是一个简单的已办项模块，该已办项模块包括流程号及标题、流程发起人、流程发起时间等。点击列表页面的某一行已办项，调用 PC 版的已办内容页面，查看已办工作的处理过程。如图 3-15 所示。

图 3-15 已办流程

企业通信录模块：打开企业通信录模块，首先显示通信录的所有部门列表页面，可以上下滑动来查看企业的部门。点击部门，打开部门下人员列表页面，当人员比较多时，通过上下滑动查看人员，该页面提供搜索功能，可以直接搜索要找的人员姓名，在人员列表页面，长时间按某人员，弹出对话框，可以选择给该人员打电话、发短信、发邮件、查看人员详细信息等。点击人员列表页面的某一行人员，打开人员的详细信息页面，可以查看人员的详细信息，包括办公室电话、手机号、E-mail、部门、职务以及办公地址等。如图3-16所示。

图3-16　企业通信录

第四节　管理信息系统

一、管理信息系统的发展过程

20世纪60年代末，管理信息系统（Management Information System）起源于美国，1968年管理信息系统一词开始流行；直到80年代，管理信息系统的创始人，明尼苏达大学卡尔森管理学院的著名教授高登·戴维斯（Gordon.Davis）才给出管理信息系统一个较完整的定义："管理信息系统是一个利用计算机硬件和软件、手工作业、分析、计划、控制和决策模型，以及数据库的用户—机器系统。它能提供信息，支持企业或组织的运行、管理和决策功能。"指明了管理信息系统的组成、目标和功能，预视着管理信息系统走向成熟和全面发展的时代的到来，至此，美国科学家开始研究管理信息系统理论及管理信息系统开发技术与实现技术，从而开拓了管理信息系统的新领域、新方法、新技术，从90年代开始，管理信息系统进入了二次创业、完善、创新阶段。随着企业流程重组的迅速发展，给管理信息系统注入了新的活力，为管理信息系统扩展了更广泛的发展空间，也提出了一系列新的研究课题。

20世纪90年代开始，管理信息系统在我国开始研发，许多企事业单位开发了管理信息系统软件。首先在财务软件方面取得了巨大的成功，并带动了其他行业的开发，为我国的管理现代化作出了不可磨灭的贡献，使管理信息系统发展达到了顶峰。

管理信息系统经过30多年的发展，在实践中得到不断完善，适应越来越多的社会经济应用需求和越来越快的计算机发展的要求，目前已达到相当高的水平。美国白宫行政办公室、美国能源部、世界银行等在其运营的核心部门都采用了管理信息系统。在西方发达国家，管理信息系统的应用几乎渗透到了工作和生活的各个领域。从国防、政府部门到制造业、金融业、保险业、银行、商场，从产品制造业到各种贸易公司，医院的病案管理、学校的综合管理等无不在计算机管理信息系统的支持下高效率、高质量地工作。近10年来，我国的管理信息系统水平也迅速提高，应用领域不断扩大，与此同时，应用的要求也在不断提高。由于管理信息系统所涉及的学科知识、业务领域和技术是如此的广泛，要满足日益提高的应用要求和不断开辟的新的应用领域还有许多问题有待研究、解决。当代管理信息系统是广义的概念，管理信息系统更加面向市场和竞争、注重人的因素、注重顾客、注重柔性管理。这种广义上的管理信息系统已经被公认为是一种有生命力的管理，能实现复杂的企业目标的良好方法。

二、管理信息系统的概念及作用

（一）基本概念

管理信息系统（Management Information System，简称 MIS）是一个以人为主导，利用计算机硬件、软件、网络通信设备以及其他办公设备，进行信息的收集、传输、加工、储存、更新、拓展和维护的系统。

管理信息系统是一个不断发展的新型学科，MIS 的定义随着计算机技术和通信技术的进步也在不断更新，在现阶段普遍认为管理信息系统 MIS 是由人和计算机设备或其他信息处理手段组成并用于管理信息的系统。

管理信息由信息的采集、信息的传递、信息的储存、信息的加工、信息的维护和信息的使用六个方面组成。完善的管理信息系统 MIS 具有以下四个标准：确定的信息需求、信息的可采集与可加工、可以通过程序为管理人员提供信息、可以对信息进行管理。具有统一规划的数据库是 MIS 成熟的重要标志，它象征着管理信息系统 MIS 是软件工程的产物、管理信息系统 MIS 是一个交叉性综合性学科，组成部分有：计算机学科（网络通信、数据库、计算机语言等）、数学（统计学、运筹学、线性规划等）、管理学、仿真等多学科。信息是管理上的一项极为重要的资源，管理工作的成败取决于能否做出有效的决策，而决策的正确程度则在很大程度上取决于信息的质量。所以能否有效地管理信息成为企业的首要问题，管理信息系统在强调管理、强调信息的现代社会中越来越得到普及。

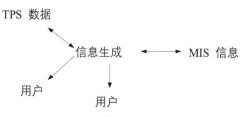

图 3-17 管理信息结构图

（二）MIS 的作用

1．管理信息是重要的资源

对企业来说，人、物资、能源、资金、信息是 5 大重要资源。人、物资、能源、资金这些都是可见的有形资源，而信息是一种无形的资源。以前人们比较看重有形的资源，进入信息社会和知识经济时代以后，信息资源就显得日益重要。因为信息资源决定了如何更有效地利用物资资源。信息资源是从人类与自然的斗争中得出的知识结晶，掌握了信息资源，就可以更好地利用有形资源，使有形资源发挥更好的效益。

2．管理信息是决策的基础

决策是通过对客观情况、对客观外部情况、对企业外部情况、对企业内部情况的了解才能做出正确的判断和决策。所以，决策和信息有着非常密切的联系。过去一些凭经验或者拍脑袋的那种决策经常会造成决策的失误，越来越明确信息是决策性基础。

3．管理信息是实施管理控制的依据

在管理控制中，以信息来控制整个的生产过程、服务过程的运作，也靠信息的反馈来不断地修正已有的计划，依靠信息来实施管理控制。有很多事情不能很好地控制，其根源是没有很好地掌握全面的信息。

4．管理信息是联系组织内外的纽带

企业跟外界的联系，企业内部各职能部门之间的联系也是通过信息互相沟通的。因此要沟通各部门的联系，使整个企业能够协调地工作就要依靠信息。所以，它是组织内外沟通的一个纽带，没有信息就不可能很好地沟通内外的联系和步调一致地协同工作。

三、基于订单的纺织企业生产管理系统示例

（一）企业背景分析

某纺织公司目前主要生产高支高密的高档织物面料等产品。公司拥有意大利萨维奥（搓捻）、瑞士立达高速并条机、德国贝宁格 BEN-DZRECT 整经机、德国赐来福（气捻）自动络筒机、瑞士史陶比尔白动穿经机、贝宁格 BEN-SZZETEC 浆纱机等高档纺织设备，并拥有日本进口"津田驹"和"丰田"先进喷气织机 336 台，国产细纱机 8 万纱锭（其中紧密纺 4 万锭），年产纱 7000 吨，高织物面料 2880 万米。生产的紧密纺、多种新型纤维混纺纱线可织造成高支高密的高档织物面料等新产品，具有很强的市场竞争力。目前，公司已全面引入互联网并采用 K3 系统辅助办公。凭借先进生产设备的投入和互联网的应用，该公司已取得了飞速的发展。但是公司目前的信息化程度仍然比较低，没有建立完善的生产管理信息系统，无法为公司领导的决策提供准确、及时、有效的信息，已经不能满足企业的发展需求，严重限制了企业的快速发展。企业的生产现场如图 3-18 所示。

图 3-18　企业的生产现场

该企业采用典型的多品种小批量生产模式。以订单为导向并集合产、销、研为一体。由于订单种类繁多、生产周期短，而且多采用经验安排生产计划和生产调度，从而不可避免地导致企业的生产排产混乱、各部门分工不明确、责任划分不清楚、企业管理混乱。生产计划的安排都是通过各种纸质表单由上级部门审核后再传达到下级部门，过程繁琐且纸质文件容易丢失，可追溯性不强，对生产能力、物料供给、机台状况等缺乏综合考虑。基础信息共享的滞后性致使生产计划的准确度降低，对车间的生产调度参考意义不大。因此设计出合理的生产管理信息系统对该企业意义重大。

（二）企业生产现状分析及改善措施

1. 订单管理现状及改善措施

订单管理是整个系统运行的主线。订单管理的好坏，不仅影响企业生产能力发挥的程度，而且直接决定了企业的生产经营活动能否顺利进行。通过调研发现，某企业的订单管理混乱，订单信息无法共享，订单交期无法控制。图 3-19 所示为订单管理现状图。分析可知订单管理存在以下问题：

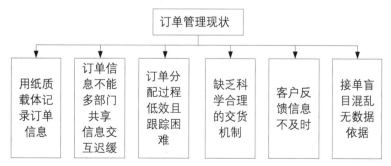

图 3-19　订单管理现状

（1）以纸质报表的形式传递订单信息、展开订单审核等工作，容易造成订单信息丢失、订单信息无法多部门共享、订单不宜追踪和统计管理。

（2）业务员需要实时掌握订单审核状态，跟踪订单生产进度，公司领导需要确认订单的分配情况，但是企业并未对订单进行统一标识，给各部门追踪和查看订单带来诸多不便。另外纺织企业的工艺信息经常发生变动，工艺变动时若翻改不及时通常会导致生产计划和调度无法进行，制约了企业的生产效率。

（3）企业在接单前对车间的生产能力缺乏全面的考察，没有综合各部门的意见，往往处于先接单后审核的状态，因而经常会造成订单不能按时交货。业务员需要每天走访车间记录订单的生产动态，不仅增加了业务员的工作量而且统计的数据不一定完全准确。

（4）没有建立项目管理机制，无法合理地安排订单的生产时间，因而无法控制订单的交货时间。

（5）业务员通常将客户反馈信息口头地分配给售后服务人员处理，这会造成售后服务人员因待处理的信息量过多而遗漏了某些投诉信息，导致一些客户投诉不能按时处理。

（6）企业通常按经验接单，对车间的剩余生产能力并不了解，预估不准，接单过于盲目。

针对以上订单管理现状，提出相应的改进措施，如表3-2所示。

表 3-2 订单管理现状及改进措施

现状描述	现状类型	现状改善措施
以纸质载体记录订单信息	信息载体	用后台数据库存储和管理订单信息
订单信息不能实现多部门共享、业务信息交互迟缓	信息标识	利用信息系统对订单进行唯一标识，统一管理
订单分配过程不科学、跟踪困难且效率低下	流程	借助信息系统的运行改变分配方式并实现订单的实时跟踪
缺乏科学合理的交货机制	管理制度	推行 n 项管理的概念，把按时交货作为重要的生产指标
客户反馈信息处理不及时	管理制度	借助信息系统提醒员工对客户反馈信息做出处理
接单盲目混乱、无数据依据	流程	接单流程标准化

2．生产计划调度现状及改善措施

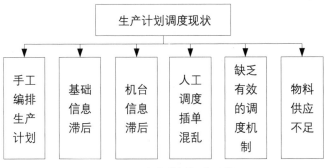

图 3-20　生产计划调度现状

制订合理的生产计划信息和生产调度信息不仅能够指导生产过程有序进行，而且能够缩短生产周期，提高企业效益。目前，该企业主要依靠计划员手工编排生产计划、人工安排生产调度。图3-20所示为生产计划调度现状图。分析可知企业的生产计划调度存在以下问题：

（1）依靠具有丰富经验的计划员手工编排生产计划，对订单的生产日程没有做出合理的安排，也没有充分考虑设备和物料的状态，编排过程逻辑混乱且效率低下。

（2）以纸质报表的方式传递业务信息通常导致信息传达不及时，影响企业的整体紧密度。

（3）调度员需要每天走访车间，查看和记录机台的在机品种和预了机时间，从而制定机台上机状态表供其他部门参考。以这种方式得到的机台信息明显滞后于当前的机台状态，而且大大增加了调度员的工作量。

（4）通过查看机台上机状态表，按照"有了机，即上机"的低级原则人工安排机台调度，该方法效率低下，不仅不能合理地利用机台，而且增加了生产成本。同时，当有订单需要插单时，也按该原则安排生产，导致车间的生产管理十分混乱。

（5）不能实时跟踪生产进度，无法对生产进度做出合理及时的预警，生产过程中处理紧急事件时的应变能力差，生产运转过程常常因此受阻。

（6）由于各类数据传递的不及时，导致物料常常供不应求，影响生产进度。

针对生产计划调度现状，提出相应的改善措施，如表3-3所示。

表3-3　生产计划调度现状及改进措施

现状描述	现状类型	现状改善措施
手工编排生产计划	流程	借助信息系统的运行引入高效的生产计划编排方法
基础信息滞后	管理制度	通过系统的运行传递业务信息，传递过程高效、安全
机台信息滞后	管理制度	从生产动态信息中提取机台信息，通过虚拟机台显示各个机台的上机状态
采用人工调度、对于插单的处理混乱	流程	实现订单生产动态和机台状态的实时监控，为生产调度提供依据
缺乏有效的预警机制	流程	通过信息系统的运行，直观地显示订单生产进度信息，并对偏差信息进行预警
物料供应不足	管理制度	对订单生产过程中所需要的物料进行统计，当物料储存量小于预警量时，系统自动提醒购买物料，保证物料及时供给

（三）管理信息系统流程分析

在系统需求分析过程中，为了构建系统的业务流程和相应的权限关系，需要分析企业生产经营活动过程中与生产管理有关的所有业务流程，从而绘制出系统的业务流程图。

1．订单审核流程

企业在接单之前，各部门需要对订单进行审核，包括财务部门的报价审核、车间的生产能力审核以及物流采购部门的物料供应审核等，从而确定订单是否在公司的生产能力范围内。某企业的生产过程主要是以订单为导向的。因此，订单审核在系统中占有十分重要的地位。另外，该企业的管理制度十分严格。因此，订单审核过程也相对严格，分为营销部申报、营销经理审核、财务部审核、生产部审核、物流采购部审核、公司副总审核以及公司总经理审批。订单通过所有审核后才能安排生产，并且每个部门的审核均需提供审核意见，其中财务部需要填写核价、毛利率和毛利额，生产部需要提供生产能力审核意见，物流采购部需要提供物料供给意见。任何一个部门审核不通过，都有权力拒单。拒单后订单被打回营销部，由业务员修改后重新审核。审核流程如图 3-21 所示。

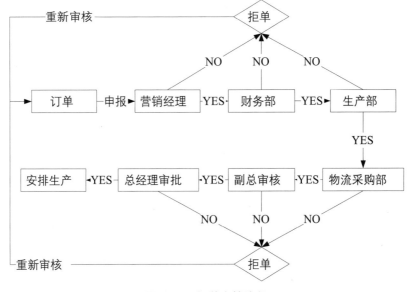

图 3-21　订单审核流程

2．部门间业务交互流程

某企业的生产过程是以订单为导向的，该公司所涉及的全部生产流程均来源于订单。首先，营销部接到订单后，经过营销经理审核通过后即送达财务部核价，财务部核价并审核通过后订单再依次送达给生产部、物流采购部和公司领导审核。其次，当订单通过所有审核后，营销部根据订单的品种规格向生产部下达品种翻改单，生产部翻改品种信息后，即下达翻改信息给织部利润中心，由织部利润中心进行工艺翻改。最后，生产部结合工艺翻改信息和订单信息制定生产计划和机台调度通知单，当有空闲机台时，生产部即结合调度通知单和工艺翻改单安排订单生产。订单生产过程中，生产部需要实时跟踪订单的生产状态、机台的运作状态以及订单的产量等。订单生产完成后，物流采购部需要记录订单出库信息，营销部需要跟踪客户反馈信息。通过分析各个部门的主要业务、业务报表以及业务单据等，整理出如图 3-22 所示的部门间业务交互流程，该流程图中已列出了企业主要的业务报表和业务单据。另外，该企业分为织布和纺纱两大分厂，织布分厂可以从纺纱分厂购入自纺纱，因而在织布分厂的业务流程中还涉及了纺纱分厂的纺纱营销部，它是企业两大分厂之间沟通的桥梁。

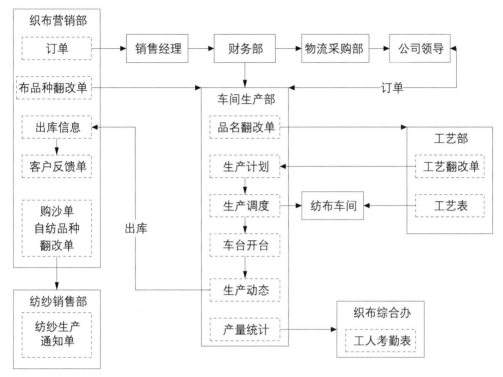

图 3-22 部门间业务交互流程

3．生产计划调度及其控制流程

生产计划和生产调度是纺织生产管理信息系统的核心，绘制出正确的生产计划调度业务流程图是实现系统功能的前提。与某企业生产计划调度相关的报表主要有品种翻改通知单、品名翻改单、品名增加单、生产订单、工艺翻改单、生产动态表以及机台开台情况表。

生产计划是企业对整个生产过程的总体规划，是在生产前就应该达到对产品的质量、品种、产值和产量等生产任务的计划，同时也可对产品的生产进度做出合理的安排。生产计划员通常根据上述表单和订单审核意见制定订单的生产计划；生产调度以生产计划为依据，要求能够准确地反映生产计划，保证生产过程及时有序地进行。生产调度员通常根据生产计划、机台开台情况和生产动态信息制定机台调度信息，安排订单上机。生产控制的目的在于及时预防和处理生产过程中可能或已经出现的偏差，保证订单按进度生产。生产控制贯穿于整个生产计划调度过程中，是纺织生产管理信息系统的重要研究内容。

目前该企业的生产计划调度及其控制流程如图 3-23 所示。图中标出了参与生产计划调度制定的相关部门和人员，这是系统权限分配的基础。另外，机台开台情况和生产动态的循环更新过程是生产控制的基础，只有实现信息的实时更新，才能确保生产计划调度的准确性。

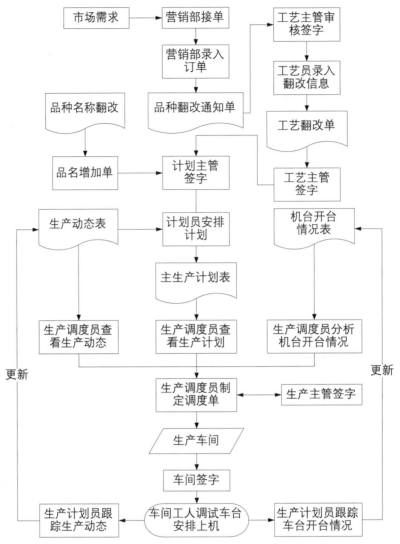

图 3-23　生产计划调度及其控制流程

第五节　决策支持系统及其应用

一、决策支持系统的发展

自从 20 世纪 70 年代决策支持系统概念被提出以来，决策支持系统已经得到很大的发展。

1980 年 Sprague 提出了决策支持系统三部件结构（对话部件、数据部件、模型部件），明确了决策支持系统的基本组成，极大地推动了决策支持系统的发展。

20 世纪 80 年代末 90 年代初，决策支持系统开始与专家系统（Expert System，ES）相结合，形成智能决策支持系统（Intelligent Decision Support System，IDSS）。智能决策支持系统充分发挥了专家系统以知识推理形式解决定性分析问题的特点，又发挥了决策支持系统以模型计算为核心的解决定量分析问题的特点，充分做到了定性分析和定量分析的有机结合，使得解决问题的能力和范围得到了一个大的发展。智能决策支持系统是决策支持系统发展的一个新阶段。20 世纪 90 年代中期出现了数据仓库（Data Warehouse，DW）、联机分析处理（On-Line Analysis Processing，OLAP）和数据挖掘（Data Mining，DM）新技术，DW+OLAP+DM 逐渐形成新决策支持系统的概念，为此，将智能决策支持系统称为传统决策支持系统。新决策支持系统的特点是从数据中获取辅助决策信息和知识，完全不同于传统决策支持系统用模型和知识辅助决策。传统决策支持系统和新决策支持系统是两种不同的辅助决策方式，两者不能相互代替，更应该是互相结合。

把数据仓库、联机分析处理、数据挖掘、模型库、数据库、知识库结合起来形成的决策支持系统，即将传统决策支持系统和新决策支持系统结合起来的决策支持系统是更高级形式的决策支持系统，成为综合决策支持系统（Synthetic Decision Support System，SDSS）。综合决策支持系统发挥了传统决策支持系统和新决策支持系统的辅助决策优势，实现更有效的辅助决策。综合决策支持系统是今后的发展方向。

由于 Internet 的普及，网络环境的决策支持系统将以新的结构形式出现。决策支持系统的决策资源，如数据资源、模型资源、知识资源，将作为共享资源，以服务器的形式在网络上提供并发共享服务，为决策支持系统开辟一条新路。网络环境的决策支持系统是决策支持系统的发展方向。

知识经济时代的管理——知识管理（Knowledge Management，KM）与新一代 Internet 技术——网格计算，都与决策支持系统有一定的关系。知识管理系统强调知识共享，网格计算强调资源共享。决策支持系统是利用共享的决策资源（数据、模型、知识）辅助解决各类决策问题，基于数据仓库的新决策支持系统是知识管理的应用技术基础。在网络环境下的综合决策支持系统建立在网格计算的基础上，充分利用网络共享决策资源，达到随需应变的决策支持。

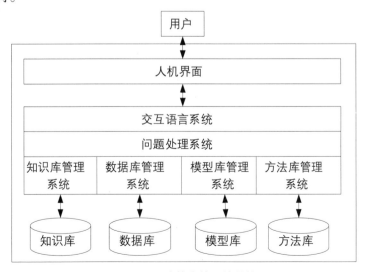

图 3-24　决策支持系统结构

二、决策支持系统的基本概念及主要类型

（一）决策支持系统基本概念

1. 决策

决策是人们为达到某一目的而进行的有意识、有选择的行动，在一定的人力、设备、材料、技术、资金和时间因素的制约下，人们为实现特定的目标，而从多种可供选择的策略中做出决断，以求得最优解或满意解的过程。

传统的决策依靠决策者个人的经验，凭借直觉判断，因而被认为是一种艺术和技巧。但随着管理决策问题数量的增多、复杂程度的提高和难度的加大，当代决策不仅仅凭借决策者的经验和智慧，还要凭借许多数学分析的方法和先进工具，称之为科学决策。要做到科学决策，则要求：科学的预测作为依据；借助于数学方法，以计算机为工具，进行计算分析，得出定量的参数；把定性分析和定量计算结合起来，进行分析、比较和判断，从若干个方案种选择最优的或较满意的方案。

2. 决策支持系统

决策支持系统（Decision Support System，简称 DSS），是以管理科学、运筹学、控制论、和行为科学为基础，以计算机技术、仿真技术和信息技术为手段，针对半结构化的决策问题，支持决策活动的具有智能作用的人机系统。该系统能够为决策者提供所需的数据、信息和背景资料，帮助明确决策目标和进行问题的识别，建立或修改决策模型，提供各种备选方案，并且对各种方案进行评价和优选，通过人机交互功能进行分析、比较和判断，为正确的决策提供必要的支持。它通过与决策者的一系列人机对话过程，为决策者提供各种可靠方案，检验决策者的要求和设想，从而达到支持决策的目的。

决策支持系统一般由交互语言系统、问题系统以及数据库、模型库、方法库、知识库管理系统组成（图 3-4）。在某些具体的决策支持系统中，也可以没有单独的知识库及其管理系统，但模型库和方法库通常则是必需的。由于应用领域和研究方法不同，导致决策支持系统的结构有多种形式。

决策支持系统强调的是对管理决策的支持，而不是决策的自动化，它所支持的决策可以是任何管理层次上的，如战略级、战术级或执行级的决策。

（二）决策支持系统的主要类型

自 20 世纪 70 年代提出决策支持系统（DSS）以来，DSS 已经得到了很大发展。从目前发展情况看，主要有如下几种决策支持系统：

1. 数据驱动的决策支持系统（Data-Driven DSS）

这种 DSS 强调以时间序列访问和操纵组织的内部数据，也有时是外部数据。它通过查询和检索访问相关文件系统，提供最基本的功能。后来发展了数据仓库系统，又提供了另外一些功能。数据仓库系统允许采用应用于特定任务或设置的特制的计算工具或者较为通

用的工具和算子来对数据进行操纵。再后发展的结合了联机分析处理（OLAP）的数据驱动型 DSS 则提供更高级的功能和决策支持，并且此类决策支持是基于大规模历史数据分析的。主管信息系统（EIS）以及地理信息系统（GIS）属于专用的数据驱动型 DSS。

2．模型驱动的决策支持系统（Model- Driven DSS）

模型驱动的 DSS 强调对于模型的访问和操纵，比如：统计模型、金融模型、优化模型或仿真模型。简单的统计和分析工具提供最基本的功能。一些允许复杂的数据分析的联机分析处理系统（OLAP）可以分类为混合 DSS 系统，并且提供模型和数据的检索，以及数据摘要功能。一般来说，模型驱动的 DSS 综合运用金融模型、仿真模型、优化模型或者多规格模型来提供决策支持。模型驱动的 DSS 利用决策者提供的数据和参数来辅助决策者对于某种状况进行分析。模型驱动的 DSS 通常不是数据密集型的，也就是说，模型驱动的 DSS 通常不需要很大规模的数据库。模型驱动的 DSS 的早期版本被称作面向计算的 DSS。这类系统有时也称为面向模型或基于模型的决策支持系统。

3．知识驱动的决策支持系统（Knowledge- Driven DSS）

知识驱动的 DSS 可以就采取何种行动向管理者提出建议或推荐。这类 DSS 是具有解决问题的专门知识的人—机系统。"专门知识"包括理解特定领域问题的"知识"，以及解决这些问题的"技能"。与之相关的一个概念是数据挖掘工具———一种在数据库中搜寻隐藏模式的用于分析的应用程序。数据挖掘通过对大量数据进行筛选，以产生数据内容之间的关联。构建知识驱动的 DSS 的工具有时也称为智能决策支持方法。

4．基于 Web 的决策支持系统（Web- Based DSS）

基于 Web 的 DSS 通过"瘦客户端"Web 浏览器（诸如 Netscape Navigator 或者 Internet Explorer）向管理者或商情分析者提供决策支持信息或者决策支持工具。运行 DSS 应用程序的服务器通过 TCP/ IP 协议与用户计算机建立网络连接。基于 Web 的 DSS 可以是通信驱动、数据驱动、文件驱动、知识驱动、模型驱动或者混合类型。Web 技术可用以实现任何种类和类型的 DSS。"基于 Web"意味着全部的应用均采用 Web 技术实现。"Web 启动"意味着应用程序的关键部分，比如数据库，保存在遗留系统中，而应用程序可以通过基于 Web 的组件进行访问并通过浏览器显示。

5．基于仿真的决策支持系统（Simulation- Based DSS）

基于仿真的 DSS 可以提供决策支持信息和决策支持工具，以帮助管理者分析通过仿真形成的半结构化问题。这些种类的系统全部称为决策支持系统。DSS 可以支持行动、金融管理以及战略决策。包括优化以及仿真等许多种类的模型均可应用于 DSS。

6．基于 GIS 的决策支持系统（GIS- Based DSS）

基于 GIS（地理信息系统）的 DSS 通过 GIS 向管理者或商情分析者提供决策支持信息或决策支持工具。通用目标 GIS 工具，如 ARC/ INFO、MAPInfo 以及 Ar-cView 等是一些有特定功能的程序，可以完成许多有用的操作，但对于那些不熟悉 GIS 以及地图概念的用户来说，比较难以掌握。特殊目标 GIS 工具是由 GIS 程序设计者编写的程序，以易用程序包的形式向用户组提供特殊功能。以前，特殊目标 GIS 工具主要采用宏语言编写。这种提供特殊目标 GIS 工具的方法要求每个用户都拥有一份主程序（如 ARC/ INFO 或者

ArcView）的拷贝用以运行宏语言应用程序。现在，GIS 程序设计者拥有较从前丰富得多的工具集来进行应用程序开发。程序设计库拥有交互映射以及空间分析功能的类，从而使得采用工业标准程序设计语言来开发特殊目标 GIS 工具成为可能，这类程序设计语言可以独立于主程序进行编译和运行（单机）。同时，Internet 开发工具已经走向成熟，能够开发出相当复杂的基于 GIS 的程序让用户通过 World Wide Web 使用。

7．通信驱动的决策支持系统（Communication-Driven DSS）

通信驱动型 DSS 强调通信、协作以及共享决策支持。简单的公告板或者电子邮件就是最基本的功能。组件比较 FAQ（常见问题解答）定义诸如"构建共享交互式环境的软、硬件"，目的是支撑和扩大群体的行为。组件是一个更广泛的概念——协作计算的子集。通信驱动型 DSS 能够使两个或者更多的人互相通信、共享信息以及协调他们的行为。

8．基于数据仓库的决策支持系统（Data Ware-Based DSS）

数据仓库是支持管理决策过程的、面向主题的、集成的、动态的、持久的数据集合。它可将来自各个数据库的信息进行集成，从事物的历史和发展的角度来组织和存储数据，供用户进行数据分析并辅助决策，为决策者提供有用的决策支持信息与知识。基于数据仓库理论与技术的 DSS 的主要研究课题包括：①数据仓库（DW）技术在 DSS 系统开发中的应用以及基于 DW 的 DSS 的结构框架；②采用何种数据挖掘技术或知识发现方法来增强 DSS 的知识源；③ DSS 中的 DW 的数据组织与设计及 DW 管理系统的设计。总的说来，基于 DW 的 DSS 的研究重点是如何利用 DW 及相关技术来发现知识并向用户解释和表达，为决策支持提供更有力的数据支持，有效地解决了传统 DSS 数据管理的诸多问题。

9．群决策支持系统（GDSS）

群决策支持系统可提供三个层次的决策支持：

第一层次是 GDSS，旨在减少群体决策中决策者之间的通信，沟通信息，消除交流的障碍，如及时显示各种意见的大屏幕，投票表决和汇总设备，无记名的意见和偏爱的输入，成员间的电子信息交流等。其目的是通过改进成员间的信息交流来改进决策过程，通常所说的"电子会议系统"就属于这一类。

第二层次的 GDSS 提供善于认识过程和系统动态的结构技术，决策分析建模和分析判断方法的选择技术。这类系统中的决策者往往面对面地工作，共享信息资源，共同制定行动计划。

第三层次是 GDSS，其主要特征是将上述两个层次的技术结合起来，用计算机来启发、指导群体的通信方式，包括专家咨询和会议中规则的智能安排。

10．分布式决策支持系统（DDSS）

DDSS 是由多个物理分离的信息处理特点构成的计算机网络，网络的每个节点至少含有一个决策支持系统或具有若干辅助决策的功能。与一般的决策支持系统相比，DDSS 有以下一些特征：

DDSS 是一类专门设计的系统，能支持处于不同结点的多层次的决策，提供个人支持、群体支持和组织支持。它不仅能从一个节点向其他节点提供决策，还能提供对结果的说明和解释，有良好的资源共享。能为节点间提供交流机制和手段，支持人机交互，机与机交互和人与人交互。具有处理节点间可能发生的冲突的能力，能协调各节点的操作，既有严格的内部协议，又是开放性的，允许系统或节点方便地扩展，同时系统内的节点作为平等成员而不形成递阶结构，每个节点享有自治权。

11．智能决策支持系统（IDSS）

智能决策支持系统是决策支持系统（DSS）与人工智能（AI）相结合的产物，其设计思想着重研究把 AI 的知识推理技术和 DSS 的基本功能模块有机地结合起来。有的 DSS 已融进了启发式搜索技术，这就是人工智能方法在 DSS 中的初步实现。将人工智能技术引入决策支持系统主要有两方面原因：第一是人工智能因可以处理定性的、近似的或不精确的知识而引入 DSS 中；第二，DSS 的一个共同特征是交互性强，这就要求使用更方便，并在接口水平和在进行的推理上更为"透明"。人工智能在接口水平尤其是对话功能上对此可以作出有益的贡献，如自然语言的研究使用使 DSS 能用更接近于用户的语言来实现接口功能。

12．智能—交互—集成化决策支持系统（3IDSS）

随着 DSS 应用范围的不断扩大，应用层次的逐渐提高，DSS 已进入区域性经济社会发展战略研究、大型企业生产经营决策等领域的决策活动中来，这些决策活动不仅涉及经济活动各个方面、经营管理的各个层次，而且各种因素互相关联，决策环境更加错综复杂。对于省、市、县等发展战略规划方面的应用领域，决策活动还受政治、社会、文化、心理等因素不同程度的影响，而且可供使用的信息又不够完善、精确，这些都给 DSS 系统的建设造成了很大的困难。在这种情况下，一种新型的、面向决策者、面向决策过程的综合性决策支持系统产生了，即智能—交互—集成化决策支持系统（Intelligent，Interactive and Integrated DSS，简称 3IDSS）。

集成化：在这种情况下，采用单一的以信息为基础的系统，或以数学模型为基础的系统，或以知识、规则为基础的系统，都难以满足上述这些领域的决策活动的要求。这就需要在面向问题的前提下，将系统分析、运筹学方法、计算机技术、知识工程、人工智能等有机地结合起来，发挥各自的优势，实现决策支持过程的集成化。

交互性：决策支持系统的核心内容是人机交互。为了帮助决策者处理半结构化和非结构化的问题，认定目标和环境约束，进一步明确问题，产生决策方案和对决策方案进行综合评价，系统应具备更强的人机交互能力，成为交互式系统（Interactive Systems）。

智能化：决策支持系统在处理难以定量分析的问题时，需要使用知识工程、人工智能方法和工具，这就是决策支持系统的智能化（Intelligent）。

三、外贸纺织企业财务决策支持系统的应用

（一）财务决策支持系统背景

现代企业中，决策一般由企业高层管理人员制定。近年来，纺织企业中高层管理人员被市场拖得筋疲力尽，整日从日常事务中难以脱身，高层管理人员在最重要的决策上从时间和精力上投入较少。在外部环境变化多端的 20 世纪 90 年代，企业即使有市场研究、预

测系统的支持，并且决策人员采用科学的决策方法，决策的准确性也难有百分之百的把握。而且目前的纺织企业，从决策的支持系统，从决策人员的精力投入和决策理论知识水平等方面都有待进一步完善。这些不完善，使决策职能残缺不全，决策的正确性大为下降。

（1）一般系统厂商将生产过程分为离散方式和连续方式两大类，纺织制造归于连续方式。但这样分类过于简单，需要具体分析。化纤生产类似于化工，是典型的连续流程式，产品和生产工艺相对稳定，要求保证连续供料和正常运行，可以套用这一模式；棉纺织（类似的有毛纺织、麻纺织）则有区别，生产工序从清花、梳棉、梳条到纺纱、织布各有其自身的生产规律，不仅表现为连续化，更有多机台、多手工操作的特点，对产品质量影响的因素更多；印染工序有前处理、染色（或印花）、后整理、检验，其特点是原料、染化料品种繁多，产品订单千差万别，对产品和在制品质量要求及时跟踪；服装制造不属于流程式生产，从裁剪、缝纫到烫洗整理，涉及面料、里料、辅料，成品有款式、颜色、尺码等众多属性，物料编码特殊；而针织则是染色、编织、缝制、整理，具有以上的多种特点。

（2）按生产类型，纺织企业绝大多数属于小批量多品种和少品种重复生产两种。许多软件将纺织业列为后者，但实际上前者越来越多，象印染和服装生产。服装产品具有极强的季节性和时尚性，批量越来越小，交货要求快，生产的快速反应是发展趋势。

（3）按制造方式，企业既面向库存，又面向订单，兼有备货生产和订货生产方式。如服装企业，既有 OEM 的贴牌生产，要求按时交货，又有自有品牌生产，需注重营销渠道管理。

（4）纺织工业的十几个行业与轻工行业不同，化纤、纺织、印染、服装形成上下游衔接紧密的产业链。如上游的化纤业，面向纺织企业，客户相对固定，产品价格波动不大；而下游的服装业则直接面向消费市场，产品种类越来越多，使用周期越来越短，市场变化越来越快是其特点，这势必影响整个产业链。

以上特点导致纺织企业不能使用通用的 ERP，而必须联系软件公司定制产品，这无疑增加了开发的费用。昂贵的开发费用使很多纺织企业望而却步。而目前我国纺织企业面临的主要问题是如何使决策更科学、更合理，财务决策支持系统即可很好的实现这一功能。所以对那些无力支付 ERP 昂贵费用的中小型纺织企业，财务决策支持系统无疑是企业信息化的一个比较好的选择。

目前我国纺织企业中，已经有开发成功的财务决策支持系统。由于我国纺织行业面向出口的特点，存在很多外贸纺织企业。由于外贸产品的特殊性，使得纺织企业通用的财务决策支持系统无法直接应用在纺织行业中。因此，有必要结合外贸纺织行业的特点，对适用于外贸纺织企业的财务决策支持系统进行研究。

（二）财务决策支持系统的结构

数据库系统是由数据库和数据库管理系统组成。数据库为 FDSS 提供财务基础数据，主要来自会计核算数据，如反映资金、销售、成本和利润状况的数据，同时也有来自内部管理层，如生产、原材料和固定资产的数据，也有从市场采集而来的，如商品市场和金融市场等信息。另外，数据库还要保存大量中间结果和最终结果数据。数据库管理系统提供对数据的存取、查询、更新、维护等功能，并实现对模型库、方法库的连接和支持会话管理。其系统结构如图3-25所示。

模型库系统是由模型库和模型库管理系统组成。它是FDSS的核心，是最重要的也是难实现的部分。其重要作用是通过人机交互，使决策者能方便地利用模型库中的各种模型支持决策，并引导决策者应用建模语言建立、修改和运行模型。其中模型库用来保存FDSS的专用模型，如预测模型、筹资决策模型、投资决策模型、销售利润决策模型、成本决策模型以及最优库存决策模型等等。模型库管理系统实现对模型库的操作处理，如对模型的查询、调用、维护和校验等等。通过调用和运行所选择模型，以产生各种财务决策信息或决策方案。模型库系统与会话系统的交互作用，可使用户控制对模型的操作、处置和使用；与数据库系统交互作用，可实现模型的输入、输出和中间数据存取的自动化；与方法库系统交互作用，可实现目标搜索、灵敏度分析和仿真运行的自动化。

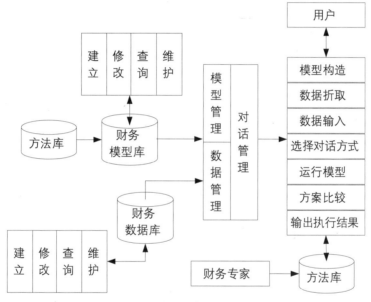

图3-25　财务决策支持系统结构

方法库系统由方法库和方法库管理系统组成。方法库存放模型库所需的各种常用的计算方法或算法，如量本利分析法、期望值法、决策树法、全部成本计算法、变动成本计算法、季节预测法、回归分析法，以及统计软件包、运筹学方法、仿真模拟法等。此外，考虑到不确定因素的影响、未来经济评价指标的变化，还需设置敏感性分析法、概率分析法和风险分析法等，以预测可能承担的风险，确定决策的可靠性。方法库管理系统管理各种算法程序，其主要功能是定义、维护和调用各种算法程序，并与数据库管理系统、模型库管理系统通信，能快速为模型求解提供相应的计算方法。

会话系统是FDSS的人机接口界面，它通过菜单、人机接口技术，实现人与计算机之间的通信，使整个FDSS协调工作。用户分为两类，一类是企业厂长、总会计师等决策管理层，通过键盘输入各种条件和判断，经运算、推理后得出正确决策方案；另一类用户是系统维护人员，通过人机对话可以重构、修改和维护FDSS的各个组成部分。人机对话方式是多种多样的，可以是回答式、选择式、提问式和填空式等，能生动地进行系统学习和方便的系统操作。由于决策者大多是非计算机专业人员，而决策者对决策过程的控制和决策信息的获取是通过会话系统来实现的，因此，会话系统硬件和软件的配置开发直接关系到人机界面功能，往往是 FDSS 成败的重要原因。

（三）财务决策支持系统的功能

企业会计的对象是社会再生产过程中的资金运动，因此，FDSS 所支持的对象就是企业资金运动中的决策问题。企业的资金运动包括资金的筹集、投放、使用、耗费、回收及分配等各个环节。其中，资金的使用、耗费和回收指的是企业采购材料或商品从事生产经营，并通过产品或商品的销售取得收入、收回资金的过程。企业采购的材料、商品以及生产出来的产品形成了存货；在生产经营过程中发生了材料的耗用和费用的支出，形成了资金的耗费。因而，资金的使用、耗费和回收过程涉及的决策问题可以分为存货决策、生产决策、销售决策三种类型，这三类决策都是企业经营过程中发生的，统称为短期经营决策。这样，企业资金运动过程中的决策主要包括筹资决策、投资决策、生产决策、存货决策、销售决策、利润分配决策六个方面的内容。此时，FDSS 称为广义的 FDSS。随着企业财务决策支持系统的逐步开发，一部分决策问题，如生产决策中的产品优化组合、产品继续加工、接受追加订货决策等，销售决策中的产品定价决策等，以及存货决策领域中的某些问题应从 FDSS 中分离出来，分别归入相应的专用 DSS，由相应的专用 DSS 如生产 DSS、销售 DSS、仓储 DSS 分别解决。此时，DSS 成为各个部门专用 DSS 的集成系统，FDSS 作为 EDSS 的一个子系统而存在，只支持较为纯粹意义上的财务决策问题，如筹资决策、投资决策、生产决策中的成本决策、销售决策中的信用政策决策以及利润分配决策等，称为狭义的 FDSS。由于目前 EDSS 的开发尚未系统提出，因此，当前应用的是广义的 FDSS。广义的 FDSS 应提供筹资决策、投资决策、生产决策、存货决策、销售决策、利润分配决策六个方面的决策。

1. 筹资决策

企业筹资决策主要包括筹资数量决策、筹资方式决策和债务偿还决策。资金筹集数量的决策，首先取决于对企业资金需要量的合理预测，在此基础上，考虑筹集不同规模资金的边际资本成本，确定合理的筹资数量。筹资方式决策是筹资决策的主要内容，对预定的筹资数量总额，可以拟定多个筹资方案，每个方案采用不同的筹资方式（如债券筹资、优先股筹资、普通股筹资、银行借款、企业借款等），或者方式相同、但各种方式筹资的数额不同，由此形成的不同筹资方案构成不同的筹资资本结构。筹资方式决策支持就是通过分析比较各个筹资方案，以最小的财务风险和最低的资金成本筹得所需资金，同时，尽量使企业总体资本结构趋于最优化。偿债决策是对企业偿还所借债务的时间、方式、利率等作出的决策。企业筹资决策的正确与否依赖于企业内部的筹资条件和外部的筹资环境等诸多因素，是一种不确定型的决策，FDSS 所提供的决策分析可以通过一些模型的建立和数量指标的计算、分析，为企业筹资决策提供辅助信息。

2. 投资决策

企业的投资决策主要包括企业内部长期投资决策、联营投资决策和证券投资决策。内部长期投资是为了保证生产经营过程的连续和生产规模的扩大，对经营所需各种长期资金的投资做出的决策，主要包括企业基本建设投资决策、技术引进决策、新产品开发决策、转产决策、设备购进或更新决策等内容。这类决策，FDSS通过建立模型，计算各种贴现现金流量指标（净现值、内部报酬率、现值指数等）和非贴现金流量指标（投资回收期、平均投资报酬率等），同时考虑企业的投资限量、投资开发时机、特定项目投资回收期的限定以及由于投资时间较长而带来的投资风险性（风险程度调整）等限制条件，帮助决策者综合比较分析各投资方案的优劣。企业证券投资因其具有投资方便、变现能力强等特点，越来越受到财务人员的重视。但是证券市场价格由于受到国家政策、市场环境、证券发行单位的经营状况等诸多因素的影响，经常出现较大的波动性，有时甚至出现投资无法收回的情况。因此，企业的证券投资应根据企业自身的资金状况和投资目的，综合考虑政权的流动性、安全性和收益性，确定最佳的投资证券组合。FDSS就是通过对各种证券及证券投资组合的预期报酬率、投资风险的计算、评价，并提供相应的宏观经济环境和市场运行情况的信息，辅助决策者的投资决策。功能结构如图 3-26 所示。

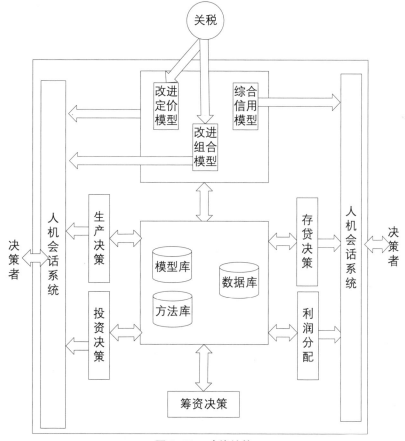

图 3-26 功能结构

3. 生产决策

生产决策的实质是考虑如何充分利用企业现有生产能力，尽可能地降低产品成本、减少耗费，增加产品的贡献毛益总额。其决策内容主要包括目标成本决策、成本趋势预测、最优生产批量决策、产品优化组合决策、零部件自制或外购决策、产品是否继续加工决策、接受追加订货决策，通过运用变动成本、固定成本、贡献毛益（即边际利润）等概念，分析收益最大的决策方案。某些生产决策在 AMIS 中也可以完成，但是 AMIS 考虑的是在严格限定市场需求、材料供应、劳动力编制等条件下的理想化的生产决策问题，而在现实中，企业的外部环境和内部条件是经常变动的，决策过程不可能事先完全固定，FDSS 就是通过一些不断发展的模型来辅助决策者在更符合生产实际的情况下决策。

4．存货决策

存货决策主要是指材料和产成品的决策，决策考虑的主要问题有两个：一是企业的合理存货量是多少，即确定经济订货量；二是何时订货才是最有利时机，即决定订货点存货决策的立足点，以保证生产或销售顺利进行，同时力求使存货上耗费的总成本达到最低水平。存货耗费的总成本包括存货的取得成本、储存成本和缺货成本。因此，存货决策所确定的订货方案就是存货总成本最低时的经济订货量和订货点。当对库存或产品的需求量确定时，存货决策是一种确定型决策，FDSS 可以通过对一个最优经济订货量运用微分求导来求解。然而，销售的不确定性是现实经济生活中经常的现象，它所导致的生产的不确定性决定了对库存材料和产品的需求不可能是一个常量，而是一个随机的变量。此时，存货决策成为一种风险型决策，FDSS 只能是根据以往的经验储存、历史统计资料的分析和用户输入的调研数据，帮助决策者确定需求变量的范围及其发生概率，并根据要求变量范围和概率值，运用决策树等方法提供最优方案的参考数据。此外，存货决策还包括由数量折扣的存货决策、存储场地受限制的存货决策等类型。

5．销售决策

销售决策主要包括销售数量预测、产品定价决策和信用政策决策。销售数量预测是 FDSS 根据市场上商品供需情况的发展趋势，采取一定的预测方法，预计或估量产品在计划期间的需求量，为生产决策、存货决策等提供基础数据。产品定价决策关系到企业在市场上的竞争能力和资金回收能力，决策时，需要考虑产品需求的价格弹性、产品成本、企业投入资金的预期报酬率、顾客心理和市场成熟度等多种制约条件，这些条件又受到人们的心理、市场环境等多种易变因素的影响，因此更需要 FDSS 利用其丰富的信息来源和多样化的决策方法和模型辅助决策。信用政策决策主要是对企业向顾客提供商业信用时所采纳的信用标准、信用条件和应收账款的收账政策作出决策。不同的信用政策会直接影响企业的销售额、应收账款的机会成本、坏账成本、收账成本甚至影响企业的利润水平，最优信用政策方案应是这些因素综合考虑的结果。信用政策决策中，不仅各个因素的计算过程比较复杂，而且由于销售额、机会成本等变量都是根据历史数据和经验预测得出的，带有相当大的不确定性。因此，其决策分析不仅需要数量分析，在很大程度上还需要通过规则的制定来做出定性的分析比较，并根据管理的经验不断调整和修改模型。信用政策是一种比较典型的半结构化决策。

6．利润分配

利润分配决策主要包括目标利润决策、提取公积金和公益金决策、股利政策决策。FDSS应支持企业根据企业发展和职工福利建设的需要以及相关政策规定合理制定公积金和公益金的提取比例。股利政策决策包括股利支付比率的确定、股利分派的时间、方式、分派程序的选择等内容，它直接关系到股份制企业的股东收益，关系到企业的外部筹资能力和积累能力。股利政策的制定受到法律政策、企业债务和股权结构、资金成本、投资机会、股东投资目的以及企业经营状况等多种因素的影响和制约，是一个复杂的决策过程。FDSS 所提供的记忆支持和模型求改的功能，能通过各种股利分配模型的调用，计算、比较不同股利政策对企业财务状况和经营成果的影响，为企业股利政策制定提供信息支持。

【习题】

一、选择题

1. 关于计算机辅助管理不正确的叙述是（　　）。

A. 事务处理的目的是提高工作效率

B. 事务处理是管理信息系统的一部分

C. 决策支持系统一般比管理信息系统规模大

D. 决策支持系统一般嵌入到管理信息系统中

2. 办公自动化系统建立的一个突出点就是不单重视信息的充分共享，同时更强调各方面相互之间的协作，而这种协作是靠（　　）来实现的。

A. 办公模型　　　　B. 物理模型　　　　C. 逻辑模型　　　　D. 工作流技术

3. 办公自动化是以行为科学为主导，以（　　）为理论基础，综合应用计算机技术和通信技术来完成各项办公业务。

A. 管理科学　　　　B. 人文科学　　　　C. 系统工程学　　　　D. 人机工程学

4. 管理信息系统概念的正确描述之一是（　　）。

A. 由计算机、网络等组成的应用系统

B. 由计算机、数据库等组成的信息处理系统

C. 由计算机、人等组成的社会技术系统

D. 由计算机、数学模型等组成的管理决策系统

5. 在 MIS 各种开发方式中，对企业开发能力要求最高的是（　　）。

A. 合作开发　　　　B. 自行开发　　　　C. 委托开发　　　　D. 购买软件包

6. DSS 模型库的设计可以不考虑（　　）。

A. 建模能力　　　　B. 与数据库结合　　　　C. 是否易于更新　　　　D. 利用对话来调用它

二、名词解释

1. 办公自动化。

2. 数据处理。

3. 电子文件。

4. 决策支持系统。

三、简答题

1. 简述事务处理的 ACID 属性。

2. 监测系统有哪些主要特点？

3. 简述办公自动化的关键技术。

4. 简述管理信息系统的含义。

5. 管理信息系统的特点是什么？

6. 简述 DSS 和 MIS 的联系与区别。

第四章　MRP Ⅱ和ERP系统及其在纺织中的应用

【本章导读】

1．了解MRP Ⅱ的基本原理，熟悉我国纺织企业MRP Ⅱ的应用现状。

2．掌握ERP的基本原理，理解其在纺织企业中的应用。

3．了解MRP Ⅱ到ERP的发展历程，熟悉并掌握MRP Ⅱ和ERP的区别。

制造资源计划简称为 MRP Ⅱ，它是 Manufacturing Resource Planning 的英文缩写，它以 MRP（Materials Requirements Planning）为核心，它是当代国际上一种成功的企业管理理论和方法。覆盖企业生产活动所有领域，有效利用资源的生产管理思想和方法的人—机应用系统。从整体最优的角度出发，运用科学的方法，对企业的各种制造资源和企业生产经营各环节实行合理有效地计划、组织、控制和协调，达到既能连续均衡生产，又能最大限度地降低各种物品的库存量，进而提高企业经济效益的管理方法。

自 18 世纪产业革命以来，手工业作坊迅速向工厂生产的方向发展，出现了制造业。随后，几乎所有的企业所追求的基本运营目标都是以最少的资金投入获得最大的利润。追求这一目标的结果使制造业产生了诸多的问题，为了解决这些问题，60 年代人们在计算机上实现了"物料需求计划"，它主要用于库存控制。可在数周内拟定零件需求的详细报告，可用来补充订货及调整原有的订货，以满足生产变化的需求；到了 70 年代，为了及时调整需求和计划，出现了具有反馈功能的闭环 MRP（Close MRP），把财务子系统和生产子系统结合为一体，采用计划—执行—反馈的管理逻辑，有效地对生产各项资源进行规划和控制；80 年代末，人们又将生产活动中的主要环节销售、财务、成本、工程技术等与闭环 MRP 集成为一个系统，成为管理整个企业的一种综合性的制定计划的工具。美国的 OliverWight 把这种综合的管理技术称之为制造资源计划 MRP Ⅱ。它可在周密的计划下有效地利用各种制造资源，控制资金占用，缩短生产周期，降低成本，实现企业整体优化，以最佳的产品和服务占领市场。采用 MRP Ⅱ 之后，一般可在以下方面取得明显的效果：库存资金降低 15% ～ 40%；资金周转次数提高 50% ～ 200%；库存盘点误差率降低到 1% ～ 2%；短缺件减少 60% ～ 80%；劳动生产率提高 5% ～ 15%；加班工作量减少 10% ～ 30%；按期交货率达 90% ～ 98%；成本下降 7% ～ 12%；采购费用降低 5% 左右；利润增加 5% ～ 10% 等等。此外，可使管理人员从复杂的事务中解脱出来，真正把精力放在提高管理水平上，去解决管理中的实质性问题。

第一节 MRP Ⅱ系统概述

一、MRP Ⅱ的背景

（一）第一阶段：订货点法

在计算机出现之前，发出订单和进行催货是一个库存管理系统在当时所能做的一切。库存管理系统发出生产订单和采购订单，但是确定对物料的真实需求却是缺料表。这种表上所列的是马上要使用的，但发现没有库存的物料，然后派人根据缺料表催货。

订货点法是在当时的条件下，为改变这种被动的状况而提出的一种按过去的经验预测未来的物料需求的方法。这种方法的实质是着眼于"补充库存"的原则。意思是把库存填满到某个原来的状态。库存补充原则是保证在任何时候在任何仓库里都有一定数量的存货，以便需要时随时取用。订货点法依靠对库存补充周期内的需求量预测，并保留一定的安全库存储备，来确定订货点。安全库存的设置是为了应对需求的波动。一旦库存储备降低于预先规定的数量，即订货点，则立即订货来补充库存。

订货点法的基本公式是：订货点＝单位时区的需求量 X 订货提前期＋安全库存量。

订货点法是建立在某些理论假设基础之上的，在现实中这些假设是不能成立的。其基本假设如下：

（1）对各种物料的需求是相互独立的。订货点法不考虑物料之间的关系，每项物料的订货点分别独立地加以确定。即，订货点法是面向零件的，而不是面向产品的。但是，在制造业中有一个很重要的要求，那就是各项物料的数量必须配套，以便能装配成产品。由于订货点法对每项物料分别进行独立的预测和订货，在装配时就会发生各项物料数量不匹配的情况。这样虽然单项物料的供货率提高了，但总的供货率却难以提高。因为不可能每项物料的预测都很准确，所以积累起来的误差反映在总供货率上将是相当大的。

（2）物料需求是连续发生的。按照这种假定，必须认为需求是相对均匀，库存消耗率稳定。而在制造业中，对产品零部件的需求恰恰是不均匀、不稳定的，库存消耗是间断的。这往往是由于下道工序的批量要求引起的。需求不连续的现象提出了一个如何确定需求时间的问题。订货点法是根据以往的平均消耗时间来间接地指出需要时间，但是对于不连续的非独立需求来说，这种平均消耗率的概念是毫无意义的。事实上，采用订货点法的系统下达的订货时间常常偏早，在实际需求发生之前就有大批量存货放在库里造成积压。而另一方面，却又会由于需求不均衡和库存管理模型本身的缺陷造成库存短缺。

（3）提前期是已知的和固定的。这是订货点法所作的最重要的假设。但在现实世界中，情况并非如此。对一项指定了 6 周提前期的物料，其实际的提前期可以在 48 小时至 3 个月的范围内变化。把如此大的时间范围浓缩成一个数字，用来作为提前期已知和不变的表示，显然是不合理的。

（4）库存消耗之后，应被重新填满。按照这种假设，当物料库存量低于订货点时，则必须发出订货，以重新填满库存。但如果需求是间断的，那么这样做不但没有必要，而且也不合理。因为很有可能因此而造成库存积压。例如，某种产品一年中可以得到客户的两次订货，那么制造此种产品所需的钢材则不必因库存量低于订货点而立即填满。

（5）"何时订货"是一个大问题。"何时订货"被认为是库存管理的一个大问题。这并不奇怪，因为库存管理正是订货并催货这一过程的自然产物。然而真正重要的问题确是"何时需要物料"？当这个问题解决以后，"何时订货"的问题也就迎刃而解了。订货点法通过触发订货点来确定订货时间，再通过提前期来确定需求日期，其实是本末倒置的。

（二）第二阶段：MRP

物料需求计划（Material Requirement Planning，MRP）是指根据产品结构各层次物品的从属和数量关系，以每个物品为计划对象，以完工时期为时间基准倒排计划，按提前期长短区别各个物品下达计划时间的先后顺序，是一种工业制造企业内物资计划管理模式。MRP 是根据市场需求预测和顾客订单制订产品的生产计划，然后基于产品生成进度计划，组成产品的材料结构表和库存状况，通过计算机计算所需物料的需求量和需求时间，从而确定材料的加工进度和订货日程的一种实用技术。

其主要内容包括：客户需求管理、产品生产计划、原材料计划以及库存记录。其中客户需求管理包括客户订单管理及销售预测，将实际的客户订单数与科学的客户需求预测相结合，即能得出客户需要什么以及需求多少。

物料需求计划（MRP）是一种推式体系，根据预测和客户订单安排生产计划。因此，MRP 基于天生不精确的预测建立计划，"推动"物料经过生产流程。也就是说，传统 MRP 方法依靠物料运动经过功能导向的工作中心或生产线（而非精益单元），这种方法是为最大化效率和大批量生产来降低单位成本而设计的，计划、调度并管理生产以满足实际和预测的需求组合。生产订单出自主生产计划（MPS），然后经由 MRP 计划出的订单被"推"向工厂车间及库存。如图 4-1 所示。

制订物料需求计划前就必须具备以下基本数据：

第一项数据是主生产计划，它指明在某一计划时间段内应生产出的各种产品和备件，它是物料需求计划制订的一个最重要的数据来源。

第二项数据是物料清单（BOM），它指明了物料之间的结构关系，以及每种物料需求的数量，它是物料需求计划系统中最为基础的数据。

第三项数据是库存记录，它把每个物料品目的现有库存量和计划接受量的实际状态反映出来。

第四项数据是提前期，决定着每种物料何时开工、何时完工。

应该说，这四项数据是至关重要、缺一不可的。缺少其中任何一项或任何一项中的数据不完整，物料需求计划的制订都将是不准确的。因此，在制订物料需求计划之前，这四项数据都必须先完整地建立，而且保证是绝对可靠的、可执行的数据。

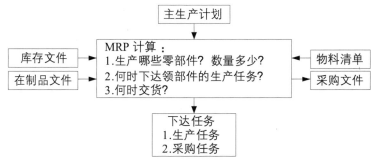

图 4-1　MRP 示意图

（三）第三阶段：闭环 MRP

20 世纪 60 年代时的 MRP 能根据有关数据计算出相关物料需求的准确时间与数量，但它还不够完善，其主要缺陷是没有考虑到生产企业现有的生产能力和采购的有关条件的约束。因此，计算出来的物料需求的日期有可能因设备和工时的不足而没有能力生产，或者因原料的不足而无法生产。同时，它也缺乏根据计划实施情况的反馈信息对计划进行调整的功能。正是为了解决以上问题，在 70 年代，人们在 MRP 基础上，一方面把生产能力作业计划、车间作业计划和采购作业计划纳入 MRP，同时在计划执行过程中加入来自车间、供应商和计划人员的反馈信息，并利用这些信息进行计划的平衡调整，从而围绕着物料需求计划，使生产的全过程形成一个统一的闭环系统，这就是由早期的 MRP 发展而来的闭环式 MRP。闭环式 MRP 将物料需求按周甚至是按天分解，使得 MRP 成为一个实际的计划系统和工具，而不仅仅是一个订货系统。

闭式 MRP 是一个集计划、执行、反馈为一体的综合性系统，它能对生产中的人力、机器和材料各项资源进行计划与控制，使生产管理的应变能力有所加强。闭环 MRP 系统是一个围绕物料需求计划而建立的系统，除了物料需求计划外，还将生产能力需求计划、车间作业计划和采购作业计划也全部纳入 MRP，形成一个封闭的系统。

MRP 系统的正常运行，需要有一个现实可行的主生产计划。它除了要反映市场需求和合同订单以外，还必须满足企业的生产能力约束条件。因此，基本 MRP 系统进一步发展，把能力需求计划，执行及控制计划的功能也包括进来，形成一个环形回路，称为闭环MRP。闭环 MRP 为一个完整的生产计划与控制系统，工作流程如图 4-2 所示。

整个闭环 MRP 的过程为：

（1）企业根据发展的需要与市场需求来制定企业生产规划。

（2）根据生产规划制定主生产计划，同时进行生产能力与负荷的分析。该过程主要是针对关键资源的能力与负荷的分析过程。只有通过对该过程的分析，才能达到主生产计划基本可靠的要求。

（3）再根据主生产计划、企业的物料库存信息、产品结构清单等信息来制定物料需求计划。

（4）由物料需求计划、产品生产工艺路线和车间各加工工序能力数据（即工作中心能力，其有关概念将在后面介绍）生成对能力的需求计划，通过对各加工工序的能力平衡，调整物料需求计划。

（5）采购与车间作业按照平衡能力后的物料需求计划执行，并进行能力的控制，即输入输出控制，并根据作业执行结果反馈到计划层。

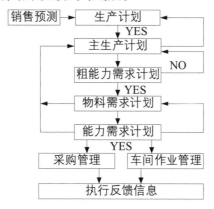

图 4-2　闭环 MRP 工作流程

（四）第四阶段：MRP Ⅱ

闭环 MRP 系统的出现，使生产活动方面的各种子系统得到了统一。但这还不够，因为在企业的管理中，生产管理只是一个方面，它所涉及的仅仅是物流，而与物流密切相关的还有资金流。这在许多企业中是由财会人员另行管理的，这就造成了数据的重复录入与存贮，甚至造成数据的不一致性。

1977 年 9 月，美国著名的生产管理专家奥列弗·怀特在美国《现代物料搬运》（Modern Material Handling）月刊上由他主持的"物料管理专栏"中，首先倡议给同货币信息结合的 MRP 系统一个新的称号：制造资源计划。为了表明它是 MRP 的延续和发展，用了同样以 M，R，P 为首的三个英文名词，为了同物料需求计划区别，在 MRP 后缀罗马数字"Ⅱ"，可以说是第Ⅱ代 MRP，但 MPR Ⅱ并不是取代 MRP，相反，它以 MRP 为核心。

这里讲的制造资源，指人工、物料、设备、能源、资金、空间和时间。它不仅包括了人们常说的人、财、物，而且包括了往往被忽略的时间资源。时间是一种对每个人都是平等的但又是买不到、不能补偿的资源。任何作业都要消耗时间资源。讲计划、生产率、交货期、提前期都含有时间的因素。讲竞争，就是在同竞争对手抢时间，现代管理总是把时间看成是一种重要的资源。各种制造资源都是以"信息"的形式来表现的。通过信息集成，有效地对企业有限的各种制造资源进行周密的计划，合理利用，以提高企业的竞争力，这就是 MRP Ⅱ——制造资源计划命名的初始意念。

二、MRP Ⅱ的基本概念

MRP Ⅱ（Manufacture Resource Plan，制造资源计划）由 MRP（Material Requimment Planning，物料需求计划）发展而来的。MRP 解决了生产物料供需信息同步和整合的问题，目的是使产品所需的原料能够按时补充，使库存动态存在于一个合理的水平，避免因为库存的管理不当占用过多的企业资金。这种理念仅仅是站在物流平衡和狭义的成本控制角度上，它使企业的资金周转率得到提高，进而促进企业利润率的提高。但没有站在企业的经营效益整体的高度上，例如丰田公司的"零库存"思路就借鉴了 MRP 的一些理念。

在 MRP 概念出现以前，一个企业各个部门通常各自为政、互不关联、独立运行。这样由于各类统计口径的不一致或协作性太差，导致各部门不能很好地完成任务，进而相互推诿和扯皮。例如一线生产管理人员认为由于内外环境的变化，生产计划一致处于变动中，生产计划往往流于形式。因此他们对计划非常不感兴趣，往往凭借经验和感觉去下达实施调整起来比较困难的生产计划，没有考虑计划的灵活性。正因为这些缺点，我们引入了 MRP Ⅱ来讨论。

MRP Ⅱ（制造资源计划）由 MRP（Material Requimment Planning，物料需求计划）发展而来。它能提供一个详尽而完整的计划，把企业中个子系统信息和计划（包括市场需求、销售状况及趋势预测、消费者反馈和行为分析、原料供应、短期生产计划、新产品研发、财务支出计划）有机地结合起来，使企业内部各个部门使用统一数据，构成一个封闭的信息环，组成一个全面生产管理的集成优化规律系统。以便于统一协调，关系更加密切，消除信息孤岛，避免了重复劳动和相互推诿的现象，提高了整体工作流程的效率。这样可以更快地适应市场，及时调整产品结构、调整生产计划等方式动态适应市场的变化。

一方面，相对于 MRP，它加入了其他与之有关联的能力需求计划，如采购计划和生产作业计划；另一方面，整个计划的实施是一个动态优化的过程，即根据企业所处内外部情况的变化适时作出调整。实际上，MRP Ⅱ是一个面向企业内部，将各个子系统有机的组合成一体化的信息系统，在统一的数据库下面运行，进而通过计算机的计算，系统将统一输出以货币表述的财务报表集成和按实物表达的业务活动计划，即实现信息流、资金流、物流的完美统一。如果MRP Ⅱ项目能很好地实施，计划的制定就减少了经验行，增强了周密性、应变性、科学性和完整性，简化调度工作，提升工作质量。

MRP Ⅱ是一种生产管理的计划与控制模式，因其效益显著而被当成标准管理工具在当今世界制造业普遍采用。MRP Ⅱ实现了物流与资金流的信息集成，是CIMS的重要组成部分，也是企业资源计划ERP的核心主体，是解决企业管理问题，提高企业运作水平的有效工具。简单来说，是在物料需求计划上发展出的一种规划方法和辅助软件。它是一种先进的现代企业管理模式，目的是合理配置企业的制造资源，包括财、物、产、供、销等因素，以使之充分发挥效能，使企业在激烈的市场竞争中赢得优势，从而取得最佳经济效益。

三、MRP Ⅱ的原理

供需链和信息集成是MRP Ⅱ原理所依据的两项最基本的概念。理解MRP Ⅱ，首先要理解供需链和信息集成。

（一）供需链

供需链，按原文supply chain直译是"供应链"，但实质上链的每个环节都有"供"与"需"的双重含义，没有需求，何谈供应。供需链概念早在20世纪80年代就已提出，近年来同后勤保证体系（Logistics）一起，为制造业管理文献和软件普遍采用。Logistics一词的原意是后勤学，原用于军事科学。狭义的后勤只包括武器装备和军需品供应，广义上还包括了军事行动中各类人员和资源的调动。现代管理根据Logistics的意义定义的供需链是指按规定的时间、地点，得到规定数量的"军需品（物料），它是物流信息和资金信息的集成"。我们可以把Logistics和供需链理解为一种"需求保证体系"，它是一种系统工程。供需链管理虽然是在MRP 1I之后发展起来的现代管理哲理，但是用它更能说明MRP Ⅱ的中心思想。现代管理思想如精益生产（Lean Production）、敏捷制造（Agile Manufacturing），以及90年代发展起来的ERP（企业资源计划Enterprises Resources Planning）都是基于供需链管理的概念。从1997起，美国生产与库存管理协会APICS在CPIM（Certified in Production and Inventory Management）资格考试中增加了"供需链管理"主题，更加强调了它的重要性。

制造业必须根据客户或市场的需求，开发产品，购进原料，加工制造出成品，以商品的形式销售给客户，并提供售后服务。物料从供方开始，沿着各个环节（原材料—在制品—半成品—成品—商品）向需方移动。每一个环节都存在"需方"与"供方"的对应关系，形成一条首尾相连的长链，称为供需链。在供给链上除了物料的流动外还有信息的流动。信息有两种类型，一是需求信息（如预测、销售合同、主生产计划、物料需求计划、加工单、采购订单等），它同物料流动方向相反，从需方向供方流动；二是由需求信息引发的供给信息（如收货入库单、完工报告、可供消耗量、提货发运单等），它同物料一起在供需链上从供方向需方流动。

从形式上看，企业在制造商品，客户在购买商品，但实质上，客户是在购买提供给自己的效益，也就是购买商品的市场价值（使用价值）。各种物料在供需链上移动，是一个不断增加其市场价值或附加值的增值过程，因此，供需链也有增值链（value-adding chain）的含义。企业的竞争力取决于其供需链上的各项业务活动，同竞争对手相比，能提供给客户更多的市场价值，同时获取较多的利润。

正因为有市场需求，才产生企业的各项业务活动，而任何业务活动都会消耗一定的资源。消耗资源会导致资金流动，只有当消耗资源生产出的产品或服务出售给客户后，资金才会重新流回企业，并发生利润。因此，商品生产供需链上既有物料的流动还有资金的流动。为了合理利用资金，加快资金周转，企业必须通过财务成本系统来控制供需链上的各项经营生产活动，达到利润最大化的目标，或者说，通过资金的流动来控制物料的流动。

供需链是以企业为"结"向全社会延伸的。整个社会生产就是一条首尾相连、交叉错综的供需长链，企业内部的物流同供需双方的物流息息相关，企业的经营生产活动必须同它的需方和供方密切相连，并把它们纳入自己的计划与控制系统。只有这样，企业才能在社会大生产的供需长链中占领这个"结"，拥有这个"结"。所以说，供需链是说明商品生产供需关系的系统工程。

当前，制造业的管理信息系统已发展到企业资源计划（ERP）阶段，MRP II 作为 ERP 的重要组成部分，首先要求企业从供需链管理的概念出发，根据内外环境的变化，调整其经营战略，同竞争对手的供需链展开激烈的市场博弈。另外，它还要致力于企业与供方和需方建立互信、互利、互助、互通的合作伙伴关系，体现精益生产和敏捷制造的精神，以有限的资源迎击无限的市场机遇。它的最终目的是增强企业的竞争优势，以质量高、成本低、上市快、服务优的产品获取最大利润，在瞬息万变的环境变化中立于不败之地。

（二）信息集成

MRP II 的一个重要特点，就是体现管理信息的高度集成，这是 MRP II 同手工管理的主要区别。管理信息集成的标志，可以从以下几方面说明：

（1）信息必须规范化，有统一的名称、明确的定义、标准的格式和字段要求；信息之间的关系也必须明确定义。

（2）信息的处理程序必须规范化，处理信息要遵守一定的规程，不因人而异。

（3）信息的采集、处理和报告有专人负责，责任明确，没有冗余的信息采集和处理工作，保证信息的及时性、准确性和完整性。

（4）在范围上，集成了供需链上所有环节的各类信息。

（5）在时间上，集成了历史的、当前的和未来预期的信息。

（6）各种管理信息来自统一的数据库，既能为企业各有关部门的管理人员所共享，又有使用权限和安全保密措施。

（7）企业各部门按照统一数据库所提供的信息和管理事务处理的准则进行管理决策，

实现企业的总体经营目标。

管理信息集成的效果，绝不是简单的数量叠加，而是管理水平和人员素质在质量上的飞跃。信息集成和规范化管理是相辅相成的，规范化管理是 MRP Ⅱ 运行的结果，也是运行的条件。应当按照统一的程序和准则进行管理，既不因人而异，随心所欲，又要机动灵活，适应变化的环境。在剧烈竞争的市场经济环境下，管理信息集成系统 MRP Ⅱ 是所有制造业在经营生产中必不可少的手段。

（三）MRP Ⅱ 系统构成框架

MRP Ⅱ 是从 MRP（物料需求计划）发展而来的，在此基础上，MRP Ⅱ 纵向包容了经营计划、营销计划；横向连接了生产进度计划、能力需求计划、现场实施反馈信息处理、成本核算与控制以及支持性的流动资金计划等。

从 MRP Ⅱ 最基本的生产计划决策功能分析，其决策逻辑可以表示为图 4-3 的形式，完成这一决策过程主要由四个关键环节所构成：①主生产计划（MPS）；②物料需求计划（MRP）；③生产进度计划（OS）；④能力需求计划（CRP），它们构成一个决策的反馈回路，一般称之为闭环 MRP Ⅱ。

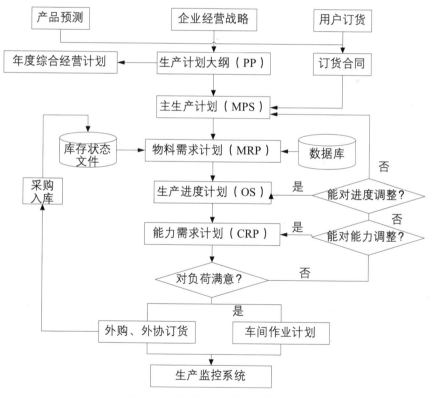

图 4-3　闭环 MRP Ⅱ 的决策逻辑

MRP Ⅱ 的基本思想就是把企业作为一个有机整体，从整体最优的角度出发，通过运用科学方法对企业各种制造资源和产、供、销、财各个环节进行有效的计划、组织和控制，使他们得以协调发展，并充分地发挥作用。

在流程图（图4-4）的右侧是计划与控制流程，它包括了决策层、计划层和控制执行层，可以理解为经营计划管理的流程；中间是基础数据，要储存在计算机系统的数据库中，并且反复调用。这些数据信息的集成，把企业各个部门的业务沟通起来，可以理解为计算机数据库系统；左侧是主要的财务系统，这里只列出应收账、总账和应付账。各个连线表明信息的流向及相互之间的集成关系。

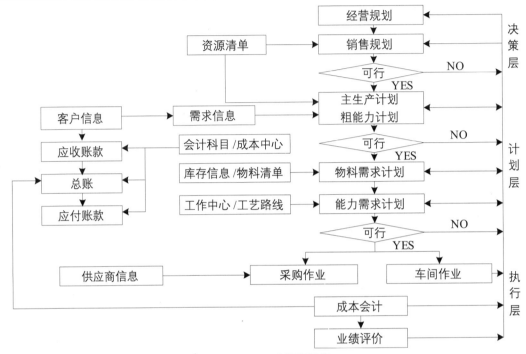

图4-4　MRP Ⅱ逻辑流程

MRP Ⅱ的特点可以从以下几个方面来说明，每一项特点都含有管理模式的变革和人员素质或行为变革两方面，这些特点是相辅相成的。

1．计划的一贯性与可行性

MRP Ⅱ是一种计划主导型管理模式，计划层次从宏观到微观、从战略到技术、由粗到细逐层优化，但始终保证与企业经营战略目标一致。它把通常的三级计划管理统一起来，计划编制工作集中在厂级职能部门，车间班组只能执行计划、调度和反馈信息。计划下达前反复验证和平衡生产能力，并根据反馈信息及时调整，处理好供需矛盾，保证计划的一贯性、有效性和可执行性。

2．管理的系统性

MRP Ⅱ是一项系统工程，它把企业所有与生产经营直接相关部门的工作联结成一个整体，各部门都从系统整体出发做好本职工作，每个员工都知道自己的工作质量同其他职能的关系。这只有在"一个计划"下才能成为系统，条块分割、各行其是的局面应被团队精神所取代。

3．数据共享性

MRP Ⅱ是一种制造企业管理信息系统，企业各部门都依据同一数据信息进行管理，任何一种数据变动都能及时地反映给所有部门，做到数据共享。在统一的数据库支持下，按照规范化的处理程序进行管理和决策。改变了过去那种信息不通、情况不明、盲目决策、相互矛盾的现象。

4．动态应变性

MRP II 是一个闭环系统，它要求跟踪、控制和反馈瞬息万变的实际情况，管理人员可随时根据企业内外环境条件的变化迅速作出响应，及时决策调整，保证生产正常进行。它可以及时掌握各种动态信息，保持较短的生产周期，因而有较强的应变能力。

5．模拟预见性

MRP II 具有模拟功能。它可以解决"如果怎样……将会怎样"的问题，可以预见在相当长的计划期内可能发生的问题，事先采取措施消除隐患，而不是等问题已经发生了再花几倍的精力去处理。这将使管理人员从忙碌的事务堆里解脱出来，致力于实质性的分析研究，提供多个可行方案供领导决策。

6．物流、资金流的统一

MRP II 包含了成本会计和财务功能，可以由生产活动直接产生财务数据，把实物形态的物料流动直接转换为价值形态的资金流动，保证生产和财务数据一致。财务部门及时得到资金信息用于控制成本，通过资金流动状况反映物料和经营情况，随时分析企业的经济效益，参与决策，指导和控制经营和生产活动。

四、MRP II 的组成及其特点

（一）MRP II 的组成

1．主生产计划（Master Production Schedule，简称 MPS）

MPS 是闭环计划系统的一个部分。MPS 的实质是保证销售规划和生产规划对规定的需求（需求什么，需求多少和什么时候需求）与所使用的资源取得一致。MPS 考虑了经营规划和销售规划，使生产规划同它们相协调。它着眼于销售什么和能够制造什么，这就能为车间制定一个合适的"主生产进度计划"，并且以粗能力数据调整这个计划，直到负荷平衡。简单地说，MPS 是确定每一具体的最终产品在每一具体时间段内生产数量的计划；有时也可能先考虑组件，最后再下达最终装配计划。这里的最终产品是指对于企业来说最终完成、要出厂的完成品，它要具体到产品的品种、型号。这里的具体时间段，通常是以周为单位，在有些情况下，也可以是日、旬、月。主生产计划详细规定生产什么、什么时段应该产出，它是独立需求计划。主生产计划根据客户合同和市场预测，把经营计划或生产大纲中的产品系列具体化，使之成为展开物料需求计划的主要依据，起到了从综合计划向具体计划过渡的承上启下的作用。

主生产计划是按时间分段方法，去计划企业将生产的最终产品的数量和交货期。主生产计划是一种先期生产计划，它给出了特定的项目或产品在每个计划周期的生产数量。这是个实际的详细制造计划。这个计划力图考虑各种可能的制造要求。

主生产计划是 MRP II 的一个重要的计划层次。粗略地说，主生产计划是关于"将要生产什么"的一种描述，它根据客户合同和预测，把销售与运作规划中的产品系列具体化，确定出厂产品，使之成为展开 MRP 与 CRP（粗能力计划）运算的主要依据，它起着承上启下，从宏观计划向微观过渡的作用。

主生产计划是计划系统中的关键环节。一个有效的主生产计划是生产对客户需求的一种承诺，它充分利用企业资源，协调生产与市场，实现生产计划大纲中所表达的企业经营目标。主生产计划在计划管理中起"龙头"模块作用，它决定了后续的所有计划及制造行为的目标。在短期内作为物料需求计划、零件生产计划、订货优先级和短期能力需求计划的依据。在长期内作为估计本厂生产能力、仓储能力、技术人员、资金等资源需求的依据。

2. 粗能力计划（Rough-cut Capacity Planning-RCCP）

粗能力计划是指在闭环 MRP 设定主生产计划后，通过对关键工作中心生产能力和计划生产量的对比，判断主生产计划是否可行。粗能力计划是对关键工作中心的能力进行运算而产生的一种能力计划，它的计划对象是"关键工作中心"的工作能力，计算量要比能力需求计划小许多。粗能力计划（Rough-Cut Capacity Planning-RCCP）的处理过程是将成品的生产计划转换成对相对的工作中心的能力需求。这生产计划可以是综合计量单位表示的生产计划大纲，或是产品、产品组的较详细的主生产计划。将粗能力计划用于生产计划大纲或主生产计划，并没有什么原则差别。粗能力计划将主生产计划转换成为相关的工作中心的能力需求。

目前常用的粗能力计划的编制方法是资源清单法。包括以下步骤：

第一步：建立关键中心资源清单。

第二步：判定各时段能力负荷。

第三步：生成粗能力计划。粗能力计划 = 工作中心资源清单 + 时段负荷情况。

第四步：分析各时段负荷原因。随着粗能力计划的生成，各时段工作中心的负荷量也已尽收眼底，此时管理者关心的自然是各时段造成工作中心超负荷的起因。起因中包含了引起超负荷产品及其部件的编号和名称，该部件在 BOM 中所处的位置，以及部件加工时所占用资源情况的详细信息等，这些信息将帮助计划制定者在物料需求和生产能力间寻求平衡。

第五步：调整生产能力和需求计划。粗能力计划过程的尾部环节将会对生产能力和物料需求进行初步的平衡性调整。原则上的调整方法有减轻负荷和增加能力两种，具体做法：例如延长交货期，取消部分订单，再如加班加点，增加设备等。

3. 产品结构与物料清单（Bill of Material，BOM）

物料清单（Bill of Materials，简称 BOM）是描述企业产品组成的技术文件。在加工资本式行业，它表明了产品的总装件、分装件、组件、部件、零件、直到原材料之间的结构关系，以及所需的数量。狭义上的 BOM（Bill of Materials）通常称为"物料清单"，就是产品结构（Product Structure）。仅仅表述的是对物料物理结构按照一定的划分规则进行简单的分解，描述了物料的物理组成。一般按照功能进行层次的划分和描述。广义上的 BOM 是产品结构和工艺流程的结合体，二者不可分割。离开工艺流程来谈论产品结构，没有现实意义。要客观科学的通过 BOM 来描述某一制造业产品，必须从制造工艺入手，才能准确描述和体现产品的结构。

物料清单是一个制造企业的核心文件，各个部门的活动都要用到物料清单。物料清单根据使用目的或特点不同，有多种表现了形式，例如单级 BOM、多极 BOM、百分比式的计划用 BOM、模式化 BOM、制造 BOM 和虚拟 BOM 等。

物料清单（Bill Of Materials，简称 BOM）是说明一个最终产品是由哪些零部件、原材料所构成的，这些零部件的时间、数量上的相互关系是什么。如图 4-5 和图 4-6 所示：如左面图 4-5 所示，最终产品 A 由三个部件 B、C、D 组成，而 B 又由 a 和 b 组成，D 又由 d、c 组成。这种产品结构反映在时间结构上，则以产品的应完工日期为起点倒排计划，可相应地求出各个零部件最晚应该开始加工时间或采购订单发出时间，如图 4-6 所示。从该图可以看出，由于各个零部件的加工采购周期不同，即从完工日期倒排进度计算的提前期不同，当一个最终产品的生产任务确定以后，各零部件的订单下达日期仍有先有后。即在保证配套日期的原则下，生产周期较长的物料先下订单，生产周期较短的物料后下订单，这样就可以做到在需用的时候所有物料都能配套备齐，不到需用的时候不过早投料，从而达到减少库存量和减少占用资金的目的。

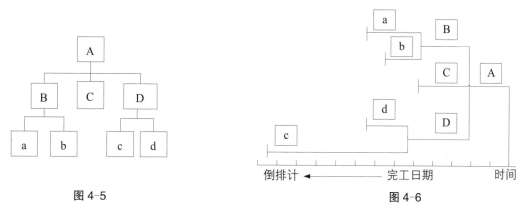

图 4-5　　　　　　　　　　　　　　　　　　　　图 4-6

4．物料需求计划（Material Requirement Planning，MRP）

物料需求计划（Material Requirement Planning，MRP）即是指根据产品结构各层次物品的从属和数量关系，以每个物品为计划对象，以完工时期为时间基准倒排计划，按提前期长短区别各个物品下达计划时间的先后顺序，是一种工业制造企业内物资计划管理模式。MRP 是根据市场需求预测和顾客订单制定产品的生产计划，然后基于产品生成进度计划，组成产品的材料结构表和库存状况，通过计算机计算物料的需求量和需求时间，从而确定材料的加工进度和订货日程的一种实用技术。其主要内容包括客户需求管理、产品生产计划、原材料计划以及库存记录。其中客户需求管理包括客户订单管理及销售预测，将实际的客户订单数与科学的客户需求预测相结合即能得出客户需要什么以及需求多少。MRP 应该具备以下三个特点：

①需求的相关性：在流通企业中，各种需求往往是独立的。而在生产系统中，需求具有相关性。例如，根据订单确定了所需产品的数量之后，由新产品结构文件 BOM 即可推算出各种零部件和原材料的数量，这种根据逻辑关系推算出来的物料数量称为相关需求。不但品种数量有相关性，需求时间与生产工艺过程的决定也是相关的。

②需求的确定性：MRP 的需求都是根据主产进度计划、产品结构文件和库存文件精确计算出来的，品种、数量和需求时间都有严格要求，不可改变。

③ 计划的复杂性：MRP 要根据主产品的生产计划、产品结构文件、库存文件、生产时间和采购时间，把主产品的所有零部件需要数量、时间、先后关系等准确计算出来。当产品结构复杂，零部件数量特别多时，其计算工作量非常庞大，人力根本不能胜任，必须依靠计算机实施这项工程。

物料需求计划（MRP）是一种推式体系，根据预测和客户订单安排生产计划。因此，MRP 基于天生不精确的预测建立计划，"推动"物料经过生产流程。也就是说，传统 MRP 方法依靠物料运动经过功能导向的工作中心或生产线（而非精益单元），这种方法是为最大化效率和大批量生产来降低单位成本而设计的，计划、调度并管理生产以满足实际和预测的需求组合。生产订单出自主生产计划（MPS），然后经由 MRP 计划出的订单被"推"向工厂车间及库存。

制订物料需求计划前就必须具备以下的基本数据：

第一项数据是主生产计划，它指明在某一计划时间段内应生产出的各种产品和备件，它是物料需求计划制订的一个最重要的数据来源。

第二项数据是物料清单（BOM），它指明了物料之间的结构关系，以及每种物料需求的数量，它是物料需求计划系统中最为基础的数据。

第三项数据是库存记录，它把每个物料品目的现有库存量和计划接受量的实际状态反映出来。

第四项数据是提前期，决定着每种物料何时开工、何时完工。

应该说，这四项数据都是至关重要、缺一不可的。缺少其中任何一项或任何一项中的数据不完整，物料需求计划的制订都将是不准确的。因此，在制订物料需求计划之前，这四项数据都必须先完整地建立好，而且保证是绝对可靠的、可执行的数据。

5. 能力需求计划（Capacity Requirement Planning，CRP）

能力需求计划（Capacity Requirement Planning，CRP）是对物料需求计划（MRP）所需能力进行核算的一种计划管理方法。具体地讲，CRP 就是对各生产阶段和各工作中心所需的各种资源进行精确计算，得出人力负荷、设备负荷等资源负荷情况，并做好生产能力负荷的平衡工作。广义的能力需求计划又可分为粗能力计划（RCCP，又被称为产能负荷分析）和细能力计划（CRP，又被称为能力计划）。

能力需求计划（CRP）是 MRP Ⅱ 系统中的重要部分，是一个将生产计划和各种生产资源连接起来管理和计划的功能。能力需求计划是在物料需求计划下达到车间之前，用来检查车间执行生产作业计划的可行性的。即，利用工作中心定义的能力，将物料需求计划和车间控制的生产需求分配到各个资源上，在检查了物料和能力可行的基础上，可以调整生产计划或将生产计划下达给车间，车间就此计划进行生产。能力需求计划将所有订单按照确定的工艺路线展开，将工序的开始日期、完工日期及数量来审核时间和能力资源。MRP Ⅱ 系统的能力平衡一般分为两种：无限能力计划和有限能力计划，前者不考虑能力的限制，而将各个工作中心负荷进行相加，找出超负荷和少负荷；后者则根据优先级分配给各个工作中心负荷。大多数商品软件并没有解决有限能力的问题，即按 MRP 生成的计划是无限能力计划，虽然进行了能力计划，但是在解决能力冲突上并没有提出更好的解决方法，这样产生的计划在实施中必然与实际产生偏差，有些偏差可以通过车间的实时调度排除，但是如果不能排除则对生产产生不利的影响，从另一个角度讲，这种偏差是由于计划的不合理性引起的，它导致了生产的混乱、无序。因而如何产生合理的 MRP 计划将是系统成败的关键，也是系统是否实用的关键。

由于无限能力计划在这些方面的局限性，人们开始重视对有限能力计划策略的研究和开发。同时 JIT 和 OPT 等思想的涌现和应用也促进了有限能力计划的研究和发展。有限能力计划的研究内容和范围已经不局限于对 MRP 计划的能力评估，它已经扩展到解决制造系统的资源、能力和物料的实际可用性，实现生产计划和资源利用的优化。

通常编制能力需求计划的方式有无限能力负荷计划和有限能力负荷计划两种。无限能力负荷计算是指在不限制能力负荷情况下进行能力计算。即从订单交货期开始，采用倒排的方式根据各自的工艺路线中的工作中心安排及工时定额进行计算。不过，这种计算只是暂时不考虑生产能力的限制，在实际执行计划过程中不管由于什么原因，如果企业不能按时完成订单，就必须采用顺排生产计划、加班、外协加工、替代工序等方式来保证交货期。这时，有限能力负荷计算方式就派上了用场。有限能力负荷计算就是假定工作中心的能力是不变的，把拖期订单的当期日期剩下的工序作为首序，向前顺排，对后续工序在能力允许下采取连续顺排不断地实现计划，以挽回订单交货期。一般来说，编制能力需求计划遵照如下思路：首先，将 MRP 计划的各时间段内需要加工的所有制造件通过工艺路线文件进行编制，得到所需要的各工作中心的负荷；其次，再同各工作中心的额定能力进行比较，提出按时间段划分的各工作中心的负荷报告。最后，由企业根据报告提供的负荷情况及订单的优先级因素加以调整和平衡。具体过程如下：

（1）计算与分析负荷：将所有的任务单分派到有关的工作中心上，然后确定有关工作中心的负荷，并从任务单的工艺路线记录中，计算出每个有关工作中心的负荷。然后，分析每个工作的负荷情况，确认导致各种具体问题的原因所在，以便正确地解决问题。

（2）能力 / 负荷调整：解决负荷过小或超负荷能力问题的方法有 3 种：调整能力，调整负荷，以及同时调整能力和负荷。

（3）确认能力需求计划：在经过分析和调整后，将已修改的数据重新输入相关的文件记录中，通过多次调整，在能力和负荷达到平衡时，确认能力需求计划，正式下达任务单。

（二）MRP II 的特点

MRP II 应用系统论的观点，将企业作为一个有机整体，从整体最优的角度出发，科学、有效地计划、组织、控制和协调企业的人、财、物资源和产、供、销，以充分利用企业的各项资源，保证各项活动协调发展，进而提高企业的管理水平和经济效益。MRP II 系统实现了物料流、资金流及管理的集成统一，同时实现了企业各部门活动的集成统一。它的核心部分是物料需求计划 MRP，MRP 借助产品和部件的构成数据，即物料清单 BOM，加工工艺数据及设备状态数据将市场对产品的需求转换为制造过程对加工工作和原材料的需求。MRP II 的功能及原理如图 4-7 表示。

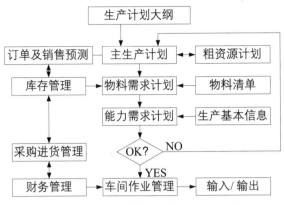

图4-7　MRP Ⅱ的功能及原理示意图

MRP Ⅱ系统的特点反映了企业在管理模式和行为的变革，主要有以下几个方面：

1．实现了整个企业的系统管理

MRP Ⅱ系统是一个系统工程，它把企业所有与生产经营直接相关部门的工作联成一个整体，每个部门都从系统整体出发做好本岗位工作，各部门信息共享，分工明确而又相互配合。

2．数据共享性

MRP Ⅱ中企业各部门都依据同一数据库的信息进行管理，任何一种数据变动都能及时地反映给所有部门，做到数据共享（图4-8），在统一数据库支持下按照规范化的处理程序进行管理和决策，改变过去那种信息不同、情况不明、相互矛盾的现象。

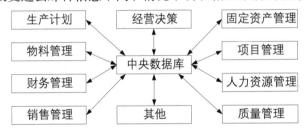

图4-8　中央数据库支持的MRP Ⅱ系统

3．管理决策支持

这一特点体现在模拟预见性和动态应变性。模拟预见性是指可以利用MRP Ⅱ系统中的数据和建立的模型，分析某种方案或是决策的可能结果，为决策提供依据。动态应变性是指MRP Ⅱ系统的实时跟踪与反馈功能，使管理人员随时掌握内、外部环境的变化，做出敏捷的反映。

4．计划的一贯性和可行性

MRP Ⅱ系统是一种计划主导型的管理模式，计划层次从宏观到微观逐层细化，但始终保持与企业经营战略目标一致。"一个计划（one plan）"是MRP Ⅱ系统的原则精神，它把通常的三级计划管理统一起来，编制计划集中在厂级职能部门，车间班组只是执行计划、调度和反馈信息。计划下达前反复进行能力平衡，并根据反馈信息及时调整，处理好供需矛盾，保证计划的一贯性和可行性。

5. 生产运作系统与财务系统的统一

财务部门可以及时掌握并分析企业的财务状况，指导生产部门有效地控制成本。同时生产部门可以参与决策，努力消除浪费和节约成本。

第二节　纺织 MRP Ⅱ 的应用实例

一、国外 MRP Ⅱ 的应用现状

（一）国外 MRP Ⅱ 的现状

20 世纪 70 年代初在美国生产与库存管理协会（APICS）的推动下，美国掀起了一个实施系统的热潮，使实施 MRP 系统的企业达到数千家，随着信息处理技术的飞速发展和企业管理方法的不断改进，MRP 系统发展为，增加了能力需求计划功能，向车间作业管理和物料采购延伸，加强了计划执行阶段的信息反馈和监控。80 年代初，系统的范围进一步扩展，把生产、库存、采购、销售、财务、成本等子系统都联系起来，发展成为一个覆盖企业全部生产资源的管理信息系统，即 MRP Ⅱ。当前，MRP Ⅱ/ERP 已在美国等工业发达国家得到了广泛应用并取得了显著的经济效益，MRP Ⅱ/ERP 已经形成了从开发、实施、培训、技术支持到售后服务的行业网络。这里列出较为著名的 MRP Ⅱ/ERP 软件开发商及其MRP Ⅱ/ERP 软件产品，如表 4-1 所示。

表 4-1　著名的 MRP Ⅱ/ERP 软件开发商及其软件产品

序号	软件名称	软件公司或开发单位名称
1	BAAN V	Baan Inc.（荷）
2	BPCS	System Software Associates, Inc.（美）
3	CA-MANMAN/X	Computer Associates（美）
4	CIIM	Avalon Software, Inc.（美）
5	COPICS	IBM（美）
6	Expandable	Expandable Software, Inc.（美）
7	JDE ERPX	J.D.Edwards & Company（美）
8	Macola Progress	Macola Software（美）
9	Maunfacturing Software Series	Forthshift Coperation（美）
10	MAPICS/XA	MARCAM Coperation（美）
11	MFG/PRO	qad. Inc.（美）
12	Oracle Cooperative Application	Oracle Cooperation（美）
13	Prodstar MRP Ⅱ	Prostar Company（美）
14	R/3 System	SAP AG（德）
15	TCM-EMS	Efective Manufacturing System, Inc.（美）

（二）国外 MRP Ⅱ 的发展趋势

MRP Ⅱ 自提出以来总是在不断发展的，当前企业管理的目标是实现全球战略的国际水平，提高企业在国际市场中的竞争地位。在这种形势下，现阶段 MRP Ⅱ 的实践与开发出现了新的特点。

（1）融合其他现代管理思想和方法，来完善自我系统。特别是同准时制生产（just-in-time，简称 JIT），全面质量管理（Total Quality Management，简称 TQM）优化生产技术（Optimized Production Technology，简称 OPT）和同步生产（Synchronized Production）等管理哲理和方法的融合。

（2）根据现代企业管理发展的需要，为生产厂同分销网点信息集成而开发的分销资源系统（Distribution Resource Planning，简称 DRP），为主机厂同配套厂信息集成而开发的多工厂管理系统（Multiplan System），为建立供需双方业务联系的电子数据交换系统（Electronic Data Interchange，简称 EDI）等等，都与 MRP Ⅱ 计划系统集成。

（3）运用计算机技术发展的最新成果，改善 MRP Ⅱ 的系统功能和用户界面。

（4）同其他管理系统和生产技术接口，实现更大范围内的信息集成。例如，在计算机集成制造系统中（Computer Integrated Manufactory，简称 CIM）MRP Ⅱ 同计算机辅助质量管理（CAQ）是管理领域中的两项主要系统。它要同设计领域中的计算机辅助设计（CAD）、计算机辅助工艺设计（CAPP）、成组技术（GT）接口，要同制造领域中的计算机辅助制造（CAM）、柔性制造系统（FMS）和仓储自动化（AS/RS）接口，要有采用条形码的功能。

近年来提出的"敏捷制造"（Agile Manufacturing System），实质上就是为了体现"市场导向"，在 TQM 的控制下，组合 MRP、JIT 和 FMS 的优势，实现企业内外的信息集成和信息交换，灵活地组织生产，迅速响应市场需求变化。这里，MRP Ⅱ 是一个不可少的要素。

世界 MRP Ⅱ 产品市场销售年增长率在 80 年代末达到 20% 的高峰；随着 MRP Ⅱ 系统在企业中的普遍采用，90 年代以后部分国际性企业正朝着更高的层次 ERP（Enterprise Resource Planning 企业资源计划）发展。

ERP 包含的功能除了 MRP Ⅱ（制造、供销、财务）外，还包括工厂管理、质量管理、实验室管理、设备维修管理、仓库管理、运输管理、过程控制接口、数据采集接口、电子通信（EDI、电子邮件）、法规与标准、项目管理、金融投资管理、市场信息管理等。它将重新定义各项业务及其相互关系，在管理和组织上采取更灵活的方式，对供需链上供需关系的变动（包括法规、标准和技术发展造成的变动），同步、敏捷、实时地做出响应；在掌握标准、及时、完整信息的基础上做出正确决策，尽力能动地采取措施。

ERP 打破了 MRP Ⅱ 只限于传统制造业的格局，其功能范围已延伸到其他各行业。ERP 集成了工作流管理，企业动态建模等工具，有力地支持了企业流程重组。ERP 吸收了众多先进管理思想和技术，增强了自己的功能和适用范围。

ERP 除了扩大管理功能的范围外，同时还采用了计算技术的最新成就。如扩大用户自定义范围、面向对象技术、客户机服务器体系结构、多种数据库平台、SQL 结构化查询语言、图形用户界面、4GL/CASE（第四代语言/计算机辅助软件工程）和面向对象开发工具、窗口技术、更充分的安全保密措施、人工智能、仿真技术以及增强决策支持和方案优化功能等。

二、国内纺织企业 MRP Ⅱ 的应用

国内 MRP Ⅱ /ERP 产业起步较晚，当前，国内 MRP Ⅱ /ERP 软件提供商，总体来说可以分为几大阵营。

第一个阵营是国内专业的 MRP Ⅱ /ERP 软件开发商，这些厂商的共同特点就是均系早年从某些国外产品中借鉴并开发自己的原型产品，包括利玛、经纬、开思、思佳等，一般都在 20 世纪 90 年代初才专业从事这方面的工作，经过十几年的应用实践和发展，这些软件的基本功能已相对稳定，达到可实用化的阶段，成为国家 CIMS/863 计划的推荐对象。

第二个阵营是国内原从事财务软件开发的公司转型而来的，包括用友、金蝶、国强、新中大等公司。他们在原有软件的基础上进行功能扩展，但初期由于部分公司对 MRP Ⅱ 原理理解上的偏差，加上原有财务系统分析思维的极限，走过了概念化和泡沫化的老路，也进一步给中国整个初生的 MRP Ⅱ /ERP 产业带来了一定程度上的误导和混乱，后来从最根本的生产计划与控制原理出发，陆续推出一些成型的商品化软件。

第三个阵营是国内近几年来才开始专业从事 MRP Ⅱ /ERP 开发的软件商，包括一些活跃的 IT 厂商（表 4-2）。由于已有前辈的经验教训，所以他们能在较短的时间内推出原型初版，但距离实际推广应用仍需要一个艰苦的过程。

表 4-2　国内从事 MRP Ⅱ /ERP 开发的软件商及软件名称

序号	软件名称	软件公司或开发单位名称
1	AEPCS*	北京金航联计算机系统工程有限公司
2	博通资讯 MRP- Ⅱ	西安博通资讯有限责任公司
3	CAPMS*	北京利玛信息技术有限公司
4	开思 /ERP*	北京开思软件技术有限公司
5	EMIS*	北京第一机床厂并捷自动化技术服务中心
6	EPMS	沈阳第一机床厂
7	FITMRP Ⅱ	广州科达计算机公司
8	慧亚 MRP Ⅱ	广东慧亚计算机软件系统工程有限公司
9	金蝶 K/3	广东深圳金蝶软件科技有限公司
10	金钥匙	天津中北计算机服务有限公司
11	JW-MRP Ⅱ *	北京科希盟世纪信息系统集成有限公司
12	JS-ERP	江苏计算技术研究所
13	MAS	上海启明软件公司
14	Nstar	沈阳北方电脑应用开发公司

注：带 * 者为国家 863/CIMS 主题资助目标产品。

我国是纺织品生产和出口大国，中国纺织行业自身经过多年的发展，竞争优势十分明显，具备世界上最完整的产业链，最高的加工配套水平，众多发达的产业集群地应对市场风险的自我调节能力不断增强，给行业保持稳健的发展步伐提供了坚实的保障。随着互联网时代的到来，信息化已经成为企业发展和前进的软实力，但是在国家大力推行"两化融

合"的条件下，纺织企业信息化才被动的实施，对于大部分的纺织企业来说，企业信息化程度不高，行业性软件开发力量薄弱，软件产品少，企业管理软件应用比例低，信息化普及率低，电子商务起步慢，多数企业管理方式落后，难以真正建立起"小批量、多品种、高质量、快交货"的市场快速反应机制。主要体现在以下几个方面：

（1）现行企业的生产管理计划模式、企业文化、旧的组织结构与利益格局增加 MRP Ⅱ 系统实施的难度，而企业又往往对这些认识不足；

（2）企业开发和实施 MRP Ⅱ 缺乏有效的咨询与技术支持，未得到正确的引导，致使所开发的管理系统实际上并不是真正的 MRP Ⅱ；

（3）企业需求分析不充分，投资盲目性大，往往造成资金浪费或软硬件系统配置不匹配；

（4）大多数企业的管理基础较差，处于一种粗放管理状况，数据准备不充分和不准确；

（5）MRP Ⅱ 实施周期过长，而中小企业管理思路的易变性致使企业对 MRP Ⅱ 信心不足，工程一拖再拖，导致工程可能半途而废，即使能够完成 MRP Ⅱ 系统，也可能会产生建成的系统不能适应企业发展的需要的情形；

（6）缺乏专业人才，实施 MRP Ⅱ 一方面需要具备掌握一定计算机知识，熟练使用 MRP Ⅱ 系统的人才，来保证系统的正常运行；另一方面需要兼具计算机技术知识和企业管理知识的复合型人才对系统进行管理、维护和二次开发，而中小企业员工的素质普遍偏低，缺乏这两类，尤其是第二类人才，而且人员不稳定，实施队伍力量不强；

（7）企业原有管理系统难以集成，使 MRP Ⅱ 系统并未真正形成和发挥作用。

三、我国纺织企业基于 MRP Ⅱ 的车间作业管理系统

谈到企业，尤其是制造业管理我们必须接触到的一个概念即 MRP Ⅱ（Manufacturing Resources Planning 制造资源计划）。MRP Ⅱ 的发展大致经历了四个阶段，即作为一种库存定货计划的 MRP（Material Requirement Planning 物料需求计划），到作为一种生产计划与控制系统的闭环 MRP 阶段，再到作为一种企业经营生产管理计划系统 MRP 阶段，一直到现阶段 MRP Ⅱ 融合了现代管理思想和技术、面向全球市场的全新理念。

车间作业管理系统是企业生产管理的一个重要环节，是计划层和车间执行层的接口。现在，无论是生产计划还是车间生产执行系统都比较成熟，但是，作为两者按口的车间作业管理系统却不够完善。这与车间作业管理的特点有较大的关系，车间作业管理处理的信息过大，要求及时性强，并且调度复杂，成为 MRP Ⅱ 的一个难点。

（一）车间作业管理的概念及 MRP Ⅱ 在车间应用的可能性

制造企业中存在两种不同类型的车间组织结构：车间—工段—班组—工人型和车间—班组—工人型，如图4-9所示。本书称前一种为复杂车间，后一种为简单车间。这两种类型车间的生产组织方式是不一样的。

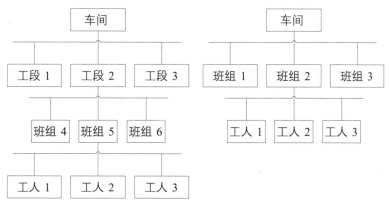

图 4-9　两种类型的车间组织结构

1. 简单车间的生产组织方式

简单车间的生产组织相对来说比较简单。接到工厂下达的生产任务以后，如果任务以产品计划下达，车间计划调度员将产品计划分解为零件计划，然后编制出工序进度计划，根据工序进度计划将主生产任务直接分派给对应的设备或工人；如果任务以零件单位下达，则车间计划调度员直接根据零件任务编制出工序进度计划，并将对应的工序任务分派到对应设备。生产过程中出现紧急任务插入、设备故障、工人缺勤需要进行任务调整，则直接由车间计划调度员来进行。简单车间环境下，车间计划调度员直接掌握每台设备的生产情况，可以直接对设备的在制任务进行调整。

2. 复杂车间的生产组织方式

复杂车间的规模一般比较大，中小批量生产类型的企业通常采用产品计划的方法来确定车间的生产任务。这类车间的生产作业计划和调度一般分为两个层次：车间层和工段层。在车间层，车间计划调度员接受工厂下达的产品计划，将产品计划分解为零件任务，然后根据各工段的生产特点将零件任务直接分派到各工段，车间计划调度员并不编制所有零件的工序进度计划，仅对生产周期较长、跨工段作业的关键零件用网络计划的方法编制出其工序进度。工段调度员根据车间下达的工段作业计划和当前在制任务量编制出工序进度计划，并将工序任务分派到相应的设备或工作地。生产过程中临时插入的任务由车间计划调度员直接下达给工段，由工段调度员根据主生产进度和设备负荷临时调度。

前面所说的复杂车间和简单车间的生产组织都是传统的生产管理方法。在采用 MRP 计划系统进行生产计划和控制的企业中，生产作业计划是这样进行的：物料需求计划系统将主生产计划根据产品明细、库存信息、提前期等信息展开并经过能力平衡后，生成计划订单。该订单由计划员确认并按采购件和自制件分类，生成车间订单和采购订单，采购订单下达采购管理系统，车间订单则下达给相应车间来执行。

MRP 计划系统中的车间层仅仅是计划的执行部门，车间一般不再编排车间计划。MRP 计划在执行中出现意外时，如需要变更工艺路线或修改进度，车间内部可以进行调度。但当问题会影响 MPS/MRP 计划时，只能将信息反馈给计划部门，由计划部门统一调整，车间无权修改或生成新的计划。

车间层进行生产控制需要的许多内容来自 MRP。加工什么的信息来源是 MRP 的信息编号，什么时候加工的信息来源是 MRP 的截止期，加工多少的信息来源是 MRP 的订单数量，而在哪里加工的信息来源是加工中心文件，怎样加工的信息来源是工序文件。

可以看出，对于 MRP 计划来说，车间层的功能只有两种：执行计划和调度，它没有计划功能。在简单车间环境下，由于传统的车间调度只有一层，车间计划调度员可以直接控制各台设备的生产进度，这种生产系统的计划和控制用 MRP 计划系统很容易实现。但是对于复杂车间来说，情况就不一样了。复杂车间的车间调度分为两层，车间计划调度员并不直接控制车间内各台设备或工作地的生产进度，而且传统的中小批量生产类型的企业多以产品为单位确定各车间的生产任务，车间还要完成把产品计划分解为零件计划的任务，因此基于复杂车间的生产系统的生产作业计划仅用简单的 MRP 计划系统很难实现，而这类生产系统的生产作业计划和管理方法就要用到 MRP Ⅱ。

一般认为，MRP Ⅱ 计划系统应用于企业级的生产作业计划。在这样的计划系统中，MRP 计划系统将主生产计划根据生产提前期、物料清单与库存状况进行分解，得到按时间段需求的车间订单和采购订单。这样的车间订单包括了加工零件的所有信息，如加工什么、什么时候加工、加工多少、在哪里加工和如何加工。车间层的任务就是将这些订单分配到相应的工作中心，组织生产。车间层可以根据任务的优先程度进行作业调度，但当问题会影响主生产计划或物料需求计划时，只能将信息反馈给计划部门，由计划部门统一调整，车间无权修改或生成新的计划。

对于简单车间来说，MRP 系统的运行效率是比较高的。简单车间的设备数量少，控制层次少，对于车间的各种干扰或变化，MRP 计划系统可以根据实际情况采取再生式或净改变式重新运行，来使整个生产系统的运作仍按计划进行。但是对于复杂车间来说，仅采用 MRP 计划系统就会出现问题。

复杂车间往往存在于产品结构复杂的大型企业中，这样的企业传统上采用累计编号法来编制生产作业计划（现在还有相当部分企业采用这种方法），车间接收的月份计划是以产品或成套部件为单位的。而将产品或部件的产品数量分解为零件计划，具体的车间内什么，设备，在什么时候加工什么产品，为了满足部件组装所需要的所有零件什么时候必须完成，所有这些问题都必须由车间计划和调度系统来解决。在这样的企业中，在车间层采用 MRP Ⅱ 计划系统是可能的，同时为了提高车间的生产作业计划效率，也是必要的。

也许有人会说，这里所说的在车间层采用 MRP Ⅱ 计划系统是可能的仅仅是对传统的采用累计编号法的企业来说的，对于已经在工厂层实施了 MRP 计划系统的企业而言，不是多此一举吗？但是研究资料表明，目前已实施了 MRP 系统的企业中，绝大部分企业的工作中心是按车间划分，个别企业细至班组。系统的控制内容基本上是物料的投入产出，其他如人、成本、设备等资源基本上未涉及。绝大部分企业的计划仍然以成品计划的形式下达。也就是说，在已经实施了 MRP 计划系统的企业中，MRP 计划仍然是一个"粗"计划，完全的 MRP 计划系统在实际中并没有实现或得到应用，车间层仍然要完成产品计划拆成零部件计划等工作。而对于复杂车间来说，要求厂级 MRP 计划系统将产品计划（主生产计划）转化为车间订单，然后直接下达至生产车间指导生产。这样的车间订单会由于车间的变化因素太多，没有在车间投入生产就需要重新生成，其结果是整个系统的完全"神经质"。因此采用 MRP II 系统有必要分层来进行，在车间层应用 MRP II 原理进行计算机辅助车间作业计划是完全可能的。

（二）系统总体结构设计

1．系统总体功能设计

根据系统分析的结果，按照结构化的系统分析方法，本系统的功能划分如图 4-10 所示。

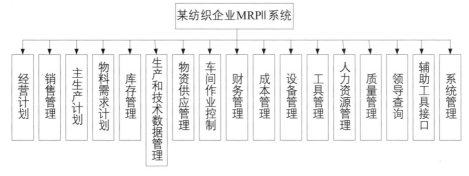

图 4-10　系统功能结构图

2．系统子功能设计

（1）经营计划。编制企业经营规划、编制年度生产规划、编制年度销售规划、财务年度预算、历史资料管理。

（2）销售管理。分为订单管理、计划管理、销售统计、客户服务、市场管理；订单管理细分为订单登记和变更、订单有效性审查、订单执行情况分析；计划管理细分为编制月销售计划、编制日滚动计划、销售历史资料管理；销售统计细分为销售收入核算、销售利润核算、销售统计分析；市场管理细分为市场调查、市场分析、市场预测。

主要面向销售业务全过程，建立正确完整的订货台账，实时监督控制销售合同执行和发运进度，以提高销售服务水平，定期分类统计销售成果，建立客户档案，反馈市场信息，进行市场分析，以提高经营决策水平，加强竞争应变能力，谋取最大经济效益。

（3）主生产计划。编制月生产计划、编制粗能力需求计划、粗能力平衡、历史资料管理。

（4）物料需求计划。根据主生产计划自动生成原材料、外购外协件的采购计划、自制零部件投入产出进度计划、编制能力需求计划、细能力平衡。

（5）库存管理。成品库的出入库及库存统计管理、在制品库的出入库及库存统计管理、原材料库的出入库及库存统计管理、库存分析（如库存占用资金分析、物资积压情况分析、库存收支统计、缺件分析、高/低储报警、ABC 分析等）。

该部分的功能是及时正确地处理各库存账务以取代手工记账业务。实时地维护库存账务，以保证库存数据的动态最新性。随时提供库存各类信息的查询，以作为生产、销售等的依据。及时分析库存状态，最大限度地降低库存占用，加速资金周转。统计库存活动情况及提供各类库存报表，为管理人员正确决策提供保障。

（6）生产和技术数据管理。产品结构数据（BOM）管理、工艺路线数据管理、工艺阶段数据管理、材料数据管理。

该部分功能是对涉及企业的产品设计、制造工艺、生产计划、物料和产品库存等被各部门公用的基础数据采用合理的数据结构，把它们有效地组织好，进行统一维护管理。尽量减少数据冗余，对相关数据自动维护，为各子系统提供唯一准确的最新数据，使其他子系统能方便快捷调用，提高整个系统运行效率。

（7）物资供应管理。物资采购合同管理、供应商档案管理、编制物资发放计划。

（8）车间作业控制。编制工序进度计划、工作中心管理、作业排序、加工单完成情况统计。

（9）财务管理。公司目前已购有"用友网络财务软件系统"，该部分主要考虑与现有财务软件接口的问题。

（10）成本管理。成本项目管理、制定公司成本计划、公司级实际成本计算、部门级实际成本计算、车间级实际成本计算、成本分析。

（11）设备管理。设备台账管理、设备维修作业管理、备件库存管理、设备维修计划管理、设备统计报表。

（12）工具管理。工具需用计划管理、工具库存管理、工具维修管理。

（13）人力资源管理。人员信息管理、人事档案管理、劳动合同管理、工资管理、考勤管理。

（14）质量管理。材料入库检验、外购外协件进厂检验、民品总成检验、生产报废检验、库存报废检验、产品出厂检验、质量统计、领导查询、销售统计查询、库存统计查询、生产统计查询、采购统计查询、质量统计信息、人事信息查询、供应商统计信息查询、合同执行情况查询。

（15）辅助工具接口。主要为 CAD/CAM/CAE/CAPP 接口设计系统数据库。该部分主要考虑如何与 PDM 系统数据接口的问题。

（16）系统管理。用户身份验证、用户权限管理、系统数据备份。

3．数据库设计

数据库设计就是在对业务流程、数据流程、数据特点充分了解和掌握的前提下，应用先进的数据库技术开发出专用数据库管理系统。

（1）数据库的概念设计和物理设计。数据库的概念设计和物理设计通过对现行系统的需求分析，导出准确严格的数据项定义、数据项之间的关系和数据操作任务，为数据库的概念设计、逻辑设计、物理设计和分布设计建立坚实的基础，为优化数据库的结构提供可靠的依据。现行系统分析可分为两个阶段：

①现行系统的组织结构、业务流程和数据流程，明确认识现行系统的功能和所需信息。

②在第一阶段的基础上，抽象出现行系统的逻辑模型。概念设计以需求分析中所识别的数据项、操作任务和现行系统的管理操作规则与策略为基础，确定数据库管理系统开发中的实体和实体间联系，建立系统的信息模式，准确描述数据库管理系统的信息结构，建立一个可在多种数据库管理系统上实现的高级概念模型。概念设计的具体任务包括：识别数据库管理系统中的实体，识别实体的属性，识别实体的关键字，识别实体间的联系，采用实体关系建模技术、实体关系图（E-R 图）来描述数据库管理系统中相关实体、属性及关系，从而达到为数据库管理系统建立良好的数据模型的目的。物理设计以关系模式为对象，以操作任务要求为准则，在给定的数据库管理系统、操作系统和硬件环境下，确定每个

关系的存取方法和存储结构。物理设计是以最小化系统的时间和空间复杂性为目标，进行数据库的优化设计，合理地选择关系的存取方法，科学地为关系、索引和聚集设计物理存储结构，减少 I/O 时间和磁盘竞争，以提高系统的总体性能。

（2）数据库系统功能设计。依据数据库结构及用户具体业务需求和查询需求，系统功能设计有用户权限管理、数据库系统维护、数据维护、数据查询、数据通信、报表生成等。

①用户权限管理。用户权限管理是数据库系统安全的保证。这一模块包括两部分内容。其一为数据库服务器端的权限设定和管理，这是要由数据库系统管理员根据用户情况，采用人工设定的，具体的权限管理机制是由数据库 DBMS 本身来完成的；其二为客户端用户权限的管理，客户端的用户权限管理是基于服务器端的权限管理的，客户端编写的权限管理代码是以服务器端为依据的。其主要实现功能包括：用户账户创建（由有权限的系统管理员创建）、账户权限修改及删除（由有权限的系统管理员创建）、账户名称及密码修改（用户自行修改）、用户查询等。

②数据库系统维护。数据库系统的维护主要包括：数据库及数据卸载，或者叫数据库备份和恢复，以及数据库运行状况监视等。数据库卸载主要是通过 DBMS 提供的专用工具来完成的，客户端也只是在主窗口中加入相应的专用工具的调用触发。数据库及数据的备份应当包括：数据库整体备份、部分或全部库表的备份，库表备份同时包括带数据和不带数据的空表等多种备份模式。数据库运行状况监视模块，是对数据库运行情况、用户访问情况、数据库数据变化情况等进行监视，也就是对数据库运行日志的查询。

③数据维护。数据维护主要有数据插入、修改、删除等功能。数据维护看起来简单，但要注意几个要点：保证对数据库中所有库表建立数据维护模块；各数据维护模块间应条理清晰；注意建立各库表间的关联机制，在数据维护过程中系统自动保证数据的完整性；对有限度值的数据项，应建立相应的合理性约束。

④数据查询。数据查询功能设计避免了仅仅对所建立库表进行机械查询，而是立足于应用，立足于用户的业务特点和工作习惯，综合数据库查询、统计计算、窗口显示、图表输出多项技术或功能，建立方便、实用的查询模块。

⑤报表生成。报表生成其实大部分应当包含在数据查询模块中，但在具体业务工作中经常出现一些不确定性的文档或图表查询需求，所以需要建立相应的带有 SQL 语句，相对较为随机的查询及图表生成模块。

（三）用 MRP II 解决纺织企业的问题

经过详细深入的现场调研，我们了解到纺织车间主要存在以下几方面的问题：

（1）生产作业计划缺乏时间要求，形成调度代替计划作为作业计划，应具体制定出生产的数量和时间要求，才能对生产活动起指导作用。目前车间的作业计划只有品种和数量的计划要求，没有规定时间进度的要求，使计划只起任务分配的作用，无法发挥其指导和控制的作用。具体投产和出产时间完全由工段调度员决定和掌握，车间很难加以控制，形成工段调度代替车间计划的局面。结果，往往出现任务安排不协调的情况，任务时紧时松，不得不靠加班加点来赶任务，造成一定的忙乱现象。

（2）缺乏在制品管理，不能有效提供在制品任务的情况信息。目前，车间只有成品和半成品管理台账，而工段内的工序周转和在制品没有管理台账，因此，缺乏必要的手段来查询和提供在制品的进度情况，要了解在制品情况只能靠工段调度员下工作现场实地察看，效率很低。根据这些临时了解的信息来进行调度，也会使调度工作缺乏统筹考虑。另外，本车间也无法查询到委托外车间加工的任务进展情况，影响到组织车间之间的生产协调和厂级计划的编制。

（3）由人工编制计划，工作繁重，工作效率较低。现在，各种计划都由人工编制，工作量大，效率低。特别是工段调度员每天要向各机床分配30多道工序的作业任务，编制计划工作量很大，加上完工后的数据登录，使调度员的工作显得十分繁重，影响他们把主要精力投入到解决生产的关键问题，保证生产计划的全面完成上。

在详细调研的基础上，运用MRP II的管理思想，对该纺织企业的车间作业管理系统进行系统总体结构规划，以解决上述问题。车间作业管理系统的主要任务是将工厂下达的产品或任务分解为零件任务，并分派到相应工段，生成工段作业计划表。系统的总体结构如4-11所示。

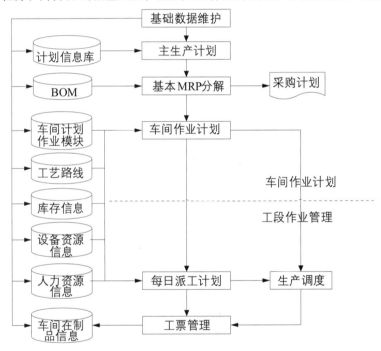

图 4-11　车间作业管理系统的总体结构

第三节　纺织 ERP 概述

一、企业资源计划的发展及概念

企业资源计划的发展经历了以下 5 个阶段：①订货点法；② MRP；③闭环 MRP；④ MRP II；⑤ ERP。

进入 90 年代，随科学技术的发展，准时生产（JIT）、精益生产（Lean Production）、敏捷制造（Agile Manufacturing）、约束理论（Theory of Constraints，TOC）、先进制造技术（Advanced Manufacturing Technology，AMT）、并行工程（Concurrent Engineering，CE）、供应链管理（Supply Chain）等管理技术和管理理论的产生，以及现在热门的 Internet/Intranet，使 MRP Ⅱ 正不断沿着纵深方向发展，横向与产品设计、制造工艺等技术系统集成，形成现代集成制造系统（Contemporary Integrated Manufacturing System，CIMS），纵向从主要面向企业内部资源全面计划管理的思想逐步发展为面向全社会资源进行有效利用与管理的思想，这就是现在的 ERP。

如果从信息集成的角度来看以上的 4 个阶段，可以更好地理解 ERP 的发展过程以及各个阶段之间的关系。从图 4-12 中，我们可以看出三者的关系就像水的波纹一样，从核心向外扩展，信息集成的范围和内容不断扩大。

MRP 实现了"产—供—销"三个企业中最重要的业务部门物料信息的集成，处理"既不出现短缺，又不积压库存"的矛盾。

MRP Ⅱ 实现了物料信息同资金信息的集成。做到"财务账"与"实物账"同步生成，"财务与业务一体化"，通过资金流来实时地监控物料流动，指导经营生产活动，做到效益导向。

ERP 实现了客户、供应商、制造商信息集成及合作竞争的协同运营问题。或者说，ERP 是一种运用信息技术"管理全部供需链"的信息化管理系统。

并且三者是相互融合并非取代的关系，MRP Ⅱ 融合在 ERP 中，而 ERP 的边界用了虚线，表示 ERP 还会无穷地发展，没有止境。

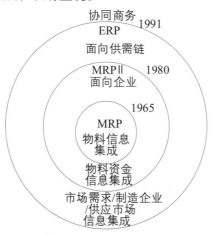

图 4-12　MRP 到 ERP 的发展过程图

ERP 是从制造资源计划 MRP Ⅱ 发展而来的。MRP Ⅱ 是对制造企业全部资源进行有效计划管理的一整套方法。它以物料需求计划（MRP）为核心，把企业内部的产、供、销、人、财、物各生产经营环节组成一个有机整体。MRP Ⅱ 将对企业的所有制造资源（五大资源：物料、设备、人力、资金、信息）进行总体计划和优化管理，以达到在企业有限制造资源条件下取得更大的经济效益。

可以从管理模式、管理系统、软件产品三个方面给出 ERP 概念的描述：

（1）根据 Garter Group Inc. 提出的一整套企业管理系统体系标准，ERP 是在 MRP Ⅱ 基础上进一步发展而成的，面向供应链的现代企业管理模式；ERP 考虑了企业内外部资源的集成管理，支持混合制造类型企业的管理。

（2）ERP 是整合了现代企业管理理念、业务流程、信息与数据、人力物力、计算机硬件和软件等于一体的企业资源管理系统。ERP 为企业提供全面解决方案，除了制造资源计划 MRP Ⅱ 原来包含的物料管理、生产管理、财务管理以外，还提供如质量、供应链、运输、分销、客户关系、售后服务、人力资源、项目管理、实验室管理、配方管理等管理功能。ERP 涉及企业的人、财、物、产、供、销等方面，实现了企业内外部的物流、信息流、价值流的集成。

（3）ERP 是以现代管理思想为核心的现代管理软件产品，综合了分布式计算体系结构、客户 / 服务器或浏览器 / 服务器体系结构、面向对象技术、关系数据库、图形用户界面、第四代语言（4GL）、网络通信等方面当前最新的计算机技术。

按 ERP 的逻辑层次总结为：ERP 是以 ERP 管理思想为核心、以 ERP 软件为平台的现代管理系统。如图 4-13 所示。

图 4-13　ERP 概念示意图

二、ERP 的管理思想

ERP 是从制造资源计划 MRP Ⅱ 发展而来的。MRP Ⅱ 是对制造企业全部资源进行有效计划管理的一整套方法。它以物料需求计划（MRP）为核心，把企业内部的产、供、销、人、财、物各生产经营环节组成一个有机整体。MRP Ⅱ 将对企业的所有制造资源（五大资源：物料、设备、人力、资金、信息）进行总体计划和优化管理，以达到在企业有限制造资源条件下，取得更大的经济效益。

可以从管理模式、管理系统、软件产品三个方面给出 ERP 的概念描述：

（1）根据 Garter Group Inc. 提出的一整套企业管理系统体系标准，ERP 是在 MRP Ⅱ 基础上进一步发展而成的面向供应链的现代企业管理模式；ERP 考虑了企业内外部资源的集成管理，支持混合制造类型企业的管理。

（2）ERP 是整合了现代企业管理理念、业务流程、信息与数据、人力物力、计算机硬件和软件等于一体的企业资源管理系统。ERP 为企业提供全面解决方案，除了制造资源计划 MRP Ⅱ 原来包含的物料管理、生产管理、财务管理以外，还提供如质量、供应链、运输、分销、客户关系、售后服务、人力资源、项目管理、实验室管理、配方管理等管理功能。ERP涉及企业的人、财、物、产、供、销等方面，实现了企业内外部的物流、信息流、价值流的集成。

（3）ERP是以现代管理思想为核心的现代管理软件产品，综合了分布式计算体系结构、客户/服务器或浏览器/服务器体系结构、面向对象技术、关系数据库、图形用户界面、第四代语言（4GL）、网络通信等方面当前最新的计算机技术。

按ERP的逻辑层次总结为：ERP是以ERP管理思想为核心，以ERP软件为平台的现代管理系统。

ERP首先应该是管理思想，其次是管理手段与信息系统。管理思想是ERP的灵魂，不能正确认识ERP的管理思想就不可能很好地去实施和应用ERP系统。ERP先进的管理思想具体体现在以下方面：

1. 帮助企业实现体制创新

新的管理机制必须能迅速提高工作效率，节约劳动成本。ERP帮助企业实现体制创新的意义在于，它能够帮助企业建立一种新的管理体制，其特点在于能实现企业内部的相互监督和相互促进，并保证每个员工都自觉发挥最大的潜能去工作，使每个员工的报酬与他的劳动成果紧密相连，管理层也不会出现独裁现象。

ERP作为一种先进的管理思想和手段，它所改变的不仅仅是某个人的个人行为或表层上的一个组织动作，而是从思想上去剔除管理者的旧观念，注入新观念。

2. "以人为本"的竞争机制

ERP的管理思想认为，"以人为本"的前提是，必须在企业内部建立一种竞争机制，仅靠员工的自觉性和职业道德是不够的。因此，应首先在企业内部建立一种竞争机制，在此基础上，给每一个员工制定一个工作评价标准，并以此作为对员工的奖励标准，使每个员工都必须达到这个标准，并不断超越这个标准，而且越远越好。随着标准不断提高，生产效率也必然跟着提高。

3. 把组织看做是一个社会系统

ERP吸收了西方现代管理理论中社会系统学派的创始人巴纳德的管理思想，他把组织看做是一个社会系统，这个系统要求人们之间的合作。在ERP的管理思想中，组织是一个协作的系统，应用ERP的现代企业管理思想，结合通信技术和网络技术，在组织内部建立起上情下达、下情上传的有效信息交流沟通系统，这一系统能保证上级及时掌握情况，获得作为决策基础的准确信息，又能保证指令的顺利下达和执行。

4. 以"供应链管理"为核心

以供应链管理（SCM）为核心的ERP系统，适应了企业在知识经济时代、市场竞争激烈环境中生存与发展的需要，给有关企业带来了显著的利益。SCM从整个市场竞争与社会需求出发，实现了社会资源的重组与业务的重组，大大改善了社会经济活动中物流与信息流运转的效率和有效性，消除了中间冗余的环节，减少了浪费，避免了延误。

5. 以"客户关系管理"为前台重要支撑

ERP系统在以供应链为核心的管理基础上增加了客户关系管理后，将着重解决企业业务活动的自动化和流程改进，尤其是在销售、市场营销、客户服务和支持等与客户直接打交道的前台领域。客户关系管理（CRM）能帮助企业最大限度地利用以客户为中心的资源（包括人力资源、有形和无形资产），并将这些资源集中应用于现有客户和潜在客户身上。其目标是通过缩短销售周期和降低销售成本，通过寻求扩展业务所需的新市场和新渠道，并通过改进客户价值、客户满意度、盈利能力以及客户的忠诚度等方面来改善企业的管理。

6．实现电子商务，全面整合企业内外资源

电子商务时代的 ERP 将围绕如何帮助企业实现管理模式的调整以及如何为企业提供电子商务解决方案来迎接数字化知识经济时代的到来。它支持敏捷化企业的组织形式（动态联盟）、企业管理方式（以团队为核心的扁平化组织结构方式）和工作方式（并行工程和协同工作），通过计算机网络将企业、用户、供应商及其他商贸活动涉及的职能机构集成起来，完成信息流、物流和价值流的有效转移与优化，包括企业内部运营的网络化、供应链管理、渠道管理和客户关系管理的网络化。电子商务时代的 ERP 系统还将充分利用 Internet 技术及信息集成技术，将供应链管理、客户关系管理、企业办公自动化等功能全面集成优化，以支持产品协同商务等企业经营管理模式。

三、ERP 的基本原理

1．ERP 是面向供需链管理的管理信息集成系统。

ERP 所要达到的一个最基本的目的是将客户、销售商、供应商、协作单位等纳入企业的生产体系，组成企业的基本供需链，按客户不断变化的需求同步组织生产，时刻保持产品的高质量、多样化和灵活性。当前企业之间的竞争已不再是一个企业对一个企业的竞争，而是发展成为供需链之间的竞争。ERP 正是为适应这种竞争而发展起来的。

2．业务流程重组是 ERP 的重要组成部分。

ERP 与企业业务流程重组是密切相关的，在企业供应链上，信息、物料、资金等通过业务流程才能流动，业务流程决定了各种资源的流速和流量。为了使企业的业务流程能够预见并适应内外环境的变化，企业的业务流程必须保持资源的流通渠道的畅通。因而，要提高企业供应链管理的竞争优势，必须进行企业业务流程的改革，这项改革已不仅局限于企业内部，而是把供应链上的所有关联企业与部门都包括近来，是对整个供应链的改革。ERP 的概念和应用已经从企业内部扩展到需求市场和供应市场的整个供应链的业务流程和组织机构重组。

3．ERP 发展的最终目的是实现整个产业系统增值。

在企业的供应链上，除资金流、物流、信息流外，根本的是要有增值流。各种资源在供应链上流动，应是一个不断增值的过程，在此过程中 ERP 要求消除一切无效劳动。在供应链的每一环节上都做到价值增值，因而供应链的本质是增值链。从形式上看，客户是在购买商品或服务，但实质是在购买商品或服务所带来的价值。供应链上每一环节增值与否、增值的大小都会成为影响企业竞争力的关键因素，各个企业的供应链又组成了错综复杂的整个产业系统的供应链，ERP 发展的最终目的就是使整个系统内的供应链达到最合理的增值。因而，ERP 的发展趋势应由单个企业供应链的管理转向整个产业系统供应链的研究与管理。

四、ERP 的特点

ERP 是在 MRP II 基础上进一步发展起来的企业管理信息系统，但是 ERP 与 MRP II 存在着很大的区别，下面我们列举了 ERP 系统几个特点。

1. ERP 系统在信息处理技术上具有先进性

ERP 采用了较为先进的信息处理技术架构，如图形用户界面，分布式数据处理，国际互联网络（Internet）/ 企业内部网络（Intranet）/ 企业间网络（Extranet）等。

从 IT 环境看，管理软件是基于网络和数据库平台，将先进的管理思想和方法与信息技术相融合，为企业管理的主体提供直接服务的平台。网络、数据库、管理软件等的有机集成形成了满足企业管理需求的应用体系结构，即 ERP 的技术构架。

计算机网络已经从最初的面向终端的计算机网络，经历了文件 / 服务器（F/S），客户 / 服务器（C/S），以及浏览器 / 服务器（B/S），等阶段的发展和变迁。数据库技术也在随着网络技术的发展而不断发展完善，推出了越来越适用的数据库系统。同样的，ERP 也在随着信息技术的发展不断前进。

从 IT 技术的角度来讲，ERP 自身的发展基本经历了三个阶段，第一个阶段是主机 / 工作站技术阶段，第二阶段是客户机 / 服务器技术阶段，第三阶段是互联网技术阶段。如果说从第一阶段转向第二阶段只是一个技术平台转变的话，那么第三阶段的变化就不仅仅限于此，而更是一种业务平台、商业平台和经济平台的改变。实现更为开放的不同平台的互操作，采用适用于网络技术的编程软件，加强了用户自定义的灵活性和可配置性功能，以适应不同行业用户的需要。网络通信技术的应用，使 ERP 系统得以实现供应链管理的信息高度集成和共享。

2. ERP 系统在设计上体现了标准化

标准化是对系统本身功能的深度和广度的挖掘。由于不同的行业，不同的业务类型，不同的规模，不同的企业特质的排列组合会使客户的需求千变万化，所以必须以一个标准化的系统来满足层出不穷的管理需求。

要做到标准化必须依靠两个原则：首先，这必须是一个可以配置的系统，可以通过灵活的配置实现各种业务需求；其次，这个系统必须立足于最佳业务实践，即把各个行业先进的管理思想和最佳的业务处理模式兼收并蓄到系统中来。通过高度可配置和最佳业务实践两种手段，不仅可以降低企业的二次开发量，规避了风险，更将先进的管理思想传达给企业，从而提高了管理平台的稳定性和可拓展性。

只有标准化的系统才可能是一个真正集成的系统。如果现场临时开发，通过简单的测试，虽然当时满足了表面化的需求，但是最终难以将系统中数以万计的功能进行统一协调完善，集成只能流于空谈。

3．ERP 系统在企业内部业务处理上具有集成性，在企业间业务处理上具有协同性

网络是提供信息传递和信息共享的基石，数据库是提供存储和集成化管理数据的仓库。当组织使用 IT 构建了良好的 IT 环境时，信息可以像强有力的勃合剂将企业内部、企业与供应商、企业与客户、企业与其他公众之间的各种职能、各个部门、各项目和一系列过程连接起来，这不仅增加了组织成员之间的信息交流和了解，而且提高了组织运作的效率。

正是有了以上两点的保证，才使得 ERP 系统具有了以往各类管理软件所不具备的这一特点，这也是 ERP 系统被提到的最多也是最重要的一个特点。

集成是对企业内部业务和企业间业务在 ERP 系统模块间流动的深度和广度的挖掘。NIRP 解决了企业物料供需信息集成，MRP Ⅱ 运用管理会计的概念实现了物料信息同资金信息的集成，而 ERP 的集成面更加全面，能够涵盖企业全部业务的需求，为物流管理、财务管理、客户管理、供应商管理、绩效管理及决策管理等提供强有力的解决方案。所以，从管理信息集成的角度来看，从 MPR 到 MPR Ⅱ 再到 ERP 是制造业管理信息集成的不断扩展和深化，每一次进展都是一次重大的质的飞跃，又都是一脉相承的。

互联网的广泛性、共享性和交互性改变了人们的生活，也同样改变了商业环境，企业面对庞大的、快速变化的外部信息，必须从传统的只注重内部资源的管理利用转向同时注重内外部资源的管理利用，从企业内的业务集成转向企业间的业务协同。

虽然有些企业注重管理信息化建设，但建立的只是一个个单项业务管理系统，如会计信息系统、仓库管理系统、销售管理系统等，并没有从管理思想、管理方法上进行创新，只是部分业务的自动化。这些系统相互独立，彼此之间是缺少关联的信息孤岛。

所以对于一般会计软件而言，财务处理和业务处理是分开的，它们之间是通过单据在企业财务部门和内部其他部门间的传递和核对完成的，同时财务人员需要专业知识分析和编制分录。ERP 关注整个供应链上的资源，把客户需求和企业内部制造活动以及供应商的制造资源整合在一起，强调对供应链上产、供、销各个环节统一进行管理，并使财务系统与其集成。把传统的账务处理同发生账务的事物结合起来。企业财务流程与业务流程的融合，必然使得经济活动信息数出一门，确保企业内部、企业间信息的共享和沟通，达到企业内部业务处理上的集成性和企业间业务处理的协同性。

4．ERP 系统在信息分析处理上具有实时性、动态性

ERP 强调事前控制，联机分析处理，实时性较好。ERP 系统的集成性保证了财务账和实物账的同步和一致，改变了资金信息滞后于物料信息的状况，便于实时、动态地对信息进行分析处理。同时，先进的技术架构使得信息通过 Internet/Intranet/Extranet 在供应链上传递，从而使整条供应链可以面对同一需求做出快速反应，使企业以最快的速度，最低的成本将产品提供给用户。信息的实时、动态获取、存储、加工和传递，使得管理者可以对生产经营活动和管理活动进行实时、动态和高效的控制，保证了组织战略目标的实现。

5. ERP 系统在企业的经营运作上实现了国际化

ERP 支持跨国经营的多国家、多地区、多工厂、多语种、多币制的应用需求，可以实现全球范围内的多工厂、多地点跨国经营运作。对于跨国的大企业、集团公司来说，无论组织成员在何处，当经济业务发生时，业务及财会人员在客户端利用管理软件直接将业务信息送入同一数据库中，使得网络中成员共享数据更加全面，做到"数出一门，信息集中"，有力地支持了事中实时控制对数据共享的需求。各级管理者无论在何处都可以从同一数据库中实时获取数据，自动生成出"信息产品"支持决策，控制组织成员的经济活动，做到"集中于咫尺之内，监控与天涯之外"。

6. ERP 系统在企业的分析、计划、决策、控制上实现了科学性

由于以上诸多特点，使得 ERP 系统可以利用一些以往只是纸上谈兵的管理方法对企业进行新的塑造。

由于应用上的复杂性或者是应用条件的过多限制，使得以往的一些管理思想、管理手段只能停留于纸上，ERP 系统的出现一方面以其强大的数据库和网络支持为企业提供了更完善、更全面、更及时的信息，让用户充分了解企业运营的方方面面，并能从中挑选决策所必需的关键信息；另一方面，ERP 系统具有的模拟分析和决策支持功能，具有动态的监控能力，为企业做计划和决策提供多种模拟功能和财务决策支持系统，提供诸如生产组织、项目决策、风险、企业合并 / 收购、融资、投资决策分析功能，在企业级的范围内提供了对质量、客户满意、绩效等关键问题的实时分析功能。

五、纺织企业 ERP 系统的构成

ERP 系统包括以下主要功能：供应链管理、销售与市场、分销、客户服务、财务管理、制造管理、库存管理、工厂与设备维护、人力资源、报表、制造执行系统（Manufacturing Executive System，MES）、工作流服务和企业信息系统等。此外，还包括金融投资管理、质量管理、运输管理、项目管理、法规与标准和过程控制等补充功能。

ERP 是将企业所有资源进行整合集成管理，简单地说是将企业的三大流：物流、资金流、信息流进行全面一体化管理的管理信息系统。它的功能模块已不同于以往的 MRP 或 MRP II 的模块，它不仅可用于生产企业的管理，而且在许多其它类型的企业如一些非生产，公益事业的企业也可导入 ERP 系统进行资源计划和管理。

在企业中，一般的管理主要包括三方面的内容：生产控制（计划、制造）、物流管理（分销、采购、库存管理）和财务管理（会计核算、财务管理）。这三大系统本身就是集成体，它们互相之间有相应的接口，能够很好地整合在一起来对企业进行管理。另外，要特别一提的是，随着企业对人力资源管理重视的加强，已经有越来越多的 ERP 厂商将人力资源管理纳入 ERP 系统。ERP 系统下各个功能模块的结构流程如图 4-14 所示。

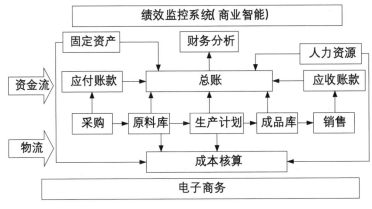

图 4-14 结构流程图

纺织 ERP 系统其主要由财务管理模块、生产控制管理模块、供应链管理模块、人力资源管理模块、营销管理模块、车间作业管理模块、工艺质量管理模块、设备管理模块以及决策与支持模块等九大模块组成。

第四节　纺织企业 ERP 系统的实施及应用实例

一、纺织企业 ERP 系统的实施

（一）前期工作

一旦在企业的高层会议上做出决定要上 ERP 系统，ERP 系统实施阶段的前期工作就算开始了。这个阶段非常重要，关系到项目的成败，但往往为实际操作所忽视。

通俗地讲，前期工作的主要内容是：一是摸底，二是分析，三是决策。所谓摸底，也有三个方面，一是摸清企业自身的底，即进行企业自身诊断、需求分析、业务流程分析等。二是摸外界同行或类似企业的底，学习他们的经验和教训。三是摸清软件公司和咨询公司的底，寻找可以解决企业问题的合作伙伴。分析是在摸底的基础上进行的。实际上就是做可行性分析报告。在摸底和分析的基础上，企业最高管理层进行决策，确定目标、阶段、范围、进度、资金和人力调配。

详细展开，ERP 项目的前期工作主要包括以下几个方面。

1．组建项目组织

ERP 的实施是一个大型的系统工程，需要组织上的保证，如果项目的组成人选不当、协调配合不好，将会直接影响项目的实施周期和成败。如图 4-15 所示，项目组织应该由三层组成，而每一层的组长都是上一层的成员。

①领导小组，由企业的一把手牵头，并与系统相关的副总一起组成领导小组。这里要

注意的是人力资源的合理调配，如项目经理的任命、优秀人员的发现和启用等。

②项目实施小组，主要的大量 ERP 项目实施工作是由他们来完成的，一般是由项目经理来领导组织工作，其他的成员应当由企业主要业务部门的领导或业务骨干组成。

③业务组，这部分工作的好坏是 ERP 实施能不能贯彻到基层的关键所在。每个业务组必须有固定的人员，带着业务处理中的问题，通过对 ERP 系统的掌握，寻求一种新的解决方案和运作方法，并用新的业务流程来验证，最后协同实施小组一起制定新的工作规程和准则。还包括基层单位的培训工作。

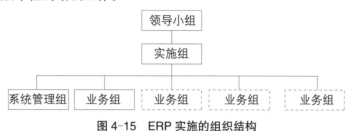

图 4-15　ERP 实施的组织结构

2．领导层培训及 ERP 原理的培训

主要的培训对象是企业高层领导及 ERP 项目组人员，使他们掌握 ERP 的基本原理和管理思想。这是 ERP 系统应用成功的思想基础。因为只有企业的各级管理者及员工才是真正的使用者，真正了解企业的需求，只有他们理解了 ERP 才能判断企业需要什么样的 ERP 软件，才能更有效率的运用 ERP 。

3．企业诊断

由企业的高层领导和今后各项目组人员用 ERP 的思想对企业现行管理的业务流程和存在的问题进行评议和诊断，找出问题，寻求解决方案，用书面形式明确预期目标，并规定评价实现目标的标准。这里会用到我们在下一个部分里将要介绍的业务流程重组方法。

4．需求分析，确定目标

企业在准备应用 ERP 系统之前，需要理智地进行立项分析：

①企业是不是到了该应用 ERP 系统的阶段？

②企业当前最迫切需要解决的问题是什么，ERP 系统是否能够解决？

③ ERP 系统的投资回报率或投资效益的分析？

④在财力上企业能不能支持 ERP 的实施？

⑤上 ERP 的目的所在，到底为什么，系统到底能够解决哪些问题和达到哪些目标？

⑥基础管理工作有没有理顺或准备在上 ERP 之前让咨询公司帮助理顺、人员的素质够不够高？

⑦然后将分析的结果写成需求分析和投资效益分析正式书面报告，从而做出是否上 ERP 项目的正确决策。

5．软件选型

在选型过程中，首先要知己知彼（图 4-16）。知己，就是要弄清楚企业的需求，即先对企业本身的需求进行细致的分析和充分的调研，这我们在需求分析阶段已经完成；知彼，就是要弄清软件的管理思想和功能是否满足企业的需求。这两者是相互交织进行的，可以通过软件的先进管理思想来找出企业现有的管理问题，特定的软件则可能由于自身的原因，不能够满足企业一定的特殊需求，也需要一定的补充开发。除此，还要了解实施的环境。这里的环境包括两个方面：国情（像财务会计法则等一些法令法规，还包括汉化等）、行业或企业的特殊要求。根据这些来运行流程和功能，从"用户化"和"本地化"的角度来为ERP选型。

具体选择时，一般主要从三方面对软件商及实施服务商进行评价：

①一是看产品。首先，产品的功能是否能满足企业的需求，也就是是否"对症下药"，医治企业的病状。要特别注意的是：我们的着眼点是"适用"，而不是盲目地追求"先进"和"万能"。其次，看它采用的技术〔如Internet（Web）、开发工具等〕是不是一个高的起点，会不会影响今后的发展和提高，是否安全可靠。再次，就是费用问题，应当考虑总成本，包括软件使用许可证、培训、实施、维护、客户化、系统配置（包括网络）等，不要遗漏。

②二是看服务。首先看公司的人才—咨询顾问的素质，包括是否具有对企业所属行业的管理经验，以及软件实施的经验和成功案例。其次的要点是文档，一定要全面、适用。

③三是看管理。软件公司的管理和发展趋势，有无长远经营战略对于ERP实施企业非常重要。国内出现过在没有任何预先通知的情况下，软件商突然"消失"的情况。对全球性的公司，从总体上讲管理和实力都很强，但是要注意其在中国的分公司的管理和实力。

最后要强调的是企业与软件商的关系应当是合作伙伴关系。双方是否有这样的认识，对项目实施的效果至关重要。

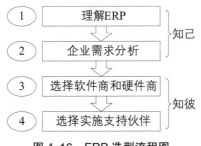

图4-16　ERP选型流程图

（二）准备实施

这一阶段要着手准备建立项目所需的一些静态数据及各种参数的设置。在这个准备阶段中，要作这样几项工作：

1. 数据准备

在运行ERP系统之前，要准备和录入一系列基础数据，这些数据是在运用系统之前没有或未明确规定的，故需要做大量分析研究的工作。包括一些产品、工艺、库存等信息，还包括了一些参数的设置，如系统安装调试所需信息、财务信息、需求信息等等。

2. 系统安装调试

在人员、基础数据已经准备好的基础上，就可以将系统安装到企业中来了，并进行一系列的调试活动。

３．软件原型测试

这是对软件功能的原型测试（prototyping），也称计算机模拟（computer pilot）。由于ERP系统是信息集成系统，所以在测试时，应当是全系统的测试，各个部门的人员都应该同时参与，这样才能理解各个数据、功能和流程之间相互的集成关系。找出不足的方面，提出解决企业管理问题的方案，以便接下来进行用户化或二次开发。

（三）模拟运行及用户化

这一阶段的目标和相关的任务是：

１．模拟运行及用户化

在基本掌握软件功能的基础上，选择代表产品，将各种必要的数据录入系统，带着企业日常工作中经常遇到的问题，组织项目小组进行实战性模拟，提出解决方案。模拟可集中在机房进行，也称为会议室模拟（conference room pilot）。

２．制定工作准则与工作规程

进行了一段时间的测试和模拟运行之后，针对实施中出现的问题，项目小组会提出一些相应的解决方案，在这个阶段就要将与之对应的工作准则与工作规程初步制定出来，并在以后的实践中不断完善。

３．验收

在完成必要的用户化的工作、进入现场运行之前还要经过企业最高领导的审批和验收通过，以确保ERP的实施质量。

４．切换运行

这要根据企业的条件来决定应采取的步骤，可以各模块平行一次性实施，也可以先实施一两个模块。在这个阶段，所有最终用户必须在自己的工作岗位上使用终端或客户机操作，处于真正应用状态，而不是集中于机房。如果手工管理与系统还有短时并行，可作为一种应用模拟看待（live pilot），但时间不宜过长。

５．新系统运行

一个新系统被应用到企业后，实施的工作其实并没有完全结束，而是将转入到业绩评价和下一步的后期支持阶段。这是因为我们有必要对系统实施的结果作一个小结和自我评价，以判断是否达到了最初的目标，从而在此基础上制定下一步的工作方向。还有就是由于市场竞争形势的发展，将会不断有新的需求提出，再加之系统的更新换代，主机技术的进步都会对原有系统构成新的挑战。所以，无论如何，都必须在巩固的基础上，通过自我业绩评价，制订下一目标，再进行改进，不断地巩固和提高。

（四）系统实施后（后续）的工作

１．绩效度量

由于在ERP系统的实施过程中已经建立起一套相对完善的绩效评价体系，此阶段的绩效度量工作就相对容易一些。绩效度量不同于审核评估，绩效度量主要由企业内部直接参与系统实施的人员（如操作员、计划员、IT 人员、会计、采购员等）和企业内部评价小组的成员共同执行完成。他们主要测度实施新系统后的客户交货率、采购计划率、供货及时率、库存记录准确率、物料清单准确率、物料主数据准确率等评价指标，旨在从内部衡量新系统的实施效果，并为系统的改进和系统能力的进一步发挥以及外部监理公司的审核评估累积资料。

2．审核评估

审核评估是由外部监理公司来执行实施的，在成功地切换了计划、排产、执行等系统，并在系统运行了一段时间之后，外部监理公司中富有经验的管理专家、ERP 实施专家以及信息技术专家组成的评判小组进驻企业，对企业的运行状况和各项评价指标进行实地测度与评估，判别 ERP 项目实施的成功与否，对软件供应商、系统集成商与企业所签合同的履约情况进行仲裁，评审后期还要形成一份关于企业新状况、新问题与新机遇的分析报告，旨在确定新系统效益的同时，和企业内部的项目组一起制订一个继续提高系统效益的计划，从而使企业成功推行 ERP 项目实施的步伐并未因首战初捷而告终，而是继续巩固、扩展、延伸。

3．后续培训教育

ERP 作为一个大型的人—机系统，在项目实施和成果巩固的过程中，人的能动作用是绝对不容忽视的。高素质、高技术、能力强的企业员工所带来的潜在收益往往是不可估量的。因此，在 ERP 项目实施成功以后，对广大企业员工继续进行教育是巩固成果，再创佳绩的必要条件，而且一个持续改进的计划也需要不断对每个人的知识和技能进行更新。后续教育巩固了基础教育的成果，并使企业的新员工也逐渐熟悉该系统。后续教育的进行可采用新系统提供的工具，配合录像带、书籍和其他资源，通过召开讨论会的形式进行。这些措施都是继续提高效益和生产效率，进一步发挥系统功能的可行之路。

二、纺织企业 ERP 系统应用实例

（一）我国纺织企业的特点

（1）多工序、连续化的大量生产型。棉纺厂的传统工序有清棉、梳棉、并条、粗纱、细纱、络筒、并线、拈线等，毛纺厂的工序则更多一些；棉纺织企业属于典型的流程型制造业，生产具有连续性。这些特点决定纺织企业需要高度重视前后工序生产作业的连续、均衡、协调；物流要畅通；每个环节需要及时检测、掌握半成品和成品的质量，确定制品是否达标，并对其特性进行质量跟踪。

（2）多机台作业。大中型棉纺织厂的织造车间少则有几百台、多则有 1000 ～ 2000 台织机；纺纱车间少则有近百台、多则有 200 ～ 300 台细纱机。这一特点决定了纺织企业设备维修和技术改造的任务非常繁重。

（3）劳动密集型。许多纺织企业生产过程中的手工操作比重很大。一个纺织厂通常有几百至几千名职工。这一特点决定了纺织企业操作管理的重要地位和人事、劳资及福利工作的繁重性。

（4）轮班作业。纺织企业一般都采取每天 2～3 班作业制。这个特点给纺织厂的日常生产管理带来一系列的问题：轮班管理、夜班生产和交接班等。

（5）原料在生产成本中比重高。原料在纺织企业的成本中所占比重较高，少则 50% 以上，高的在 80% 以上。对于棉纺织企业来讲，棉花采购随市场行情变化而变化，配棉管理又是棉纺织成本与质量的核心，且配棉因素随季节、品种、原棉特性变化而不断变化。这一特点决定了原料采购、储运、配用和工艺设计在纺织企业中的主要地位。

（6）纺织品的市场流行期短。产品品种、花色、款式变化快，决定了纺织企业需要高度重视市场调研和产品设计。纺织企业管理就其内容、职能、目标、方法而言，在世界各国具有许多共性，但在不同的社会制度下又各有不同的特性。

（7）加入 WTO 后，纺织企业经营特点表现为多订单、小批量、多品种，企业决策层习惯于在产品交易和生产前预先进行成本核算，决定其产品价格，然后根据产品质量特性进行报价。

（8）纺织企业在生产中的计量单位十分复杂，有计重制（英制支：S）和计长制（公制号数：Tex）两种方式。计重制以公斤或吨为计量单位，计长制以米或码为单位。此外还有毛重、净重、克/米、克/平方米、克/平方英寸、包、件重等。

（二）系统模块

纺织企业有用工多，设备多，工序多的特点，纺织行业的生产特点可以表现为连续化、多机台、半自动化操作，影响产品质量的四大因素为原料、设备、工艺、人员，而市场需求也在朝着产品变化快、小批量、多品种的方向发展，这就需要生产部门能够依据市场及时进行调整。该系统是一套专门针对中小型纺织企业开发的管理系统，完全结合企业所在专业及企业自身的特点进行系统开发与实施，它是对企业内部物流、信息流、资金流、价值流的高度统一，在企业生产相关的各个部门建立完整可靠的信息化网络系统，帮助企业销售跟单、采购、工艺、生产计划、车间管理和企业管理人员及时准确地把握各种信息数据，为企业在运作、处理、存取、调用和决策过程中作出快速反应提供支持，迅速拓展更广阔的市场空间，建立一套快速响应机制，在激烈的市场竞争中立于不败之地。

为了能使该纺织企业有效快速制定生产计划，并将企业整个生产过程纳入信息系统之下，对生产过程中的物料使用状况、生产进度状况、人员工作记录等进行在线监控，使整个生产业务在信息系统下一览无余；使整个企业的所有纳入信息系统管理的物料进出情况透明，做到高效准确，为精细管理打下基础，同时物流运行中产生的动态信息将作为系统智能分析处理的原始数据，自动传递到其他子系统，替代以往传统的手工操作，系统需要完成以下主要功能模块（图 4-17）：

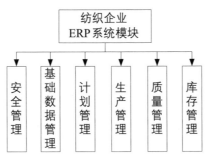

图 4-17　该纺织企业 ERP 模块图

1．安全管理模块

"ERP"系统包括许多方面，业务关系复杂，涉及人员众多。怎样有效地在系统中管理好这些软件使用人员，规范他们的操作，就显得越发重要。

（1）用户管理。具有用户注册、登录和密码修改等功能界面。

（2）用户权限管理。具有"系统管理员"权限的人能够在此进行用户的增加、修改和删除工作，并对每个用户进行权限的设置工作。模块中提供了"增加"、"删除"、"用户名修改"、"权限分配"等功能，其中权限分配是重点，我们按照部门将权限分组，分别为："销售科"、"车间"、"计划科"等，每组权限中又按岗位性质的不同再给予细分，如"车间"权限组内分为："车间管理员"和"负责人"。该纺织企业属于中小型企业，公司内部很多职员往往身兼数职。鉴于这种情况，模块中提供了可以根据用户岗位的性质而赋予用户各种权限的组合。

2．基础数据模块

（1）工艺设计管理模块。毛纺工艺设计管理模块提出了工艺路线库、产品库的概念，对历史工艺资料进行统一的数据库管理；能自动检索到与订单匹配的方案和工艺路线菜单，让工艺设计人员准确快捷地设计出生产所需要的原料成分、各成分混合比率、各成分具体质量要求以及生产环节中的工序流程、各工序各机型的具体工艺参数并可据此计算出生产用纱量等；该模块提供新产品、新工艺制定的管理，通过对产品工艺、生产工艺、机型工艺与产品质量之间关系的分析，可以大幅度节约用料，降低成本，真正意义上解决企业"要生产什么、用什么生产、怎么生产"这三个核心的工艺问题，其数据流程如图 4-18 所示。

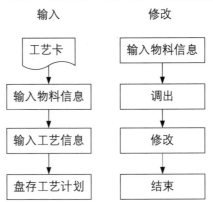

图 4-18　产品工艺数据流程图

（2）工作中心模块。工作中心（WC）是生产产品的生产资源，包括机器、人和设备，是各种生产或能力加工单元的总称。工作中心属于能力的范畴即计划的范畴，而不属于固定资产或者设备管理的范畴。工作中心的内容包括工作中心代码、工作中心名称、工作中心类型和工作中心的生产能力。

（3）客户信息模块。随着市场的发展，管理者的观念也在不断地发展更新，以企业为主、以产品为主的观念，正在或已经转到以客户为中心的轨道上来，现代市场营销的主要思想是识别客户的具体要求，然后优化地利用各种资源，为客户提供需求，并达到最大的客户满意度，最终得到客户的回报，而客户的最终回报才是企业生存和发展的源泉。管理者及时管理营销人员的销售动态，对各项潜在的、正在进行的、已经完成的业务进行有效的管理。客户信息模块的数据流程图如下图 4-19 所示。

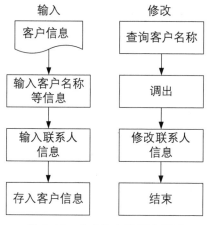

图 4-19 客户信息数据流程图

（4）物料主文件。ERP 系统中，"物料"一词有着广泛的含义，它是所有原材料、成品、半成品、在制品的总称。

物料主文件的作用是标识和描述生产过程中每一物料的属性和信息，它是 ERP 系统的最基本的文件之一。物料主文件中的数据项有物料代码以及同设计管理、物料控制和计划管理有关的信息。其中物料代码的设计和输入是物料主文件模块中的重点，同样也是 ERP 实施中的重点。

物料编码是物料的标识，因此，它是对每种物料的唯一编号。企业在数据准备阶段的一项非常重要的工作就是确定物料代码的编码原则和编码方法，同时考虑到物料代码在查询、管理、编程等方面有重要作用，所以它的设计要求是唯一、完整、方便、有余地。

考虑到企业当前的需求和今后的变化，对该纺织企业的物料信息管理规定如下：

①编码。

物料编码 = 物料类别组码（X）+ 物料序号码（XXXXX）

物料类别组码：原毛：1，针织纱：2，机织纱：3。

物料序号码：序号间隔为 10，由系统自动生成。

②物料编码的录入。为了严格保证物料编代码的唯一性，在初始化新物料时，系统采

用人工填入物料编码。系统即会提示选择"物料编码"类别组码，并由系统自动计算出此物料的唯一编码。

（5）其他信息。除了物料编码以外，每一种物料还有许多其他属性。在物料主文件中系统通过下面两料管理有关的信息，如：采购与存储的计算单位及转换系数、订货批量、存放位置、安全库存量等。

3．计划管理模块

毛纺计划管理子系统完全按照毛纺织企业以生产任务驱动的原则，综合设备的生产能力、订单的需求量及交货日期、各工艺的具体生产损耗及工人的操作水平等各方面因素，以三级计划、逐层分解的方式自动计算并制定合理的主生产计划，将企业的整个生产过程有机地结合在一起，解决了企业在生产能力分布不均衡情况下如何使计划安排合理化、有序化和可行化的行业难题，从而使得企业有效地降低库存，提高效率，通过车间半成品物料收付管理，使原本分散的生产流程自动衔接，前后连贯的进行，避免出现生产脱节延误交期现象，提高企业生产能力和准时交货率。

具体功能模块包括：销售订单管理、主生产计划、物料采购计划、生产计划台账以及计划查询统计等。

（1）主生产计划。主生产计划（Master Production Schedule，简称 MPS）是确定每一个具体产品在每一个具体时间段的生产计划。计划的对象一般是最终产品，即企业的销售产品。它是一个重要的计划层次，可以说 ERP 系统计划的真正运行是从主生产计划开始的。其数据流程如图 4-20 所示。

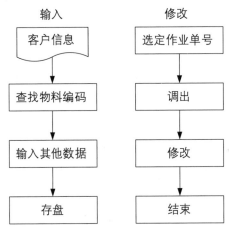

图 4-20　主生产计划数据流程图

（2）物料采购计划。物料采购计划与主生产计划一样处于系统计划层次的计划层，由 MPS 驱动其运行，是对主生产计划的各个项目所需的全部原料的采购计划。

物料采购计划子系统是计划管理的重要环节，它将把主生产计划排产的产品分解成各自原料的采购计划。

4．生产管理模块

生产管理是生产计划正确实施的重要环节。在制品是尚未完成生产的产品，是指原料投入生产的第一道工序起，直到最后形成产成品之前这一生产过程中的所有制品。任何产品的生产必然都要经历在制到制成的过程，在生产过程中保持一定数量的在制品是正常生产的客观需要，它可以防止车间的生产任务出现大幅波动。但在制品是要占用资金的，过多的在制品会影响资金的周转和生产经营的效益，因此，掌握在制品的实物数量和进度，实质上就是对生产过程的控制与协调。生产管理模块的具体功能如下：

（1）生产调度管理，接收主生产计划，制订各级车间作业计划；

（2）生产记录，前纺车间管理，后纺车间管理；

（3）收入、退回毛包或粗纱查询，付出粗纱统计，付出退料、废料统计；

（4）成品装箱管理，出货计划查询，新批通知单查询，装箱登记；

（5）机台利用率统计，工人产量统计，停机原因统计，产量统计分析。

5．质量管理模块

由于纺织企业的产品多样化单一，原材料种类繁多且工艺流程复杂，影响和制约产品质量的因素较多。所以根据纺织企业的实际需求，ERP 系统的质量管理模块主要对产品的制造过程进行检验、分析和统计。

影响毛纱质量的原因主要包括原材料的质量、各工序的生产工艺、员工的实际操作等。质量管理子系统提出事前质量管理新概念，把产品质量问题消灭在萌芽阶段，采取生产前严格质量检测，生产中严格质量控制，生产后产品质量问题逐级回溯原则。出现质量问题明确到具体点、具体事故责任人，实现对全生产过程中的质量情况跟踪和反馈，通过对原材料、半成品、产成品的质量检验和用户质量反馈的统计分析，跟踪、分析产品在生产过程中质量状况，特别是原料、工艺、操作等对生产的影响，得出企业各生产环节的质量分析报告，发现问题，及时反馈，提出改进办法。质量管理模块主要包括以下子模块：

（1）毛条质量管理：产地或供应商毛条检测报告（商检），毛条入库检测报告；

（2）生产各工序质量控制：及时地反映生产任务在各工序生产的质量情况；

（3）成品纱质量管理；

（4）物检结果、检验报告实时查询统计；

（5）客户投诉：及时反应，迅速回溯追踪历史用料、工艺、生产信息，发现原因所在；

（6）客户投诉分析：从投诉量及投诉原因组成两个层面上统计分析，动态地反映客户投诉情况。

6．库存管理模块

库存管理是企业物料管理的核心，是指企业为了生产、销售等经营管理需要而对计划存储、流通的有关物品进行相应的管理，如对存储的物品进行接收、发放、存储保管等一系列的管理活动。研究库存，有必要先了解库存的分类。其具体功能如下：

（1）入库管理：采购入库单，其他入库单，生成打印入库单，取消入库；

（2）出库管理：生产领料单，其他出库单，生成打印出库单，取消出库；

（3）库存管理：库存位置调整，备注包装数调整，库存类型调整、盘点、自动盘盈盘亏处理，进出库存平衡检查；

（4）通用查询：实时库存查询，入库查询，出库查询，其他查询。

【习题】

一、选择题

1. MRP Ⅱ 的实质是一种（　　）。

A. 计算机模式　　　　B. 数学模式　　　　C. 管理模式　　　　D. 数据库模式

2. 下列信息系统中最先将资金流纳入整个系统的是（　　）。

A. 时段式 MRP　　　　B. MRP Ⅱ　　　　C. 闭环式 MRP　　　　D. ERP

3. MRP Ⅱ 与 MRP 的主要区别就是它运用了（　　）的概念。

A. 会计　　　　　　　B. 成本会计　　　　C. 管理会计　　　　D. 财务管理

4. 闭环 MRP 在时段 MRP 基础上添加了（　　）。

A. 库存需求计划　　　B. 生产计划　　　　C. 采购需求计划　　　D. 能力需求计划

5. 下列选项中不属于 ERP 系统基本组成部分的是（　　）。

A. 工作流　　　　　　B. 财务管理　　　　C. 生产计划　　　　D. 物流管理

6. ERP 系统的四个全景分别对应（　　）四种管理。

A. 供应链管理、库存管理、生产管理、财务管理

B. 库存管理、销售管理、采购管理、生产管理

C. 供应链管理、客户关系管理、产品生命周期管理和知识管理

D. 客户关系管理、供应链管理、内部人员管理、财务管理

二、简答题

1. MRP Ⅱ 的基本思想和特点是什么？

2. ERP 的含义是什么，它与 MRP Ⅱ 有什么关系？

3. MRP 系统的三项主要输入是什么？

4. ERP 的核心管理思想体现在哪些方面？

5. 简述 ERP 的发展趋势。

第五章　CIMS 及其在纺织行业中的应用

【本章导读】

1. 了解 CIMS 的发展历程，理解并掌握 CIMS 的基本概念。

2. 熟悉并掌握 CIMS 的基本功能模块，理解并认识两个支撑系统在 CIMS 中的重要性。

3. 通过纺织服装灵敏化 CIMS 及质量管理系统的应用案例，理解 CIMS 在纺织企业应用的具体过程及方法。

第一节 CIMS 概述

一、CIMS 的发展

现代集成制造系统（CIMS）作为一种实际系统，以计算机应用为核心，支持制造过程各个环节，是信息技术在制造业应用发展的高级阶段。因此，CIMS 的发展也必然伴随着制造业新技术的出现、市场竞争的新需求、管理模式的改变而不断更新其内涵。

到目前为止，CIMS 的发展可以分为三个主要阶段：

（1）20 世纪 70 年代到 80 年代，以信息集成为特征的 CIMS 阶段。这一时期人类的活动领域扩展，工业产品日趋复杂、精密、高可靠、高安全和高度自动控制方向发展，工业生产日趋高速度、高精密度、高质量加工方向发展。这三者共同的发展趋势要求产品功能自动化，同时，相应的各种单元技术，如 CAD、CAM、工业机器人、FMS、MRP 等得到了更为广泛的应用，这些自动化单元技术的集成能够带来更高的技术和经济效益，从而产生了建立以信息集成为特点的 CIMS 需求。以信息集成为特征的 CIMS，可以使各种生产要素之间的配置得到优化，各种生产要素的潜力可以得到更大的发挥，实际存在于制造业生产中的各种资源浪费大幅度减少，从而获得更好的整体效益，满足市场竞争的需求。

（2）20 世纪 80 年代到 90 年代，以过程集成为特征的 CIMS 阶段。90 年代是信息的时代，大量新知识的产生促使知识应用的更迭周期越来越短，技术的发展越来越快。如何利用这些技术提供的可能性，抓住用户信息，加速新产品的构思及概念的形成，并以最短的时间开发出高质量及用户能接受的价格的产品，已成为市场竞争的焦点，而这一焦点的核心是产品的上市时间。此时，并行工程作为加速新产品开发过程的综合手段迅速获得了推广，成为制造业在竞争中赢得生存和发展的重要手段。并行工程要求产品开发人员在设计一开始就考虑产品整个生命周期中从概念形成到产品报废处理的所有因素，以信息集成为特征的 CIMS 可以支持满足这种产品开发模式的需求。并行产品设计过程是并发式的，信息流向是多方向的，只有支持过程集成的 CIMS 才能满足并行产品开发的需求。

（3）20 世纪 90 年代至今，以企业集成为特征的 CIMS 阶段。随着 21 世纪的到来，市场的竞争越来越激烈，危机与机遇并存。竞争使得一个产品生产的批量越来越少，过去适宜于大批量生产的刚性生产线已不适应新的形势，企业开始向柔性生产转变，敏捷制造将是 21 世纪制造企业的新模式。敏捷制造企业较并行工程阶段的制造企业有了进一步的发展，更强调企业结盟。CIMS 可以支持企业组建动态联合公司、异地设计、异地制造等，从而可以在信息高速公路中建立工厂子网，乃至全球企业网。

经过几十年的发展，CIMS 经历了从无到有、开拓创新的发展，实践证明，将企业信息化的重点放在提高企业新产品的开发能力和加强科学管理上，并强调系统（全局）观点指导下的集成和优化，是企业信息化、现代化的一条有效途径，同时对于提高企业竞争力具有重要的意义。

二、CIMS 的相关概念

CIMS 是英文 Computer/contemporary Integrated Manufacturing Systems 的英文缩写，直译就是计算机 / 现代集成制造系统。 计算机集成制造—CIM 的概念最早是由美国学者哈林顿博士提出的。

CIM 是信息时代的一种组织、管理企业生产的理念。1973 年美国的约瑟夫·哈林顿博士（Joseph Harrington）提出了计算机集成制造（CIM）的概念。针对企业所面临的激烈市场竞争形势，他提出了组织企业生产的新哲理。约瑟夫·哈林顿博士认为企业生产的组织和管理应该强调两个观点，即企业的各种生产经营活动是不可分割的，需要统一考虑整个制造过程实质上是信息的采集、传递和加工处理的过程。哈林顿博士的基本观点可具体阐述如下：

（1）CIM 是一种组织、管理与运行企业生产的哲理，其宗旨是使企业的产品质量高、上市快、成本低、服务好，从而使企业赢得市场竞争。

（2）CIM 技术是基于现代管理技术、制造技术、信息技术、自动化技术的一门综合性技术，它不是对各种技术的简单增加，而是通过计算机网络实现对各项技术的综合与集成。

（3）CIM 通过信息集成将制造企业的全部生产经营活动，即从市场分析、产品设计、制造、质量保证、经营管理至售后服务等形成一个有机的整体，使企业内各种活动相互协调地进行。

（4）CIM 能有效地实现柔性生产。CIM 有不同的概念模型。其中有代表性的模型有联邦德国经济生产委员会（AWF）和美国制造工程师学会计算机和自动化系统分会（CASA/SME）分别定义的模型。

1985 年（联邦）德国经济生产委员会（AWF）提出的推荐定义："CIM 是指在所有与生产有关的企业部门集成地采用电子数据处理。CIM 包括了在生产计划与控制（PPC）、计算机辅助设计（CAD）、计算机辅助工艺设计（CAPP）、计算机辅助制造（CAM）、计算机辅助质量管理（CAQ）以之间信息技术上的协同工作，其中为生产产品所必需的各种技术功能和管理功能应实现集成。"根据这一定义，德国标准化研究所定义了其功能和信息流，如图 5-1 所示。

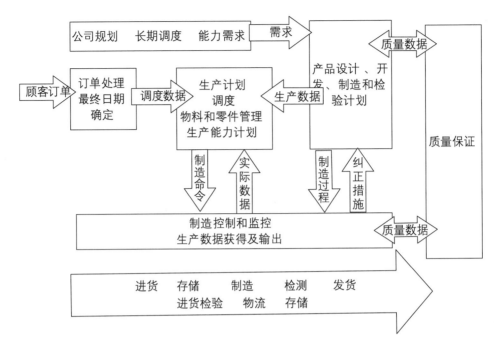

图 5-1　CIM 的功能和信息流

　　哈林顿从管理科学和哲理的高度上，对企业的一切生产活动做了深刻、科学的分析，揭示了企业全部生产活动的内在规律，是人们对客观世界规律性的科学总结。CIMS 即是贯彻 CIM 内涵，以信息为媒介，用计算机把企业活动中多种业务领域及其职能集成起来，追求整体效益而建立的生产管理系统。CIMS 是从企业生产的全过程整体出发，考虑市场、技术、设备、环境和人的因素，将现代信息技术与生产技术有效结合，紧密连接各生产环节，甚至包括使原本疏离的局部系统也能够综合集成在一起，达到全局性优化的目的。CIMS 是企业进行现代管理的一场革命，CIM 将企业的生产管理放在第一位，强调企业发展的方法与目标，将技术手段放在第二位。所以 CIMS 有统一的体系结构和核心的思想内涵，其具体的技术手段在不同行业间不尽相同，也就是说技术手段是为企业的生产管理服务，CIMS 不是着眼于技术环节，而是将重点放在整个企业生产运作的全局，其发现、提出、考虑与解决的问题归根到底是企业生产管理的问题，使企业实现科学管理，从来高效、节能、优质生产，快速响应技术条件和市场环境变化，提高企业竞争软实力。

　　我国 863/CIMS 主题于 1986 年提出了 CIMS 计划，从此 CIM/CIMS 的理念概括如下："CIM 是一种组织、管理与运行企业的理念。借助计算机使企业产品全生命周期——市场需求分析、产品定义、研究开发、设计、制造、支持（包括质量、销售、采购、发送、服务）以及产品最后报废、环境处理等各阶段活动中有关的人 / 组织、经营管理和技术三要素及其信息流、物流和价值流有机集成并优化运行，实现企业制造活动的计算机化、信息化、智能化、集成优化，以达到产品上市快，高质、低耗、服务好、环境清洁，进而提高企业的柔性、健壮性、敏捷性，使企业赢得市场竞争"。"CIMS 是一种基于 CIM 理念构成的计算机化、信息化、智能化、集成优化的制造系统"。CIM 技术是基于制造技术、信息技术、管理技术、自动化技术、系统工程技术的一门综合性技术。具体地讲，它综合并发展了企业生产各环节有关的技术，包括：总体技术、支撑技术、设计自动化技术、制造自动化技术、集成化管理与决策信息系统技术及流程工业中 CIMS 技术。

基于上述 CIM 及 CIMS 理念，863/CIMS 主题实施的 CIM 及 CIMS 可称为"现代集成制造（Contemporary Integrated Manufacturing）与现代集成制造系统（Contemporary Integrated Manufacturing System）"。它已在广度与深度上拓展了原 CIM/CIMS 的内涵。其中，"现代"的含义包含信息化、智能化、计算机化。"集成"的含义是企业产品全生命周期活动中三要素（人 / 组织、技术和经营管理）、三流（信息流、物流和价值流）的集成优化。

第二节　纺织 CIMS 系统的构成及功能模块

CIMS 是一个集产品设计、制造、经营、管理为一体的复杂系统，具有多层次性和多结构性的特点。因此，它有一个规范的体系结构。

（1）面向 CIMS 系统生命周期的体系结构。

不同的企业所进行的业务、生产的产品是各不相同的，因而，对 CIMS 不同企业也就有不同的设计思路及结构。而且对于同一企业来讲，在发展过程中的任务和要求是不相同的，在产品制造过程中，要考虑产品生产的连续性，因此在 CIMS 在不同过程中的任务也是不一样的，这就需要有一套结构化方法和平台帮助和支持整个系统生命周期的平稳发展。

（2）面向 CIMS 系统功能构成和控制结构的体系结构。

CIMS 在实施过程中极为复杂，为了简化其实施过程，我们将之先分解为各个分系统，再将分系统分解为不同的子系统。由于其复杂性，我们可以将之分层分解来降低全局开发和控制难度。

（3）面向 CIMS 集成平台的体系结构。

为了解决 CIMS 系统中庞大的软件兼容问题，有公司研究了面向 CIMS 系统集成平台的体系结构，研究了标准化平台。

CIMS 是自动化程度不同的多个子系统的集成，如管理信息系统（MIS）、制造资源计划系统（MRP Ⅱ）、计算机辅助设计系统（CAD）、计算机辅助工艺设计系统（CAPP）、计算机辅助制造系统（CAM）、柔性制造系统（FMS），以及数控机床（NC，CNC）、机器人等。CIMS 正是在这些自动化系统的基础之上发展起来的，它根据企业的需求和经济实力，把各种自动化系统通过计算机实现信息集成和功能集成。当然，这些子系统也使用了不同类型的计算机，有的子系统本身也是集成的，如 MIS 实现了多种管理功能的集成，FMS 实现了加工设备和物料输送设备的集成等等。但这些集成是在较小的局部，而 CIMS 是针对整个工厂企业的集成。CIMS 是面向整个企业，覆盖企业的多种经营活动，包括生产经营管理、工程设计和生产制造各个环节，即从产品报价、接受订单开始，经计划安排、设计、制造直到产品出厂及售后服务等的全过程。

从功能上看，CIMS 包括了一个制造企业的设计、制造、经营管理三种主要功能，要使这三者集成起来，还需要一个支撑环境，即分布式数据库和计算机网络以及指导集成运行的系统技术。如图 5-2 所示。

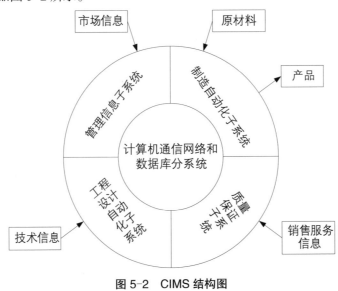

图 5-2　CIMS 结构图

一、管理信息系统

管理信息系统是以人为主导，以制造资源计划（MRP Ⅱ）为核心，通过信息集成，对信息进行收集、传输、加工、储存、更新和维护，达到提高生产效率、缩短自己流动周期、提高企业反应速度的目的。因而，在企业生产经营中，应该对企业活动中的各因素运动规律进行分析，对企业各种信息进行甄别与筛选，从而达到高效运行的目的。管理信息系统有下列特点：

（1）它是一个能够将企业中各个子系统有机结合起来的统一的系统。

（2）它是一个与 CIMS 的其它分系统有着密切的信息联系的开放性系统。

（3）企业有统一的中央数据库，所有数据来源于这个中央数据库，各子系统在统一的数据环境下工作。（详见第三章）

二、产品设计与制造工程设计自动化系统

产品设计与制造工程设计自动化系统是用计算机来辅助产品设计、制造准备以及产品性能测试等阶段的工作，通常称为 CAD/CAPP/CAM 系统。它可以使产品开发工作高效、有序、优质地进行。各系统间关系如图 5-3 所示。

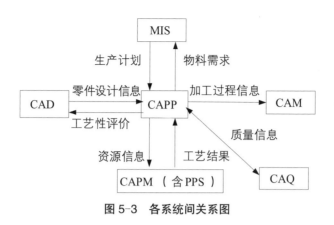

图 5-3　各系统间关系图

（一）CAD 系统（Computer Aided Design）

CAD 系统指利用计算机及其图形设备帮助设计人员进行设计工作。在设计中通常要用计算机对不同方案进行大量的计算、分析和比较，以决定最优方案；各种设计信息，不论是数字的、文字的或图形的，都能存放在计算机的内存或外存里，并能快速地检索；设计人员通常用草图开始设计，将草图变为工作图的繁重工作可以交给计算机完成；由计算机自动产生的设计结果，可以快速作出图形，使设计人员及时对设计作出判断和修改；利用计算机可以进行与图形的编辑、放大、缩小、平移、复制和旋转等有关的图形数据加工工作。包括产品结构的设计、变形产品的变形设计和模块化结构的产品设计。

1．系统组成

通常以具有图形功能的交互计算机系统为基础，主要设备有计算机主机、图形显示终端、图形输入板、绘图仪、扫描仪、打印机、磁带机以及各类软件。

（1）工程工作站。一般指具有超级小型机功能和三维图形处理能力的一种单用户交互式计算机系统。它有较强的计算能力，用规范的图形软件，有高分辨率的显示终端，可以联在资源共享的局域网上工作，已形成最流行的 CAD 系统。

（2）个人计算机。PC 系统价格低廉，操作方便，使用灵活。20 世纪 80 年代以后，PC 机性能不断翻新，硬件和软件发展迅猛，加之图形卡、高分辨率图形显示器的应用以及 PC 机网络技术的发展，由 PC 机构成的 CAD 系统已大量涌现，而且呈上升趋势。

（3）外围设备。除了计算机主机和一般的外围设备外，计算机辅助设计主要使用图形输入输出设备。交互图形系统对 CAD 尤为重要。图形输入设备的一般作用是把平面上点的坐标送入计算机。常见的输入设备有键盘、光笔、触摸屏、操纵杆、跟踪球、鼠标器、图形输入板和数字化仪。图形输出设备分为软拷贝和硬拷贝两大类。软拷计算机辅助设计 CAD 设备指各种图形显示设备，是人机交互必不可少的；硬拷贝设备常用作图形显示的附属设备，它把屏幕上的图像复印出来，以便保存。常用的图形显示有三种：有向束显示、存储管显示和光栅扫描显示。有向束显示应用最早，为了使图像清晰，电子束必须不断重画图形，故又称刷新显示，它易于擦除和修改图形，适于作交互图形的手段。存储管显示保存图像而不必刷新，故能显示大量数据，且价格较低。光栅扫描系统能提供彩色图像，图像信息可存放在所谓帧缓冲存储器里，图像的分辨率较高。

（4）软件。除计算机本身的软件如操作系统、编译程序外，CAD 主要使用交互式图形显示软件、CAD 应用软件和数据管理软件 3 类软件。2014 年以来国内快速崛起的浩辰 CAD、中望 CAD 和 AutoCAD 等，它们都高度兼容，也是用户的选择之一。

交互式图形显示软件用于图形显示的开窗、剪辑、观看，图形的变换、修改，以及相应的人机交互。CAD 应用软件提供几何造型、特征计算、绘图等功能，以完成面向机械、广告、建筑、电气各专业领域的各种专门设计。构造应用软件的四个要素是：算法、数据结构、用户界面和数据管理。数据管理软件用于存储、检索和处理大量数据，包括文字和图形信息。为此，需要建立工程数据库系统。它同一般的数据库系统相比有如下特点：数据类型更加多样，设计过程中实体关系复杂，库中数值和数据结构经常发生变动，设计者的操作主要是一种实时性的交互处理。

（5）辅助模型。常用的 CAD 软件，也就是所谓的三维制图软件，较二维的图纸和二维的绘图软件（比如浩辰 CAD）而言，三维 CAD 软件能够更加直观、准确地反映实体和特征。

对于专业企业，因为绘制目标不同，还常存在有多种 CAD 系统并行的局面，那么就需要配置统一的、具备跨平台能力的零部件数据资源库，将标准件库和外购件库内的模型数据以中间格式（比如通用的有 IGS、STEP 等）导出到三维构型系统当中去，如主流的 Autodesk Inventor，Solid Works，CATIA，中望 3D，Pro/E，AutoCAD，UG NX，SolidEdge，Onespace 等。在国外，这种网络服务被称为"零部件图书馆"或"数据资源仓库"。航天航空领域使用较多的为 Pro/E，飞机和汽车等复杂产品制造领域则使用 Catia 居多，而中小企业使用 Solidworks 较多。在欧美和日本的 PLM 用户中，基于互联网的 PLM 零部件数据资源平台 LinkAble PARTcommunity（简称 PCOM）的知名度一点都不亚于今天我们所熟知的 BLOG 和 SNS 这样的网络平台。

2．基本技术

主要包括交互技术、图形变换技术、曲面造型和实体造型技术等。

在计算机辅助设计中，交互技术是必不可少的。交互式 CAD 系统，指用户在使用计算机系统进行设计时，人和机器可以及时地交换信息。采用交互式系统，人们可以边构思、边打样、边修改，随时可从图形终端屏幕上看到每一步操作的显示结果，非常直观。

图形变换的主要功能是把用户坐标系和图形输出设备的坐标系联系起来；对图形作平移、旋转、缩放、透视变换；通过矩阵运算来实现图形变换。

计算机设计自动化计算机自身的 CAD，旨在实现计算机自身设计和研制过程的自动化或半自动化。研究内容包括功能设计自动化和组装设计自动化，涉及计算机硬件描述语言、系统级模拟、自动逻辑综合、逻辑模拟、微程序设计自动化、自动逻辑划分、自动布局布线，以及相应的交互图形系统和工程数据库系统。集成电路 CAD 有时也列入计算机设计自动化的范围。

（二）CAPP 系统（Computer Aided Process Planning）

CAPP 是指借助于计算机软硬件技术和支撑环境，利用计算机进行数值计算、逻辑判断和推理等的功能来制定零件机械加工工艺过程。借助于 CAPP 系统，可以解决手工工艺设计效率低、一致性差、质量不稳定、不易达到优化等问题。用计算机按设计要求将原材料加工成产品所需要的详细工作指令完成准备工作。

CAPP（Computer Aided Process Planning，中文意思是计算机辅助工艺规划）是通过向计算机输入被加工零件的原始数据、加工条件和加工要求，由计算机自动编码、编程直至最后输出经过优化的工艺规程卡片的过程。这项工作需要有丰富生产经验的工程师进行复杂的规划，并借助计算机图形学、工程数据库以及专家系统等计算机科学技术来实现的。计算机辅助工艺规划常是连接计算机辅助设计（CAD）和计算机辅助制造（CAM）的桥梁。

在集成化的 CAD/CAPP/CAM 系统中，由于设计时在公共数据库中所建立的产品模型不仅仅包含了几何数据，也记录了有关工艺需要的数据，以供计算机辅助工艺规划利用。计算机辅助工艺规划的设计结果也存回公共数据库中供 CAM 的数控编程。集成化的作用不仅仅在于节省了人工传递信息和数据，更有利于产品生产的整体考虑。从公共数据库中，设计工程师可以获得并考察他所设计产品的加工信息，制造工程师可以从中清楚地知道产品的设计需求。全面地考察这些信息，可以使产品生产获得更大的效益。

1. CAPP 系统基本构成

视 CAPP 系统的工作原理、产品对象、规模大小不同而有较大的差异。CAPP 系统基本的构成模块，包括：

（1）控制模块。控制模块的主要任务是协调各模块的运行，是人机交互的窗口，实现人机之间的信息交流，控制零件信息的获取方式；

（2）零件信息输入模块。当零件信息不能从 CAD 系统直接获取时，用此模块实现零件信息的输入；

（3）工艺过程设计模块。工艺过程设计模块进行加工工艺流程的决策，产生工艺过程卡，供加工及生产管理部门使用；

（4）工序决策模块。工序决策模块的主要任务是生成工序卡，对工序间尺寸进行计算，生成工序图；

（5）工步决策模块。工步决策模块对工步内容进行设计，确定切削用量，提供形成 NC 加工控制指令所需的刀位文件；

（6）NC 加工指令生成模块。NC 加工指令生成模块，依据工步决策模块所提供的刀位文件，调用 NC 指令代码系统，产生 NC 加工控制指令；

（7）输出模块。输出模块可输出工艺流程卡、工序卡、工步卡、工序图及其他文档，输出亦可从现有工艺文件库中调出各类工艺文件，利用编辑工具对现有工艺文件进行修改得到所需的工艺文件；

（8）加工过程动态仿真。加工过程动态仿真对所产生的加工过程进行模拟，检查工艺的正确性。

2. CAPP 基础技术

CAPP 基础技术包括以下七个方面：

（1）成组技术（Group Technology）。成组工艺是把尺寸、形状、工艺相近似的零件组成一个个零件族，按零件族制定工艺进行生产制造，这样就扩大了批量，减少了品种，便于采用高效率的生产方式，从而提高了劳动生产率，为多品种、小批量生产提高经济效益开辟了一条途径。

零件在几何形状、尺寸、功能要素、精度、材料等方面的相似性为基本相似性。以基本相似性为基础，在制造、装配的生产、经营、管理等方面所导出的相似性，称为二次相似性或派生相似性。因此，二次相似性是基本相似性的发展，具有重要的理论意义和实用价值。

成组工艺的基本原理表明，零件的相似性是实现成组工艺的基本条件。成组技术就是揭示和利用基本相似性和二次相似性，是工业企业得到统一的数据和信息，获得经济效益，并为建立集成信息系统打下基础。

（2）零件信息的描述与获取。输入零件信息是进行计算机辅助工艺过程设计的第一步，零件信息描述是CAPP的关键，其技术难度大、工作量大，是影响整个工艺设计效率的重要因素。零件信息描述的准确性、科学性和完整性将直接影响所设计的工艺过程的质量、可靠性和效率。因此，对零件的信息描述应满足以下要求：

①信息描述要准确、完整。所谓完整是指要能够满足在进行计算机辅助工艺设计时的需要，而不是要描述全部信息；

②信息描述要易于被计算机接受和处理，界面友好，使用方便，工效高；

③信息描述要易于被工程技术人员理解和掌握，便于被操作人员运用；

④由于是计算机辅助工艺设计，信息描述系统（模块或软件）应考虑计算机辅助设计、计算机辅助制造、计算机辅助检测等多方面的要求，以便能够信息共享。

（3）工艺设计决策机制。

（4）工艺知识的获取及表示。

（5）工序图及其他文档的自动生成。

（6）NC加工指令的自动生成及加工过程动态仿真。

（7）工艺数据库的建立。

3．CAPP在CAD/CAM集成系统中的作用

20世纪80年代中后期，CAD、CAM的单元技术日趋成熟。随着机械制造业向CIMS（Computer Integrated Manufacturing System）和IMS（Intelligent Manufacturing System）方向的发展，CAD/CAM的集成化要求是亟待解决的问题。CAD/CAM集成系统实际上是CAD/CAPP/CAM集成系统。CAPP从CAD系统中获得零件的几何拓扑信息、工艺信息，并从工程数据库中获得企业的生产条件、资源情况及企业工人技术水平等信息，进行工艺设计，形成工艺流程卡、工序卡、工步卡及NC加工控制指令，在CAD、CAM中起纽带作用。为达到此目的，在集成系统中必须解决下列问题：

（1）CAPP模块能直接从CAD模块中获取零件的几何信息、材料信息、工艺信息等，以代替零件信息描述的输入；

（2）CAD模块的几何建模系统除提供几何形状及拓扑信息外，还必须提供零件的工艺

信息、检测信息、组织信息及结构分析信息等；

（3）须适应多种数控系统 NC 加工控制指令的生成。

（三）CAM 系统（Computer Aided Manufacturing）

CAM（Computer Aided Manufacturing，计算机辅助制造）的核心是计算机数值控制（简称数控编程），是通过计算机编程生成机床设备能够读取的 NC 代码，从而使机床设备运行更加精确、更加高效，为企业节约大量的成本。通常进行刀具路径的规划、刀具轨迹仿真、刀具文件的生成以及 NC 加工等指令传送给制造自动化系统。

1．CAM 系统概述

CAM（computer Aided Manufacturing，计算机辅助制造）的核心是计算机数值控制（简称数控），是将计算机应用于制造生产过程的过程或系统。1952 年美国麻省理工学院首先研制成数控铣床。数控的特征是由编码在穿孔纸带上的程序指令来控制机床。此后发展了一系列的数控机床，包括称为"加工中心"的多功能机床，能从刀库中自动换刀和自动转换工作位置，能连续完成锐、钻、铰、攻丝等多道工序，这些都是通过程序指令控制运作的，只要改变程序指令就可改变加工过程，数控的这种加工灵活性称之为"柔性"。用计算机来进行生产设备管理控制和操作的过程。它输入信息是零件的工艺路线和工序内容，输出信息是刀具加工时的运动轨迹（刀位文件）和数控程序。

计算机辅助制造系统是通过计算机分级结构控制和管理制造过程的多方面工作，它的目标是开发一个集成的信息网络来监测一个广阔的相互关联的制造作业范围，并根据一个总体的管理策略控制每项作业。从自动化的角度看，数控机床加工是一个工序自动化的加工过程，加工中心是实现零件部分或全部机械加工过程自动化，计算机直接控制和柔性制造系统是完成一族零件或不同族零件的自动化加工过程，而计算机辅助制造是计算机进入制造过程这样一个总的概念。

一个大规模的计算机辅助制造系统是一个计算机分级结构网络，它由两级或三级计算机组成，中央计算机控制全局，提供经过处理的信息，主计算机管理某一方面的工作，并对下属的计算机工作站或微型计算机发布指令和进行监控，计算机工作站或微型计算机承担单一的工艺控制过程或管理工作。

计算机辅助制造系统的组成可以分为硬件和软件两方面：硬件方面有数控机床、加工中心、输送装置、装卸装置、存储装置、检测装置、计算机等，软件方面有数据库、计算机辅助工艺过程设计、计算机辅助数控程序编制、计算机辅助工装设计、计算机辅助作业计划编制与调度、计算机辅助质量控制等。

计算机辅助制造（CAM，Computer Aided Manufacturing）有狭义和广义的两个概念。CAM 的狭义概念指的是从产品设计到加工制造之间的一切生产准备活动，它包括 CAPP、NC 编程、工时定额的计算、生产计划的制订、资源需求计划的制订等。到今天，CAM 的狭义概念甚至更进一步缩小为 NC 编程的同义词。CAPP 已被作为一个专门的子系统，而工时定额的计算、生产计划的制订、资源需求计划的制订则划分给 MRP Ⅱ /ERP 系统来完成。CAM 的广义概念包括的内容则多得多，除了上述 CAM 狭义定义所包含的内容外，它还包括制造活动中与物流有关的所有过程（加工、装配、检验、存储、输送）的监视、控制和管理。

2．CAM 软件的基本特征

（1）软硬件平台。WinTel 结构体系因优异的价格性能比、方便的维护、优异的表现、平实的外围软件支持，已经取代 UNIX 操作系统成为 CAD/CAM 集成系统的支持平台。OLE 技术及 D&M 技术的应用将会使系统集成更方便。今后 CAM 的软件平台无疑将是 Windows NT 或 Windows 2000，硬件平台将是高档 PC 或 NT 工作站系列。随着高档 NC 控制系统的 PC 化、网络化及 CAM 的专业化与智能化的发展，甚至机上编程也可能会有较大的发展。

（2）界面形式。今后将摈弃多层菜单式的界面形式，取而代之的是 Windows 界面，操作简便，并附有项目管理、工艺管理树结构，为 PDM 的集成打下基础。

（3）基本特点

①面向对象、面向工艺特征的 CAM 系统。传统 CAM 局布曲面为目标的体系结构将被改变面向整体模型（实体）、面向工艺特征的结构体系。系统将能够按照工艺要求（CAPP 要求）自动识别并提取所有的工艺特征及具有特定工艺特征的区域，使 CAD/CAPP/CAM 的集成化、一体化、自动化、智能化成为可能。

②基于知识的智能化的 CAM 系统。新一代的 CAM 系统不仅可继承并智能化判断工艺特征，而且具有模型对比、残余模型分析与判断功能，使刀具路径更优化，效率更高。同时面向整体模型的形式也具有对工件包括夹具的防过切、防碰撞修理功能，提高操作的安全性，更符合高速加工的工艺要求，并开放工艺相关联的工艺库、知识库、材料库和刀具库，使工艺知识积累、学习、运用成为可能。

③能够独立运行的 CAM 系统。实现与 CAD 系统在功能上分离，在网络环境下集成。这需要 CAM 系统必须具备相当的智能化水平。CAM 系统不需要借助 CAD 功能，根据工艺规程文件自动编程，大大降低对操作人员的要求，也使编程过程更符合数控加工的工程化要求。

④使相关性编程成为可能。尺寸相关、参数式设计、修改的灵活性等 CAD 领域的特征，自然希望被引申到 CAM 系统之中。据观察，在该方向的研究有两条不同的思路，以 Delcam 公司的 Power MILL 及 Work NC 为代表，采用面向工艺特征的处理方式，系统以工艺特征提取的自动化来实现 CAM 编程的自动化。当模型发生变化后，只要按原来的工艺路线重新计算，即实现 CAM 的自动修改。由计算机自动进行工艺特征与工艺区域的重新判断并全自动处理，使相关性编程成为可能。目前已有成熟的产品上市，并为北美、欧洲等发达国家的工模具界所接受。另据报道，已有公司试图直接将参数化的概念引入 CAM 中，据称是同一数据库的方式来解决参数化编程问题。据笔者了解，至今未见成功的应用实例及相关报道。从技术角度上，笔者认为，实体的参数化设计是在有限参数下的特殊概念，CAM 是按照工艺要求对模型进行的离散化处理，具有无限化（或不确定）参数的特性。因而与参数化 CAD 有着完全不同的特点。就像参数化的概念一直无法成功地引申到曲面 CAD 中一样，CAM 的参数化也将面临巨大的困难。按加工的工程化概念，CAM 不

是以几何特征，而应是以工艺特征为目标进行处理。几何特征与工艺特征之间没有必然的、唯一的相关关系，而当几何参数发生变化时，工艺特征的变化没有相关性，存在着某些工艺特征消失或新的工艺特征产生的可能性。所以真正要实现参数式 CAM，需要对几何参数与工艺特征间的相关性进行深入研究，并得出确切而且是唯一的相关关系之后才能真正实现。所以就系统的实用性、成功的可能性而言，笔者在技术上更倾向于前者。或许两者会殊途同归。我们将时刻关注并热切希望后者能在技术上有所突破，使 CAM 技术在参数化道路上实现质的飞跃。

⑤提供更方便的工艺管理手段。CAM 的工艺管理是数控生产中至关重要的一环，也是 PDM 的重要组成部分。新一代 CAM 系统的工艺管理树结构，为工艺管理及实时修改提供了条件。较领先的 CAM 系统已经具有 CAPP 开发环境或可编辑式工艺模板，可由有经验的工艺人员或产品进行工艺设计，CAM 系统可按工艺规程全自动批处理。另外，新一代的 CAM 系统应能自动生成图文并茂的工艺指导文件，并可以以超文本格式进行网络浏览。

（4）积极影响。新一代的 CAM 系统将 CAM 的智能化、自动化、专业化推到一个新的高度，更快地满足现有生产与管理的特定要求，同时新手段的引入也会使管理方式发生相应的变化，使生产过程更规范、更合理。新一代的 CAM 系统在网络下与 CAD 系统集成，充分利用了 CAD 几何信息，又能按专业化分工，合理地安排系统在空间的分布。降低人员的综合性要求，提高了专业化要求，会使操作人员的构成发生相应的变化；同时，由于 CAM 系统专业化、智能化、自动化水平的提高，将导致机侧编程（Shop Programming）方式的兴起，改变 CAM 编程与加工人员及现场分离的现象。

经过多年的技术积累，CAM 在市场需求、理论基础及外围技术等方面的准备已经成熟，我们有理由相信今后的几年将是 CAM 技术创新的火热年代。作为应用性终端技术，CAM 市场将是群雄并起、多种系统并存的局面，CAM 市场永远不会有霸主。今后 CAM 的发展与走势只能是由市场需求决定。可以肯定的是，CAM 的发展一定是朝着网络化、专业集成化的方向发展，一定是朝着方便、快捷、智能、自动化的方向发展。

三、制造自动化（柔性制造）系统

柔性制造系统是由统一的信息控制系统、物料储运系统和一组数字控制加工设备组成，能适应加工对象变换的自动化机械制造系统（Flexible Manufacturing System），英文缩写为 FMS。它是在计算的控制与调度下，结合以较少的人工直接或间接干预，按照 NC 代码将毛坯加工成合格的零件并且装配成部件或产品。制造自动化系统主要由以下几部分组成：数控机床、加工中心、立体仓库、运输小车和计算机控制管理系统等。

1. 系统组成

（1）加工设备。加工设备主要采用加工中心和数控车床，前者用于加工箱体类和板类零件，后者则用于加工轴类和盘类零件。中、大批量、少品种生产中所用的 FMS，常采用可更换主轴箱的加工中心，以获得更高的生产效率。

（2）储存和搬运。储存和搬运系统搬运的物料有毛坯、工件、刀具、夹具、检具和切屑等；储存物料的方法有平面布置的托盘库，也有储存量较大的桁道式立体仓库。

毛坯一般先由工人装入托盘上的夹具中，并储存在自动仓库中的特定区域内，然后由自动搬运系统根据物料管理计算机的指令送到指定的工位。固定轨道式台车和传送滚道适用于按工艺顺序排列设备的 FMS，自动引导台车搬送物料的顺序则与设备排列位置无关，具有较大灵活性。

工业机器人可在有限的范围内为 1～4 台机床输送和装卸工件，对于较大的工件常利用托盘自动交换装置（简称 APC）来传送，也可采用在轨道上行走的机器人同时完成工件的传送和装卸。

磨损了的刀具可以逐个从刀库中取出更换，也可由备用的子刀库取代装满待换刀具的刀库。车床卡盘的卡爪、特种夹具和专用加工中心的主轴箱也可以自动更换。切屑运送和处理系统是保证 FMS 连续正常工作的必要条件，一般根据切屑的形状、排除量和处理要求来选择经济的结构方案。

（3）信息控制。FMS 信息控制系统的结构组成形式很多，但一般多采用群控方式的递阶系统。第一级为各个工艺设备的计算机数控装置（CNC），实现各加工过程的控制；第二级为群控计算机，负责把来自第三级计算机的生产计划和数控指令等信息，分配给第一级中有关设备的数控装置，同时把它们的运转状况信息上报给上级计算机；第三级是 FMS 的主计算机（控制计算机），其功能是制订生产作业计划，实施 FMS 运行状态的管理，及各种数据的管理；第四级是全厂的管理计算机。

性能完善的软件是实现 FMS 功能的基础，除支持计算机工作的系统软件外，数量更多的是根据使用要求和用户经验所发展的专门应用软件，大体上包括控制软件（控制机床、物料储运系统、检验装置和监视系统）、计划管理软件（调度管理、质量管理、库存管理、工装管理等）和数据管理软件（仿真、检索和各种数据库）等。

为保证 FMS 的连续自动运转，须对刀具和切削过程进行监视，可能采用的方法有：测量机床主轴电机输出的电流功率或主轴的扭矩，利用传感器拾取刀具破裂的信号，利用接触测头直接测量刀具的刀刃尺寸或工件加工面尺寸的变化，累积计算刀具的切削时间以进行刀具寿命管理。此外，还可利用接触测头来测量机床热变形和工件安装误差，并据此对其进行补偿。

2．系统类型

柔性制造是指在计算机支持下，能适应加工对象变化的制造系统。柔性制造系统有以下三种类型：

（1）柔性制造单元。柔性制造单元由一台或数台数控机床或加工中心构成的加工单元。该单元根据需要可以自动更换刀具和夹具，加工不同的工件。柔性制造单元适合加工形状复杂，加工工序简单，加工工时较长，批量小的零件。它有较大的设备柔性，但人员和加工柔性低。

（2）柔性制造系统。柔性制造系统是以数控机床或加工中心为基础，配以物料传送装置组成的生产系统。该系统由电子计算机实现自动控制，能在不停机的情况下，满足多品种的加工。柔性制造系统适合加工形状复杂，加工工序多，批量大的零件。其加工和物料传送柔性大，但人员柔性仍然较低。

（3）柔性自动生产线。柔性自动生产线是把多台可以调整的机床（多为专用机床）联结起来，配以自动运送装置组成的生产线。该生产线可以加工批量较大的不同规格零件。柔性程度低的柔性自动生产线，在性能上接近大批量生产用的自动生产线；柔性程度高的柔性自动生产线，则接近于小批量、多品种生产用的柔性制造系统。

3．发展趋势

柔性制造系统的发展趋势大致有两个方面。一方面是与计算机辅助设计和辅助制造系统相结合，利用原有产品系列的典型工艺资料，组合设计不同模块，构成各种不同形式的具有物料流和信息流的模块化柔性系统。另一方面是实现从产品决策、产品设计、生产到销售的整个生产过程自动化，特别是管理层次自动化的计算机集成制造系统。在这个大系统中，柔性制造系统只是它的一个组成部分。

（1）模块化的柔性制造系统。为了保证系统工作的可靠性和经济性，可将其主要组成部分标准化和模块化。加工件的输送模块，有感应线导轨小车输送和有轨小车输送；刀具的输送和调换模块，有刀具交换机器人和与工件共用输送小车的刀盒输送方式等。利用不同的模块组合，构成不同形式的具有物料流和信息流的柔性制造系统，自动完成不同要求的全部加工过程。刀具的供给方式、工件的输送存储和交换方式，是影响系统复杂程度的最大因素。

（2）计算机集成制造系统。1870～1970 年的 100 年中，加工过程的效率提高了 2000%，而生产管理的效率只提高了 80%，产品设计的效率仅提高了 20% 左右。显然，后两种的效率已成为进一步发展生产的制约因素。因此，制造技术的发展就不能局限在车间制造过程的自动化，而要全面实现从生产决策、产品设计到销售的整个生产过程的自动化，特别是管理层次工作的自动化。这样集成的一个完整的生产系统就是计算机集成制造系统（CIMS）。

CIMS 的主要特征是集成化与智能化。集成化即自动化的广度，它把系统的空间扩展到市场、产品设计、加工制造、检验、销售和为用户服务等全部过程；智能化的自动化即深度，不仅包含物料流的自动化，还包括信息流的自动化。

（3）决策。决策层是企业的领导机构，通过管理信息系统掌握连接各部门的信息。生产活动的信息源来自生产对象——产品的订货。根据用户对产品功能的要求，CAD（计算机辅助设计）系统提供有关产品的全部信息和数据。产品原始数据是企业生产活动初始的信息源，所以，智能化的 CAD 系统是 CIMS 的基础。CAPP（计算机辅助工艺过程设计）系统不仅要编制工艺规程，设计工夹量具，确定工时和工序费用，还要与 CAM（计算机辅助制造）系统连接，为数控机床提供工艺数据，为生产计划、作业调度、质量管理和成本核算提供数据，并将诸如制造可能性和成本等信息反馈至 CAD 系统，生产计划与控制系统是全厂的生产指挥枢纽。为使生产有条不紊地进行，必须相应建立生产数据来集系统，以此构成一个能反映生产过程真实情况的信息反馈系统。

四、质量保证系统

质量保证系统（Quality Assurance System/QAS）是指企业以提高和保证产品质量为目标，运用系统方法，依靠必要的组织结构，把组织内各部门、各环节的质量管理活动严密组织起来，将产品研制、设计制造、销售服务和情报反馈的整个过程中影响产品质量的一切因素统统控制起来，形成的一个有明确任务、职责、权限，相互协调、相互促进的质量管理的有机整体。质量保证体系相应分为内部质量保证体系和外部质量保证体系。以提高产品质量为最终目的，采集、存储、评价与处理对设计、制造过程中与质量有关的大量数据进行采集、存储、评价和处理。

质量保证体系是企业内部的一种系统的技术和管理手段，是指企业为生产出符合合同要求的产品，满足质量监督和认证工作的要求，建立的必需的全部的有计划的系统的企业活动。它包括对外向用户提供必要保证质量的技术和管理"证据"，这种证据虽然往往是以书面的质量保证文件形式提供的，但它是以现实的内部的质量保证活动作为坚实后盾的，即表明该产品或服务是在严格的质量管理中完成的，具有足够的管理和技术上的保证能力。在合同环境中，质量保证体系是施工单位取得建设单位信任的手段，使人们确信某产品或某项服务能满足给定的质量要求。

1．实际用例

中小企业在建立质量保证体系的实际运作中会遇到各种问题，但是，只要企业领导能够对强制认证工作予以重视，组织相应的领导班子，并从以下几个方面着手，应该说是可以建立并维持一个有效运行的质量保证体系的。

（1）质量保证负责人。选择好质量保证负责人是建立质量保证体系的关键。明确质量保证负责人的职责并选择合适的人选，才能满足国家强制性产品认证的要求以及建立一个有效的质量保证体系。

首先，应考虑该人员在本企业的权威性，如果没有一定的权威和地位，质量保证负责人是不可能有效地实施这个重要职能的。而这个权威性，一方面要靠企业领导层对其的正式授权，另一方面要靠其个人的领导才能和魅力。

其次，此质量保证负责人应了解国家有关的法律、法规和强制性认证产品的程序规则以及本企业产品适用的安全认证标准。这样，质量保证负责人才能组织本企业有关人员学习安全标准，并独立地、公正地执行CCC认证采用的安全标准，行使有效的监督。

（2）生产过程控制。加强生产过程中对工艺的控制是落实质量保证体系的基础。对于中小企业，由于制造的产品比较简单，而且技术上比较成熟，或者直接采用外来的图样设计，因此，应该加强对生产过程中工艺的控制，识别产品生产的主要工艺，了解强制认证规定的安全检测点和安全质控点，并加以明确标识。同时，要明确这些关键点的具体操作要求，并根据国家或行业有关标准要求编写作业指导书，并且作业指导书应力求详细、明确，具有可操作性，必要时可在相关岗位上添置技艺评定准则，如印刷电路板插件岗位，可在岗位上放置一块印刷电路板，标识出待插孔位，这样就便于员工操作，并要求员工严格地按作业指导书规范操作。

（3）员工培训。加强对员工的培训是实现质量保证体系的先决条件。特别要注重操作人员的实际操作技能。在中小企业中，大部分员工受教育水平不高，对本企业的产品一知半解，因此，培训显得尤为重要。企业最高管理者，主要是质量保证负责人，应明确不同岗位的知识和技能要求，尤其是检验、实验岗位的要求，在对员工的素质全面调查的基础上，确定不同员工，不同岗位的培训内容和程度，制订全面的培训计划并实施。需要强调的是，管理者要确保培训的有效性，使员工接受其培训内容，并在实际操作中能切实地按操作要求作业。

（4）工序检验。加强检验手段和设备的管理是质量保证体系建设的标志。一般说来，中小企业检验和实验设备不多，或者根本就没有，或者量程或精度等达不到检验或实验的要求，或者根本没有经过计量就直接使用，使检验结果不可信，检验和实验流于形式，因此也无法控制和判断各个工序产品的质量。国家对于实施强制认证的产品都规定了生产企业必须具备的仪器和设备，以及企业自身必须进行的检验和实验项目。因此，企业应按照要求购置必备的仪器和设备，并对用于测量产品质量的仪表要进行定期计量，并且，凡有计量标准的，一定要按计量标准进行计量，对工装夹具也应纳入正常管理。

（5）器材供应遴选。重视对供应商的选择和评价，提高关键安全元器件和原材料的质量，是建设质量保证体系的外部因素。关键元器件和原材料的质量直接影响着产品（包括整机和元器件）的安全性。因此，中小企业应非常注意对关键元器件和原材料的选择。

①性能参数：在选择元器件和原材料时，还应该确认该元器件和原材料的型号、规格和特性，满足自己产品设计的要求。

②认证：对于选择的关键元器件和原材料，如果已经纳入国家强制认证的目录中，则应该选择已经取得强制认证证书的元器件和原材料。对于采购的安全元器件和原材料，中小企业一般并不具备对各种性能的检测条件，这种检测大部分应由元器件或原材料制造厂进行，只要制造厂能够提供证明该批产品符合规定要求的合格证书或检验记录，中小企业都可以采取验证的方式来确认提供的元器件或原材料满足要求。

③入厂送检：即使供应商提供了合格证书，中小企业也不能免除元器件或原材料应符合有关标准的责任。对于没有附合格证的元器件或原材料，中小企业则必须按规定的水平（包括抽样方法、检验水平和合格质量水平）送往质量技术监督部门对其重要性能进行检测。

④整体评价：选择时，还应该注重对供应商的质量体系、交货期限、服务态度、价格等方面进行综合的评价，以便使供应商能长期稳定地向自己提供能满足各项要求的产品

2．运行原理

质量保证体系的运行应以质量计划为主线，以过程管理为重心，按 PDCA 循环进行，通过计划（Plan）—实施（Do）—检查（Check）—处理（Action）的管理循环步骤展开控制，提高保证水平。PDCA 循环具有大环套小环、相互衔接、相互促进、螺旋式上升，形成完整的循环和不断推进等特点（图 5-4）。

图5-4　PDCA 循环图

（1）计划阶段（P）。

① 择课题、分析现状、找出问题。强调的是对现状的把握和发现问题的意识、能力，发现问题是解决问题的第一步，是分析问题的条件。

新产品设计开发所选择的课题范围是以满足市场需求为前提，以企业获利为目标的。同时也需要根据企业的资源、技术等能力来确定开发方向。

课题是本次研究活动的切入点，课题的选择很重要，如果不进行市场调研，论证课题的可行性，就可能带来决策上的失误，有可能在投入大量人力、物力后造成设计开发的失败。比如，一个企业如果对市场发展动态信息缺少灵敏性，可能花大力气开发的新产品，在另一个企业已经是普通产品，就会造成人力、物力、财力的浪费。选择一个合理的项目课题可以减少研发的失败率，降低新产品投资的风险。选择课题时可以使用调查表、排列图、水平对比等方法，使头脑风暴能够结构化呈现较直观的信息，从而做出合理决策。

② 定目标，分析产生问题的原因。找准问题后分析产生问题的原因至关重要，运用头脑风暴法等多种集思广益的科学方法，把导致问题产生的所有原因统统找出来。

明确了研究活动的主题后，需要设定一个活动目标，也就是规定活动所要做到的内容和达到的标准。目标可以是定性＋定量化的，能够用数量来表示的指标要尽可能量化，不能用数量来表示的指标也要明确。目标是用来衡量实验效果的指标，所以设定应该有依据，要通过充分的现状调查和比较来获得。例如，一种新药的开发必须了解政府部门所制定的新药审批政策和标准。制订目标时可以使用关联图、因果图来系统化的揭示各种可能之间的联系，同时使用甘特图来制订计划时间表，从而确定研究进度并进行有效的控制。

③ 找出各种方案并确定最佳方案，区分主因和次因是最有效解决问题的关键。

创新并非单纯指发明创造的创新产品，还可以包括产品革新、产品改进和产品仿制等。其过程就是设立假说，然后去验证假说，目的是从影响产品特性的一些因素中去寻找出好的原料搭配、好的工艺参数搭配和工艺路线。然而现实条件中不可能把所有想到的实验方案都进行实施，所以提出各种方案后优选并确定出最佳的方案是较有效率的方法。

筛选出所需要的最佳方案，统计质量工具能够发挥较好的作用。正交试验设计法、矩阵图都是进行多方案设计中效率高、效果好的方法。

④制订对策、制定计划。有了好的方案，其中的细节也不能忽视，计划的内容如何完成好，需要将方案步骤具体化，逐一制定对策，明确回答出方案中的"5W1H"即：为什么制定该措施（Why）、达到什么目标（What）、在何处执行（Where）、由谁负责完成（Who）、什么时间完成（When）、如何完成（How）。使用过程决策程序图或流程图，方案的具体实施步骤将会得到分解。

（2）执行阶段（D）。

即按照预定的计划、标准，根据已知的内外部信息，设计出具体的行动方法、方案，进行布局。再根据设计方案和布局，进行具体操作，努力实现预期目标的过程。

①设计出具体的行动方法、方案，进行布局，采取有效的行动；产品的质量、能耗等是设计出来的，通过对组织内外部信息的利用和处理，作出设计和决策，是当代组织最重要的核心能力。设计和决策水平决定了组织执行力。

② 对策制定完成后就进入了实验、验证阶段，也就是做的阶段。在这一阶段，除了按计划和方案实施外，还必须对过程进行测量，确保工作能够按计划进度实施。同时建立起数据采集，收集其过程的原始记录和数据等项目文档。

（3）检查阶段（C）。

即确认实施方案是否达到了目标。效果检查，即检查验证、评估效果。"下属只做你检查的工作，不做你希望的工作"IBM 的前 CEO 郭士纳的这句话将检查验证、评估效果的重要性一语道破。方案是否有效、目标是否完成，需要进行效果检查后才能得出结论。确认采取的对策后，对采集到的证据进行总结分析，把完成情况同目标值比较，看是否达到了预定的目标。如果没有出现预期的结果，应该确认是否严格按照计划实施对策，如果是，就意味着对策失败，就要重新进行最佳方案的确定。

（4）处理阶段（A）

①标准化，固定成绩。标准化是维持企业治理现状不下滑，积累、沉淀经验的最好方法，也是企业治理水平不断提升的基础。可以这样说，标准化是企业治理系统的动力，没有标准化，企业就不会进步，甚至下滑。对已被证明的有成效的措施，要进行标准化，制定成工作标准，以便以后的执行和推广。

②问题总结，处理遗留问题。所有问题不可能在一个 PDCA 循环中全部解决，遗留的问题会自动转进下一个 PDCA 循环，如此，周而复始，螺旋上升。对于方案效果不显著的或者实施过程中出现的问题进行总结，为开展新一轮的 PDCA 循环提供依据。

五、两个支撑系统

（一）计算机网络系统

计算机网络系统就是利用通信设备和线路将地理位置不同、功能独立的多个计算机系统互联起来，以功能完善的网络软件实现网络中资源共享和信息传递的系统。通过计算机的互联，实现计算机之间的通信，从而实现计算机系统之间的信息、软件和设备资源的共享以及协同工作等功能，其本质特征在于提供计算机之间的各类资源的高度共享，实现便捷地交流信息和交换思想。

它是支持 CIMS 各个系统的开放的网络通信系统，采用国际标准和工业标准规定的网络协议，满足应用系统对网络支持服务的各种需求，来实现异种机互联、异地局域及多种网络的互联，支持资源共享、分布数据库、分布处理、分层递阶和实时控制。

1．构成

构成计算机网络系统的要素：

（1）计算机系统：工作站（终端设备，或称客户机，通常是 PC 机）、网络服务器（通常都是高性能计算机）。

（2）网络通信设备（网络交换设备、互连设备和传输设备）：网卡、网线、集线器（HUB）、交换机、路由器等。

（3）网络外部设备：高性能打印机、大容量硬盘等。

（4）网络软件：网络操作系统，如 Unix、NetWare、Windows NT 等；客户连接软件（包括基于 DOS、Windows、Unix 操作系统）；网络管理软件等。

2．功能

（1）资源共享。资源共享是基于网络的资源分享，是众多的网络爱好者不求利益，把自己收集的一些数据资源通过平台共享给大家。

①数据和应用程序的共享。

②网络存储常见的便是文件共享服务。采用 FTP 和 TFTP 服务，使用户能够在工作组计算机上方便而且安全地访问共享服务器上的资源，而且 FTP 资源大多是免费的。

③资源备份。随着网络攻击和病毒的发展，资源备份也成为资源共享当中不可或缺的一部分，现代企业大都采取实时高效的资源备份方式，以便在网络崩溃的时候能够最大限度地保护公司信息，在灾难恢复的时候起作用。

④人脉关系，包括客户资源、能力资源等一些可以相互应用得到的。

⑤设备。

（2）数据通信。数据通信是通信技术和计算机技术相结合而产生的一种新的通信方式。要在两地间传输信息必须有传输信道，根据传输媒体的不同，有有线数据通信与无线数据通信之分。但它们都是通过传输信道将数据终端与计算机联结起来，而使不同地点的数据终端实现软、硬件和信息资源的共享。

（3）远程传输。

（4）集中管理。集中管理不等于"集权管理"。集中管理根本上是信息的集中，处理权仍在不同的利益团体。其效果和用一个遥控器管理家中所有电器一样简单，可大大简化管理员的管理工作。

集中管理是基于实现集团管理方面的需要，统一报告制度、统一管理制度的一种信息采集的新的管理理念和模式。集中管理的基础是信息集中，实现集团信息的集中监控，达到企业集团成员之间资源共享、合作共赢、共同发展。

要实现集中管理必须认真分析企业集团当前存在的问题，明确需要解决的关键问题，然后制定符合本企业集团需要的目标。

集中管理是基于网络环境下实现集团财务统一核算制度、统一报告制度和统一管理制度的一种新的管理理念和模式，指集团公司所属各单位的财务情况全部纳入母公司的核算和管理之中，所属单位只有进行日常决策的权利和执行集团公司的各项政策的义务，其实施的对象是集团公司的所属单位，包括会计集中核算、财务集中控制和财务集中决策。

（5）实现分布式处理。分布式处理系统与并行处理系统都是计算机体系结构中的两类。并行处理系统是利用多个功能部件或多个处理机同时工作来提高系统性能或可靠性的计算机系统，这种系统至少包含指令级或指令级以上的并行。并行处理系统的研究与发展涉及计算理论、算法、体系结构、软硬件多个方面，它与分布式处理系统有密切的关系，随着通信技术的发展，两者的界限越来越模糊。广义上说，分布式处理也可以认为是一种并行处理形式。而分布式处理系统将不同地点的或具有不同功能的或拥有不同数据的多台计算机用通信网络连接起来，在控制系统的统一管理控制下，协调地完成信息处理任务的计算机系统。一般认为，集中在同一个机柜内或同一个地点的紧密耦合多处理机系统或大规模并行处理系统是并行处理系统，而用局域网或广域网连接的计算机系统是分布式处理系统。松散耦合并行计算机中的并行操作系统有时也称为分布式处理系统。

（6）负荷均衡。

（二）数据库系统

数据库系统 DBS（Data Base System，简称 DBS）通常由软件、数据库和数据管理员组成。其软件主要包括操作系统、各种宿主语言、实用程序以及数据库管理系统。数据库由数据库管理系统统一管理，数据的插入、修改和检索均要通过数据库管理系统进行。数据管理员负责创建、监控和维护整个数据库，使数据能被任何有权使用的人有效使用。数据库管理员一般是由业务水平较高、资历较深的人员担任。数据库系统有大小之分，大型数据库系统有 SQL Server、Oracle、DB2 等，中小型数据库系统有 Foxpro、Access、MySQL。

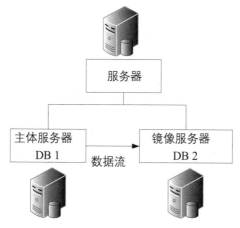

图 5-5　数据库系统图

数据库系统支持 CIMS 各分系统，覆盖企业的全部信息，以实现企业的数据共享和信息集成为目标。一般情况下使用集中与分布相结合的 3 层递阶控制结构体系，即主数据管理系统、分布数据管理系统、数据控制系统，来保障数据的一致性、安全性、易维护性等。

数据库研究跨越计算机应用、系统软件和理论三个领域，其中应用促进新系统的研制开发，新系统带来新的理论研究，而理论研究又对前两个领域起着指导作用。数据库系统的出现是计算机应用的一个里程碑，它使得计算机应用从以科学计算为主转向以数据处理为主，从而使计算机得以在各行各业乃至家庭普遍使用。在它之前的文件系统虽然也能处理持久数据，但是文件系统不提供对任意部分数据的快速访问，而这对数据量不断增大的应用来说是至关重要的。为了实现对任意部分数据的快速访问，就要研究许多优化技术。这些优化技术往往很复杂，是普通用户难以实现的，所以就由系统软件（数据库管理系统）来完成，而提供给用户的是简单易用的数据库语言。由于对数据库的操作都由数据库管理系统完成，所以数据库就可以独立于具体的应用程序而存在，从而数据库又可以为多个用户所共享。因此，数据的独立性和共享性是数据库系统的重要特征。数据共享节省了大量人力物力，为数据库系统的广泛应用奠定了基础。数据库系统的出现使得普通用户能够方便地将日常数据存入计算机并在需要的时候快速访问它们，从而使计算机走出科研机构进入各行各业、进入家庭。

1．构成

数据库系统一般由 4 个部分组成：

（1）数据库（DataBase，DB）：是指长期存储在计算机内的，有组织，可共享的数据的集合。数据库中的数据按一定的数学模型组织、描述和存储，具有较小的冗余，较高的数据独立性和易扩展性，并可为各种用户共享。

（2）硬件：构成计算机系统的各种物理设备，包括存储所需的外部设备。硬件的配置应满足整个数据库系统的需要。

（3）软件：包括操作系统、数据库管理系统及应用程序。数据库管理系统（DataBase Management System，DBMS）是数据库系统的核心软件，是在操作系统的支持下工作，解决如何科学地组织和存储数据，如何高效获取和维护数据的系统软件。其主要功能包括：数据定义功能、数据操纵功能、数据库的运行管理和数据库的建立与维护。

（4）人员：主要有四类。第一类为系统分析员和数据库设计人员：系统分析员负责应用系统的需求分析和规范说明，他们和用户及数据库管理员一起确定系统的硬件配置，并参与数据库系统的概要设计；数据库设计人员负责数据库中数据的确定、数据库各级模式的设计。第二类为应用程序员，负责编写使用数据库的应用程序。这些应用程序可对数据进行检索、建立、删除或修改。第三类为最终用户，他们利用系统的接口或查询语言访问数据库。第四类用户是数据库管理员（Data Base Administrator，DBA），负责数据库的总体信息控制。DBA 的具体职责包括：具体数据库中的信息内容和结构，决定数据库的存储结构和存取策略，定义数据库的安全性要求和完整性约束条件，监控数据库的使用和运行，负责数据库的性能改进、数据库的重组和重构，以提高系统的性能。

2．基本要求

对数据库系统的基本要求是：

（1）能够保证数据的独立性。数据和程序相互独立有利于加快软件开发速度，节省开发费用。

（2）冗余数据少，数据共享程度高。

（3）系统的用户接口简单，用户容易掌握，使用方便。

（4）能够确保系统运行可靠，出现故障时能迅速排除；能够保护数据不受非受权者访问或破坏；能够防止错误数据的产生，一旦产生也能及时发现。

（5）有重新组织数据的能力，能改变数据的存储结构或数据存储位置，以适应用户操作特性的变化，改善由于频繁插入、删除操作造成的数据组织零乱和时空性能变坏的状况。

（6）具有可修改性和可扩充性。

（7）能够充分描述数据间的内在联系。

3．数据模式

数据模型是信息模型在数据世界中的表示形式。可将数据模型分为三类：层次模型、网状模型和关系模型。

（1）层次模型。层次模型是一种用树形结构描述实体及其之间关系的数据模型。在这种结构中，每一个记录类型都是用节点表示，记录类型之间的联系则用节点之间的有向线段来表示。每一个双亲结点可以有多个子节点，但是每一个子节点只能有一个双亲结点。这种结构决定了采用层次模型作为数系组织方式的层次数据库系统只能处理一对多的实体联系，如图 5-6 所示。

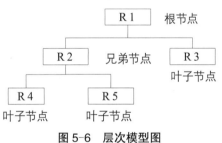

图 5-6　层次模型图

（2）网状模型。网状模型允许一个节点可以同时拥有多个双亲节点和子节点。因而同层次模型相比，网状结构更具有普遍性，能够直接描述现实世界的实体。也可以认为层次模型是网状模型的一个特例。如图 5-7 所示。

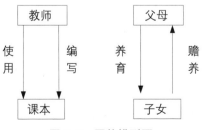

图 5-7　网状模型图

（3）关系模型。关系模型是采用二维表格结构表达实体类型及实体间联系的数据模型，它的基本假定是所有数据都表示为数学上的关系。如图 5-8 所示。

sid	uname	passwd	uType
1	张三	123	学生
2	李四	123	班长
3	王五	123	学生
4	小天	123	学生

图 5-8　关系模型图

第三节　纺织 CIMS 的应用及实施

一、纺织服装灵敏化应用

（一）背景

计算机集成制造环境下的管理信息系统是以 CIM 为指导思想并在其制造环境下的管理信息系统，它以制造资源计划为核心并能与 CIMS 系统中的其他子系统有接口，是 CIMS 的神经中枢，指挥和控制着各个部分能有条不紊地工作。CIMS/MIS 的核心任务是对企业内部及外部信息进行收集、加工处理和输出，使各级管理人员在需要的时候，能够及时得到准确无误的有效信息，以便做出正确的决策。

当前，计算机在针织工业中的应用已成为针织工业技术进步的重要特征。计算机技术不仅应用于各种新型针织机械，还应用于针织产品的辅助设计、针织工艺的优化和监控、针织生产的管理等方面。尤其是计算机集成制造系统（Computer Integrated Mamufacturing System，CIMS）的应用，更是大大提高了针织企业的生产效率和产品品质，有效降低了操作人员的劳动强度，缩短了产品开发研制的周期，使生产管理更快速、准确、有效。

CIMS 是随着计算机辅助设计与制造的发展而产生的。它是在信息技术、自动化技术、制造技术与现代管理技术的基础上，通过计算机技术把分散在产品设计、制造过程中各种孤立的自动化子系统有机地集成起来，形成适用于多品种、小批量生产，实现整体效益的集成化和智能化制造系统。有了纺织服装专用的 CAD，CAM，FMS 技术和各种电脑控制的缝制机械技术以后，世界各国早在 20 世纪 80 年代便开始对纺织服装企业 CIMS 技术进行开发。纺织服装企业属劳动密集型企业，作业过程复杂、烦琐，许多上作仅能凭经验操作而无明确的标准，这给企业信息化带来了很大困难。

1986 年，为了迎接全球新技术革命和高技术竞争的挑战，加快我国高技术及其产业的发展，我国启动了高技术研究发展计划，即"863"计划。"服装设计与加工工艺示范中心"攻关课题是国家"863"高科技计划的一个项目，要求我国建成服装 CIMS 工程。从 1991 年开始，经过 3 年多的开发研究，建成我国第一家服装 CIMS 中国服装集团公司，用于生产加工中高档西服，其 CIMS 系统总体构成分为 5 个子系统，即企业信息管理系统（MIS）、服装 CAD 系统、服装 CAM 系统、柔性缝制加工系统（FMS）、信息网络系统（GIS）。

（二）技术方案

我国纺织服装企业属于劳动密集型企业，这一现状不可能在短时间内得到改观。因此，只能在生产高附加值的成衣产品和面向多品种、少批量、快交货市场需要的企业应用 CIMS 技术及其单元技术的技术改造与设备更新。对多变的市场需求作出快速响应，在最短的时间内生产出高质量的产品，满足顾客的个性化要求。实现敏捷化生产是企业赢得市场的关键，也是企业实施 CIMS 工程的目的。针织企业围绕建立新型生产模式的 CIMS 技术方案如图 5-9 所示。

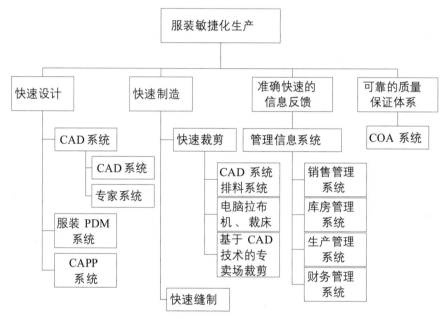

图 5-9　纺织服装灵敏化 CIMS 技术方案

根据 CIMS 集成内容、企业的实际情况和信息通信技术的发展趋势，针织 CIMS 的功能模块大致可划分为信息服务（IS）、办公自动化（OA）、经济信息系统（E1S）、管理信息系统（MIS）、计算机辅助质量管理系统（CAQ）、计算机辅助设计/制造系统（CAD/CAM）和网络数据库 7 个子系统。针织 CIMS 的组成如下。

1．CAD/CAM/CAE 系统

利用计算机实现高效率和高精度的自动化设计、制造和工程分析的方法称为 CAD/CAM/CAE，即计算机辅助设计（Computer Aided Design，CAD）/计算机辅助制造（Computer Aided Manufacturing，CAM）/计算机辅助工程（Computer Aided Engineering，CAE）。从计算机科学的角度看，设计和制造过程是一个信息处理、交换、流通和管理的过程，因此能对产品从构思到投放市场的全过程进行分析和控制，也就是能对设计和制造过程中信息的产生、转换、存储、流通、管理进行分析和控制。

（1）针织 CAD /CAM 系统。针织设计 CAD 系统主要用于针织组织设计与计算、花型设计、经纬编辅助工艺设计及针织服装辅助设计等方面。由于针织具有独立成型性，大多可参照服装 CAD 的设计。

随着针织企业的信息化、自动化水平不断提高，针织 CAD/CAM 将成为针织企业信息化的基础。我国针织 CAD/CAM 技术将有似下几大发展趋势：

①市场需求不断增加，迫使纺织 CAD/CAM 研究力度增强。

②针织 CAD/CAM 技术将逐渐完善，借鉴机械工业 CAD/CAM 技术，并结合企业自身特点，形成既有行业兼容性又有特色的针织 CAD/CAM 系统。

③将逐步实现参数化、全关联设计，具有智能化的平面立体相互转化功能。

④针织 CAD/CAM 系统将由简单的辅助生产和设计工作向集设计、管理、成本核算、决策分析等多种功能于一身的系统化、集成化、信息化的方向发展。

⑤发展针织 CAD/CAM 系统设计将逐步规范化、标准化，对外接口功能将不断增强，逐步成为针织企业 CIMS（计算机集成制造系统）不可或缺的一部分。

⑥国内 CAD 系统专业设计功能较强，已在一些针织企业的生产设计中得到应用，但国内针织 CAD 系统在设计和生产相结合、智能化、集成化、网络化方面做得还不够。

（2）计算机辅助工程（CAE）的主要研究内容。

①有限元法 FEM 网格自动生成为精确研究产品结构的受力，以及用深浅不同的颜色描述应力或磁力分布提供了分析技术。

②优化设计研究用参数优化法进行方案优选，这是 CAE 系统应具有的基本功能。

③三维运动机构的分析和仿真研究机构的运动学特性，为设计运动机构提供直观的、可以仿真或交互的设计技术。

2．计算机辅助工艺过程设计（CAPP）

为了使产品设计和制造在信息提取、交换、共享和处理上实现集成，CAPP 是连接 CAD 和 CAM 的中间环节。CAD 数据库信息只有经过 CAPP 系统才能变成 CAM 的加工信息。因此，CAD/CAPP/CAM 是由局部集成的大型子系统。

工艺规划要根据一个产品的设计信息和企业的生产能力，确定产品生产加工的具体过程和加工指令以便于制造。一个理想的工艺文件应保证工厂用最低的成本，最有效率地制造出已设计好的产品，它至少应完成如下功能：翻译产品设计信息，选择加工设备，安排操作工序，组合操作工序，决定每一道工序的加工时间和非加工时间以核算成本，把上述信息整理成工艺文件。工艺设计的任务在于规定产品工艺过程、工艺操作内容、工艺装备和工艺参数等。

计算机辅助工艺过程设计就是对计算机制定一些规则，以便产生工艺规程，完成工艺样板的绘制、工艺文件的编制、流水线的排列、工人工序分的自动计算等。它必须访问中央工艺数据库，数据库储存着关于顾客订货单、工程技术说明、可利用的设备和制造方法等信息，还可能存有充分利用工厂资源的优化规则。

3．制造资源计划 MRP Ⅱ

MRP Ⅱ 是以计算机为工具模拟企业的生产经营活动，实现企业管理现代化，并使其成为计算机综合自动化系统（CIMS）中信息集成的重要支柱和核心内容之一。利用 MRP Ⅱ 模型对一个制造业的所有资源编制计划，进行监控与管理。这些资源包括生产资源、市场资源、人力资源、财政资源和工程设计资源等。MRP Ⅱ 的组成包括物料清单 BOM、物料需求计划、生产计划大纲和主生产计划、能力需求计划和粗能力管理、车间作业管理、库存管理、财务管理。MRP Ⅱ 的计划编制从上到下，由粗到细。

4．针织企业应用 CIMS 存在的局限性及解决途径

（1）针织企业应用 CIMS 存在的局限性。由于针织 CIMS 本身的局限性，针织 CIMS 只侧重从技术上解决问题。首先，CIMS 不能代替厂长进行经营决策，尽管它可以为厂长的经营决策提供技术支持和信息支持；其次，CIMS 也不能代替销售人员进行推销和公关，尽管它可以提供客户信息和市场信息；再次，CIMS 不能产生新思想，尽管它可以为设计者提供快速有效的设计工具、支持新产品的开发；最后，CIMS 无法解决企业领导班子能力不够、不团结、企业人员素质不高等问题。

尽管 CIMS 可以覆盖企业的整个生产、销售环节，但由于技术和经济方面的原因，企业实施 CIMS 必须分阶段进行。

（2）解决途径。从 1989 年至今，我国多家企业作为"863 / CIMS"应用工厂，在"效益驱动、总体规划、重点突破、分步实施、推广应用"方针的指导下，取得了突破性的进展。它们的经验对于其他准备实施 CIMS 的针织企业具有指导作用。

①对 CIMS 中的人员、组织进行管理。CIMS 的管理业务、人员及技术 3 个方面因素必须组织成一个坚强的柔性结构。在 CIMS 中必须让人力资源和组织开发与企业服务框架相匹配。

②实行先易后难的开发策略。在我国实施 CIMS 计划，宜选择从企业单元自动化起步，逐步延伸整个企业各自动化单元的互联，实现 CIMS 的模式；选择中小企业作为实施 CIMS 的试点，具有新技术使用快，实施周期短，有利于跟踪国际的 CIMS 进展，投资小且回收快等优势。在取得丰富经验后再将 CIMS 推广到更大范围和更多大中小型企业中。

③采用开放式系统。开放系统标准化是关键，通过这些标准可以使软件运行于各种硬件平台和操作系统上，并使计算机系统能实现合作计算。如果开放系统的可移植性、互操作性、伸缩性、可用性特征在一个系统中的用户环境、操作系统、数据库、语言和工具、网络服务、硬件及应用接口等诸方面都得到充分体现，那么这个系统就是一个理想的开放系统。

④实施中运用 CASE 和集成平台 CASE（计算机辅助软件工程）在 CIMS 中已进入应用阶段。在 CIMS 中与系统硬件配套的系统软件和支撑软件大都已有商品软件可用，但与各种被控对象和处理对象相衔接的应用软件要靠用户自行研制，利用 CASE 工具可使针织企业以尽可能小的代价识别和纠正存在的问题，确保应用软件的质量、效率及最好的可预测性。集成平台是在集成基础设施支持下的一组集成服务器，采用集成平台对 CIMS 的好处在于：减少集成的复杂程度，作为应用系统仅要求如何与平台发生联系，而不必知道如何与其他应用系统的联系；促进标准化的实现，在集成平台与应用系统之间建立一个一致性接口；使应用系统便于修改；支持 CIMS 整个生命周期的开放结构设计和柔性结构需求。

二、质量管理系统应用实例

（一）在 CIMS 中集成质量系统的背景、作用及实现形式

1. 背景

（1）基本概念。1974 年美国 Joseph Harrington 博士提出计算机集成制造（Computer Integrated Manufacturing，CIM）概念以来，CIM 的理论和实践应用得到了很大的发展，受到世界各国的广泛重视，许多企业都研究建立了计算机集成制造系统（CIM-system，CIMS），并以此作为企业在市场竞争中取胜的关键手段。作为 CIMS 组成部分的集成质量系统（Integrated Quality System，IQS）的概念，是在 CIM 概念提出 10 年后才出现的。1984 年美国的 Illinois 大学 Urbana 分校的 S.Cr.Kapoor 等人首先在 AIIE 会议上提出集成质量系统的概念。

集成质量系统就是指在计算机集成制造系统（CIMS）环境中，把质量系统内部相互分离的单元质量保证技术通过计算机网络有机地结合起来，及时采集处理与质量有关的信息，使质量活动协调进行，以提高质量系统对多变的质量需求及制造环境的适应能力，使产品质量持续稳步的提高。

目前国外对集成质量系统有两种提法，一种是为了与 CAD、CAPP、CAM 相比较，将其表示为 CAQ；另一种是把它看成相对独立的系统，表示为 IQS。我们认为一个较完善的 CIM 环境下的集成质量系统应该覆盖产品的整个生命周期，从需求分析开始，直到售后服务，它应该不同于传统的质量系统，也不应该是大量手工过程的简单计算机化，考虑到质量系统的特殊性，它应该比 CAD、CAM 等更广泛和复杂，具有组织特征，因此，本文主要采用 IQS 的概念。

国外对 IQS 的研究比 CAD、CAPP、CAM 的研究大约迟五年。在欧洲的 EXPERIT 工程中最初定义的二十四个 CIM 子系统中唯独没有 IQS，但随着 CIM 技术的进一步发展，西方人逐渐开始对 IQS 引起重视。20 世纪 90 年代以来，在世界范围内，出现了研究、开发、实施 IQS 的热潮。IQS 在 CIM 中的重要性也越来越明显。1989 年由 SME 组织，以 CIM 为主题的年会"工厂自动化"还专门组织了"CIMS 中的计算机集成质量系统"国际会议，在会议上讨论了 CAD/CAM 与 IQS 的集成，生产检测的柔性自动化等问题。德国政府科技部为使"Made in Germany"成为世界上高质量的标志，出资数亿马克进行"质量与设计"、"质量与制造"、"质量与装配"、"质量与管理"以至"质量与时间"的研究。一些大型企业如美国麦道飞机公司，福特汽车公司，DEC 公司均由运行集成质量系统取得了经济效益在中国，随着 CIMS 的推广应用，开发和运行集成质量系统已成为我国制造企业 CIMS 系统工程必不可少的组成部分。

（2）国内外关于集成质量系统的研究现状。国外对 IQS 的研究，首先是对大批量生产情况下的质量信息处理技术方面的研究，进一步的研究是多品种小批量的质量信息技术。Feigenbaum 于 1983 年讨论了 SPC 技术与自动化数据采集的连接问题，使用计算机有助于产生一种环境，在这种环境下质量人员可以正确而有效地使用质量信息，这种自动质量信

息反馈可以改善产品质量等级 .J.W Drewery 研究了基于 SPC 技术的计算机辅助质量控制技术，指出这样一个系统必须包括：①带有接口的电子测量设备；②有处理统计模型的微机和提供打印服务的打印机；③能为有操作员和质量工程师使用的先进软件。

Nichols 分析了传统质量系统在小批量制造环境中的局限性，于 1987 年指出质量信息的反馈时间是影响质量控制的致命弱点。Graham 指出在 JIT 环境下，检验与其他制造功能的通信连接是影响质量系统的有效性的关键，快速的质量信息反馈是提高质量水平的重要手段。较为系统地研究 IQS 的是英国学者 Tannock 博士，他在 1987 年的第四届欧洲自动化制造会议中提出质量系统集成化的战略，认为质量系统的集成是质量信息的集成，并以 IDEFO 方法对装配过程的质量功能进行了简单的分解和设计说明。在 1990 年 Tannock 提出用于制造的质量系统自动化和集成的战略，文章系统地描述了 IQS 的结构化设计和改进过程，提出了质量数据采集和管理的集成化方法。

德国学者对 CAQ 的研究主要体现在德国标准技术研究所（DIN）的技术报告中。该报告分析了 CIM 的接口标准，讨论了 CAQ 与 CIM 其他子系统的接口。该报告定义的功能仅仅包括：检验规划，执行情况，检验数据评价与检验活动控制等。对于 IQS 来讲它的意义显然是不完善的，仅仅是 IQS 与 CAD/CAPP/CAM 向集成的部分，而进一步的还应该有质量信息系统、指标系统、标准化及计量测试系统等。在 1989 年德国学者 L.winter.halder 更详细地讨论了 CAQ 与 PPS（生产计划与控制），CAD 与 BDE（企业管理）的集成，给出了 CAQ 的信息及分层结构。总之，德国人对 CAQ 的研究较早，内容广泛，从市场对 CAQ 的需求到 CAQ 与 CIM 的集成等许多方面，其研究是平领先于其他发达国家。

日本学者对质量系统的研究着眼于质量控制方法。与美国和欧洲相比，日本人认为质量问题主要是管理方面的问题，因此，日本人提出了质量问题人人负责的观点，并广泛开展 QC 小组活动，把制造过程的 QC 小组推广到设计、采购等部门，使 QC 小组在全厂范围内普及。QC 方法上，1979 年日本人提出质量管理的七种新工具（关联图法、KJ 法、系统图法、矩阵图法、数据矩阵分析法、PDPC 法和箭条图法），它们最适合于解决方针管理、人才培养和 TQC 推进问题。田口型管理工程是日本的试验设计最高权威田口玄一博士 Dr.G.Tagnchi 提出的，他把生产系统的质量管理分为线内和线外管理。

我国企业在 70 年代后期大力推广全面质量管理，在控制图、抽样检查、工序精度的统计分析、研究质量控制的其他工具、分配量规及质量控制简易法、可靠性分析与计算方面作了大量的研究与应用。但是就企业整体的质量控制水平来说，与国外差距相当大，由于我国质量管理水平很低，许多质量系统的单元技术还很落后，因此，集成质量系统应用及研究的进展较人们的期望有较大的距离。

2．作用

CIMS 环境下的 IQS 系统是一个集自动检测技术、自动控制技术和质量信息管理技术为一体的综合系统，它运用计算机进行自动化的质量数据的采集、分析、处理、传递，实现质量控制、质量保证、质量管理的自动化，对制造企业在战略上和策略上均有十分重要的意义：

（1）在企业战略上。

①产品质量对制造企业具有前所未有的重要作用。随着社会经济和生产力的发展，贸

易竞争日益激烈，工业产品的质量水平已成为经济和技术的决定性因素之一，它直接反映了国民经济发展的水平和速度。对一个制造企业而言，在企业为市场和利润进行的斗争中，质量是最为有力的战略武器，是企业求得生存、提高效益的关键。

在我国，制造企业长期以来存在的主要问题是产品质量问题。每年由于产品质量带来的经济损失达数百亿元。运用计算机及信息技术，实现质量系统自动化，提高质量管理水平，对提高我国制造企业市场竞争能力具有特殊重要的意义。

② IQS 系统有效地支持企业实施全面质量管理。全面质量管理强调"三全"，要求全体人员和各部门的参与和对全过程的管理。要实现这一目标，一方面取决于完善的管理机制，同时取决于不同部门之间及时的信息交换和及时地向不同层次（从操作者到企业的高层决策者）提供正确而充分的信息。质量部门需要及时了解用户的反馈信息，生产部门需要根据产品及其零部件的质量状况动态地安排生产计划。IQS 系统在计算机网络的支持下实现企业内部各部门间及企业集团间质量信息的自动传递，及时地向各个层次人员提供正确的产品及过程质量信息，以便及时作出响应。

③ IQS 系统是企业实施先进生产模式的基础。面对国际市场的新挑战，为了求得生存和发展，越来越多的企业正在向先进的生产模式转变。企业在向柔性化和高效化发展过程中，在实现产品开发、生产管理及产品制造等自动化过程中若忽略了自动化的质量系统，则落后的质量控制手段、滞后的信息反馈、大量有用的质量信息的丢失等，都将成为企业有效运行的薄弱环节。

（2）在企业策略上。

①能实现对急剧增长的、大量的质量数据的有效管理。在现代化的制造企业中质量信息猛增。其主要原因是：第一，产品性能的完善化、结构的复杂化、精细化和功能的多样化使产品所包含的设计信息、工艺信息及与其相适应的质量信息猛增；第二，消费的个性化、市场的多变性，以及由此而产生的多品种、小批量的柔性化生产趋势，促使质量信息剧增；第三，在线检测、监控、补偿技术的发展和广泛应用使检测数据大量增加，因此需要有效的管理手段；第四，制造企业规模的扩大，跨地区、跨行业和跨国制造企业的形成，都极大地增加了信息量。

②能高质量地、及时地提供国际合作生产所需各种报告和控件。为了实现国际合作生产，必须得到合作伙伴的信任，合作伙伴不仅要对产品质量进行评价，还要对质量体系进行评价，这已成为贸易成交和国际合作的前提。计算机辅助的质量控制、质量保证以及所产生的报告和文件可能提供最充分的客观证据。

③为各个层次的决策者提供决策支持。在计算机网络和数据库系统的支持下，自动化的质量系统可以向各个层次的决策者提供快速而正确的各类信息和决策支持，以便根据变化了的情况及时作出决策。

④提供先进的质量控制手段，缩短故障响应时间，减少故障损失。作为先进生产模式的典型代表，CIMS 要实现产品上市快，高质、低耗、服务好、环境清洁的目标，其中质量是最为重要的一个方面，所以有效的质量管理是实现这一目标的必要条件和基础。IQS 系统是现代先进制造技术、现代先进质量管理思想、信息处理技术和企业质量保证体系的有机结

合，这就决定了 IQS 系统是企业实现 CIMS 的基础和重要组成部分。

CIMS 环境下的 IQS 系统能够大量存在于设计、制造、管理及市场中与质量有关的数据得到有效的采集、存储、评价与处理。相对于 CIMS 中的计算机网络和数据库系统，IQS 系统可以说是其他应用分系统的软支撑，它的有效运行，可以获得一系列的控制环，以此形成一组互相协调的资源与过程，保证系统作为一个整体达到其质量目标。

3. 实现形式

计算机集成制造系统（CIMS）一般划分为四个功能分系统：管理信息系统（MIS）、技术信息系统（TIS）、质量信息系统（QIS）、制造自动化系统（MAS），集成质量系统与传统意义上的质量信息系统是有所不同的，在 CIMS 环境下，集成质量系统从功能和概念上都超越了传统的质量信息系统，它以质量管理为主线，将企业的生产经营活动有机的结合成为一个整体。

传统 QIS 偏重于对"质量评价"信息的管理，忽视了对"质量标准"信息的管理，即质量链的管理，因此，事实上 QIS 的设计中包含了一个隐含的假设：即顾客需求是已经明确了的。基于这样的假设，QIS 在设计和实施中把重点放在了质量评价信息的管理和 CIMS 各个分系统的数据接口上。这样的质量系统设计在有意无意中把企业的质量管理和企业的生产经营放到了对立的位置上，在注重生产经营优先的企业，质量系统的实施往往被安排在 CIMS 应用工程的后期。

从质量链管理的角度，企业集成质量系统对"质量评价"和"质量标准"两种质量信进行综合管理。在 CIMS 环境下，集成质量系统对质量链的管理要借助 CIMS 的其他功能分系统共同完成。企业质量工作的重点在两个方面：面向产品质量的管理和面向过程质量（工作质量）管理。面向过程质量的管理最终目的也是保证产品质量。面向过程质量的管理是沿产品质量信息链展开的，顾客需求确定产品质量标准，由此启动后续的质量管理工作，对每一笔订单产品的质量进行跟踪控制和管理，力求产品一次合格，对质量事故进行预防。对于采用重复生产方式组织生产的制造企业，因为其生产销售的产品大多属于设计定型产品或通常只需作少量设计变更，所以其产品的质量管理实际上主要集中在市场预测、商业决策、制造、销售和服务四个阶段。在 MIS 系统的 MRP Ⅱ 处理流程中，质量信息沿顾客需求—合同—生产计划—车间作业计划 / 采购计划的链路传递，MRP Ⅱ 产生的车间作业计划 / 采购计划及技术信息系统产生的技术文件共同构成下一步产品制造阶段质量控制的标准，因此，从广义上讲 MRP Ⅱ 是企业质量管理体系的一个子集，它将顾客需求信息中的经济性要求和时间性要求分解细化为生产计划和指令，对产品生产进行指挥和控制。

产品质量管理在 MRP Ⅱ 流程中的具体要求是：将顾客需求信息正确转化为 MRP Ⅱ 的输出信息和保证 MRP Ⅱ 输出的计划（信息）正确实施。顾客需求信息正确转化为 MRP Ⅱ 输出信息的前提是保证输入 MRP Ⅱ 的数据及实施的转化方法（算法）是正确的，MRP Ⅱ 的输入数据可分为两类：目标数据和辅助数据。目标数据是顾客订单（包括预测订单）所反映的顾客需求；辅助数据包括各种 BOM 表、工作中心参数、成本中心数据、库存信息、制造提前期和采购提前期数据等。要保证 MRP Ⅱ 输出计划能够正确实施必须针对其制定并执行完善的质量控制计划，建立相应的质量评价记录，对此 ISO9000 系列标准制定了详细的要求。从对信息流的分析可看出，集成质量系统将质量管理哲理具体化为质量程序，内嵌于企业的各项经营活动中。在 MRP Ⅱ 中，质量程序被集成到各个软件模块里，以算法程序的形式实现物料需求计划和能力资源均衡。

在质量信息的传递过程中，顾客对产品质量的功能、规格、价格、性能等方面的需求是通过产品的设计和制造阶段实现的。这方面的"质量标准"信息由 TIS 系统处理，在 CIMS 环境中，所有与产品相关的数据由 PDM 系统（Product Data Management）进行管理，数据的正确性由内嵌于 PDM 中的质量程序保证。质量评价信息通常由质量确认工作得出并表现为质量记录的形式，通过 MRP Ⅱ 中财务模块的功能，可以将质量评价结果转换为货币表达形式。

（二）集成质量系统（IQS）的结构

1．功能结构

一个有效的集成质量系统必须与企业的质量体系相适应，不同的企业一般均根据本企业的实际需要设计，开发和运行适合本企业的 IQS 系统。分析质量环中各个阶段即相应的质量活动，一般认为 IQS 系统包括如下的功能：质量计划、检测与质量数据采集、质量评价与控制、质量综合信息管理。系统布局见图 5-10。

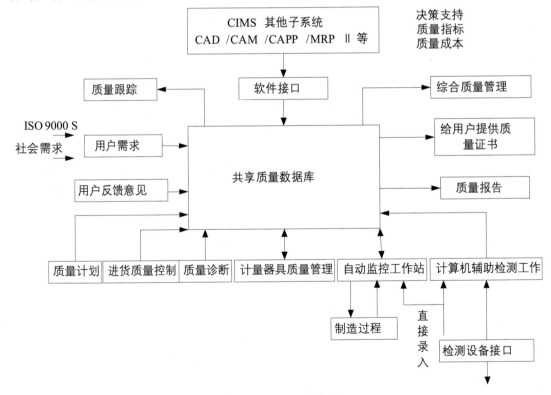

图 5-10　IQS 系统布局

2．层次结构

由于 IQS 系统各功能模块中的活动分布在企业的不同层次上进行，按照其涉及的范围和活动的内容，可将 IQS 系统分为计划决策层、管理控制层和执行层三个层次。

（1）计划决策层：IQS 系统的计划决策层为企业质量目标和质量方针的决策提供支持，并将已确定的质量方针进行分解与落实，建立 IQS 系统与 CIMS 其他子系统，如 CAD 和制造资源计划等之间的联系等。计划决策层的主要任务为：质量方针、质量计划的制定；质量指标的分解、质量指标的综合与分析；检测计划的生成与管理；质量成本分析、核算与管理、质量数据分布字典管理。

（2）管理控制层：IQS 系统的管理控制层使质量部门实施和完成检测计划、建立质量数据采集模型，对由执行层获得的质量数据进行分析，生成质量报告和质量证书。管理控制层的任务包括：测试设备、人员和程序的调度与控制；检测程序的生成、修改与存储；检测结果按零件类或产品类统计分析；产品质量诊断；质量报告生成。

（3）执行层：IQS 系统的执行层的任务是在制造过程中的不同阶段，采用不同的检测仪器或设备进行检验与数据采集，并对制造过程进行控制，使返修品和废品为最少。因此执行层的主要任务为：质量数据采集，预处理与符合性检查，生产过程质量监控与控制。

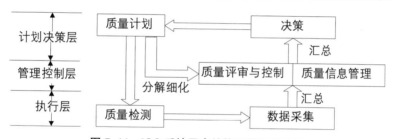

图 5-11　IQS 系统层次结构及其数据传愉

IQS 系统的层次结构及数据传输如图 5-11 所示。由计划决策层到管理控制层到执行层的数据传输是质量计划逐层向下分解细化的过程，而由执行层到管理控制层到计划决策层是质量信息归纳、汇总的过程。

（三）企业质量信息流分析

企业生产经营活动的目的是使自己的产品满足特定用户的特定需求，以获取利润。"质量"从两方面对企业产生影响：成本和收益。从企业的质量管理工作角度看，质量是一个复合约束，这个复合约束由来自外部的用户需求和来自企业内部的需求（获利需求）共同构成，而企业质量管理工作则是这种复合约束在企业生产经营活动中的具体实现。把质量视为复合约束，它可分解为反映顾客需求的外部需求和反映企业需求的内部约束。在企业生产经营过程中，体现外部约束的质量信息是沿产品寿命周期以链的方式流动并发生作用的，体现内部约束的质量信息则是以环（螺旋）的方式流动并发生作用。图 5-12 反映了质量信息的链式传递。

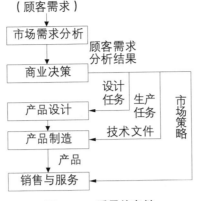

图 5-12　质量信息链

沿质量信息链传递的是顾客对产品质量的要求，即产品的适应性标准。在现代企业高度的分工体系中，质量信息在传递链的不同环节表现为不同的形式——客户需求的各种代用标准：客户需求分析结果、商业决策结果（包括设计任务要求、市场策略、加工任务指令等）、技术文件（设计图、工艺文件、外协外购合同条款）等。最终企业将质量信息物化为具体的产品和服务交付顾客，从而完成一次产品质量信息的链式传递。纵观整个信息链，质量概念以两种形式存在并发生作用："质量标准"和"质量评价"，在链中传递的是"质量标准"，而"质量评价"则反映质量信息链中各项工作结果与其质量标准的符合程度。

现代企业经营理论认为：市场不仅是企业经营的终点、更是企业经营的起点，同样，产品质量管理也必须以市场为起点。顾客需求是产品质量的最终标准，包括4个方面的要求：功能性要求（包括可用性、可靠性、可维护性、安全性、适应性）、经济性要求、时间性要求及服务性要求。从质量信息链图上可看出，企业通过市场分析活动捕捉客户需求，当这一阶段结束时，市场分析结果成为替代质量标准用以指导下一步的企业商业决策活动，即质量标准进行了一次传递，与此同时，一个质量评价信息相应产生。在其后的企业经营活动中，质量标准分别以两种方式指导其后的企业活动：以设计任务书的形式指导技术决策和设计工作，传递顾客需求中功能性要求、经济性要求和时间性要求；以生产调度指令的形式指导产品生产制造工作（包括物资供应、外购外协），传递顾客需求的时间性要求；以市场策略的形式指导产品的销售及服务工作，传递顾客需求的服务性要求和时间性要求。在产品制造阶段，质量标准由商业决策产生的生产调度指令（反映时间性要求）和技术决策/设计工作产生的产品技术文件（反映功能性要求和经济性要求）共同构成。

在质量信息链式传递的每一步都必然产生"质量评价"信息，体现企业需求的内部质量约束是以"质量评价"信息为起点发生作用的，其信息流动方式为：采集"质量评价"信息→信息处理→制定质量改进计划→执行计划→巩固改进成果→采集"质量评价"信息→……这种质量改进螺旋可以不同的规模进行，既可是全企业范围，也可以是一个部门，或者是某个工序。

企业的质量职能是通过实施一系列相互关联的质量程序实现的。每个质量程序由"方法"和"数据"两个要素构成。其中"方法"是一定管理哲理和技术规范的具体体现，并具备可执行性，质量程序中的"方法"可以通过适当的软件将其中事务性、常规性的流程实现自动化，辅助质量管理人员进行质量管理。"数据"是质量信息的载体和具体体现，主要以四种形式存在：质量目标数据（质量标准）、质量评价记录，中间数据（质量控制参数）、辅助数据（计量标准、质量法规等）。在 CIMS 环境中，质量程序中的"数据"可以通过计算机网络数据库环境进行储存、传递、分配、管理。

【习题】

一、选择题

1. FMS 中，完成制造任务的执行系统为（　　）。

A. 加工系统　　　　B. 物流系统　　　　C. 控制系统　　　　D. 管理系统

2. 柔性制造系统的设备利用率（　　）。

A. 低　　　　　　　B. 高　　　　　　　C. 根据产量波动　　D. 先低后高

3. CIMS 的特点是强调制造全过程的系统性和（　　）。

A. 集成性　　　　　B. 目的性　　　　　C. 整体性　　　　　D. 层次性

4. 在计算机统一控制下，由自动装卸与输送系统将若干台数控机床或加工中心连接起来而构成的一种适合于多品种、中小批量生产的先进制造系统为（　　）。

A. 柔性制造系统　　B. 柔性制造单元　　C. 智能制造单元　　D. 计算机集成制造系统

5. 柔性自动化的工艺基础是（　　）。

A. 成组技术　　　　B. 数控技术　　　　C. 计算技术　　　　D. 仿真技术

6. FMC 是（　　）。

A. 柔性制造系统　　B. 柔性制造单元　　C. 柔性制造线　　　D. 柔性装配

二、名词解释

1. PDCA 循环。

2. 质量管理。

3. 计算机网络系统。

4. 数据库。

三、简答题

1. CIMS 的定义是什么？

2. 管理信息系统有哪些特点？

3. 何谓 CAPP？ CAPP 的主要作用是什么？

4. CAPP 的基础技术包括哪些方面？

5. 什么是 CAD、CAM 和 CAD/CAM？

6. 简述柔性制造系统的三种类型。

7. 构成计算机网络系统的要素有哪些？

8. 简述数据库管理系统的定义及功能。

第六章　高新技术在纺织信息系统中的应用

【本章导读】

1. 了解"互联网+"时代纺织信息化建设的新要求，掌握"互联网+"技术在纺织信息系统中的应用。

2. 熟悉并理解大数据技术的存储技术、预测技术等在纺织信息系统中的具体应用，了解其在纺纱质量预测系统的应用过程与方法。

3. 了解云计算在纺织信息系统中的应用，熟悉其在织物定制平台的具体应用过程与方法。

4. 熟悉智能制造技术在纺织信息系统中的应用，理解纺织智能制造关键技术之一的RFID技术的基本原理。

当前社会经济的发展由要素驱动向创新驱动转变、由低成本竞争优势向质量效益竞争优势转变、由粗放制造向绿色制造转变、由生产型制造向服务型制造转变的工业革命中，信息技术与工业技术深度交织融合与应用是传统制造业转型升级的方向。

对于纺织行业而言，随着互联网技术、大数据技术以及智能制造技术的发展和成熟，如何将这些高新技术应用到纺织信息系统中，实现信息技术与传统的纺织生产制造管理相融合，是纺织工业结构调整和产业升级的方向。当前纺织行业正处于转型升级的关键时期，高新技术在纺织信息系统中的应用可以加快数字化、网络化、智能化，新技术成果在行业中的推广和应用，提高智能制造应用水平，以两化深度融合提升我国纺织行业综合竞争能力，促进纺织产业转型升级发展。

近年来，在国家政策的支持以及传统行业转型升级的需求驱动下，众多专家学者和企业技术研发人员开始了互联网技术、大数据技术以及智能制造技术等高新技术在纺织生产制造与管理方面的应用研究并取得了一些成果，如建设了纺织智能制造示范车间、示范工厂，实现纺织服装行业的大规模个性化定制以及网络化协同制造等方面，在很大程度上而带动全行业两化融合发展水平的整体提升，实现了传统制造业的转型升级。本章节主要介绍在当今"互联网+"时代下，互联网信息技术、大数据技术以及智能制造技术在纺织信息系统中的应用。

大力推进信息化和工业化深度融合，是中央准确把握全球新一轮科技革命和产业变革趋势，着眼于我国经济社会发展进入新阶段作出的重大战略部署，对于新时期推动我国经济转型升级、重塑国际竞争新优势具有重大战略意义。

第一节 "互联网+"时代的纺织信息系统

一、互联网+纺织信息化

"互联网+"就是"互联网+各个传统行业"，但这并不是简单的两者相加，其本质是利用信息通信技术以及互联网平台，让互联网与传统行业进行深度融合，创造新的发展生态。"互联网+"的核心是将互联网作为创新原动力，实现强大的融合性和可扩展性。"互联网+"的发展趋势，是不断深度融合互联网新技术与制造业技术，优化制造业的生产方式、投资方式、管理方式和商业模式等，改造提升中国制造业水平。

在全球"互联网+"的浪潮中，纺织行业最先受到互联网信息技术的影响，"互联网+"将对纺织产业创新发展提出新要求。随着"工业化与信息化"的进一步地融合，包括纺织行业在内的传统产业在产品研发与设计，生产制造与管理等方面呈现数字化、智能化的创新发展趋势。

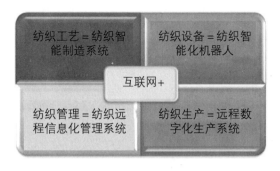

图 6-1　互联网＋纺织产业

　　如图 6-1 所示，"互联网＋"纺织，将从纺织业的生产、研发、管理、机器、工艺的各个工艺流程开始开展互联、互通，各个工序流程之间协同数据之间共享，实现对产品生产远程维护与监管、数字化工艺与生产管理和控制、产品研发大数据分析、3D 建模与模型演算以及纺织生产管理的远程信息化和智能化制造。

　　虽然，当前互联网技术在纺织生产制造领域的应用已经取得了一些成果，但是在纺织生产领域应用，工业互联网还面临着若干挑战。首先是传统纺织生产技术难以支撑庞大的数据处理和管理；其次是如何将海量数据转化为有效服务提供给客户，也是实现智能生产、建成智能工厂的现实瓶颈。随着我国工业化和信息化"两化"融合进程的不断推进，我国纺织业应积极探索通过建设纺织产品示范生产线，实现生产、仓储和电子商务的集成，从而实现整个纺织产业链的转型升级和可持续发展。

二、"互联网＋"技术在纺织信息系统中的应用

　　互联网＋纺织是以互联网技术为代表的信息技术在纺织行业生产制造以及经营管理中的深度融合和应用。具体来说，主要体现在纺织生产制造信息系统以及纺织生产经营管理信息系统中。

（一）"互联网＋"技术在纺织生产制造信息系统中的应用

　　互联网技术在纺织生产制造信息系统中的应用，主要包括服装大规模定制系统、设备远程监控系统以及纺织协同制造系统，具体应用情况如下：

　　1. 服装大规模定制系统

　　以互联网的通信技术、数据库技术等技术为基础的设计研发的基于 Web 的面向纺织服装大规模定制系统，通过对服装设计、生产等环节中信息的集成、规范和组织，重组和优化企业生产资源，构建企业生产资源知识库。并以此为基础，实现了服装大规模定制管理系统。由于服装定制生产中，不同定制款式、修饰和尺码组合决定了单品数量随款式的增加而呈几何级增长，生产组织与实施非常复杂。为此，系统在生产组织与管理中，采用 MES 模式监控生产线上各班组的生产状况，指导工序流程，保证工序间物料连接搭配顺畅，完成产品追

踪和质量管理，大大提高了服装大规模定制生产过程的作业效率和作业性能。

2．纺织设备远程监控系统

基于数据采集技术、视频监控技术以及计算机通信技术为基础的纺织设备远程监控系统，可以实现对集团所有生产设备的运行数据、能耗数据采集和监视管理任务，将整个数据进行处理、分析、存档并向各基地发送调度及控制指令。同时实现在线模拟、输送计划、故障检测及定位等任务，同时提供开放式数据接口来与 MES 系统连接。该系统的应用与实施可以提高纺织企业对设备的利用率，提高纺织企业的产能，而且在一定程度上较低企业的生产成本，实现利润额的增加。

3．纺织协同制造系统

在当今经济全球化的今天，企业之间的协同越来越重要，对于纺织制造业而言纺织协同制造显得尤为重要。以互联网通信技术、Web 服务器技术为基础，依托互联网思维构建纺织协同制造系统，实现纺织生产制造的协同，可以降低纺织企业的生产制造成本，提高企业对消费者需求的快速反应能力。

（二）"互联网 +"技术在纺织生产管理系统中的而应用

1．企业协同管理系统

以互联网通信技术为基础，整合纺织企业内部各个管理系统平台数据，建立纺织企业协同管理系统，构建纺织企业生产管理的"仪表盘"，帮助企业实现业务快速反应，更高效率接单，精确物流；主要涵盖了开发样管理、商品管理、商机管理、销售管理、采购管理、生产与委外管理、质量管理、出运管理、仓库管理、财务管理、客户及供应商管理等主功能，提升企业管理者的决策效率，提高纺织服装企业对市场的快速反应能力。

2．供应链协同系统

互联网是一种思维，更是一种工具。大数据、云计算等互联网技术打破了沟通的时空壁垒，使得消费者、设计师、品牌商、销售商、生产商能够进行实时沟通和互动，这就为服装纺织行业"去库存"提供了最佳方案。以互联网技术、云计算技术已经大数据技术为基础构建以客户需求为导向的快速反应供应链系统管理系统，可以实现对产供销协同及织造、染整等主要生产环节的实时管控，降低企业的库存成本，提高企业的竞争力。

3．电子商务平台

在当今互联网快速发展的阶段，电子商务、移动互联网和 O2O 正在变革着人们的生活方式，也改变着商业模式和资源使用方式。互联网与各领域的融合，成为不可阻挡的时代潮流。以互联网通信技术、在线支付技术为代表的互联网技术和移动互联网技术为基础建立面向纺织行业的电子商务平台，可以为纺织服装企业提供一个在线的营销渠道和平台，有助于帮助纺织服装企业开拓市场，提高企业的销售额。

4．个性化定制系统

在"互联网 +"时代，随着移动互联网、云计算、大数据、物联网乃至智联等新兴技术的诞生与成熟运用，服装定制与之又有了新的契合点。具体来说，互联网技术在服装个性化定制系统方面的应用如下：

（1）以移动互联网技术为基础研发服装个性化定制的移动终端，可以进一步扩大服务地域，方便联系服务对象并提高供需双方交流的便利性和直观性，提高数据传输的快捷性。

（2）以云计算技术为基础，建立虚拟试衣模型，通过试验和调整，在正式加工前不断提高成衣的精准度和完美性。

（3）以大数据为基础，在网络海量信息的基础上进行筛选分析比较，从而减少盲目性，提高智能化选配的程度，并根据客户具体要求提高数据调用的针对性和有效性。

（4）以物联网技术相结合，通过上传成衣材料成分与质地、加工流程与方法、试验鉴定结果以及使用及维护要求等信息，可以进一步提高成品的可信度，助推纺织服装企业信誉度提升。

基于以上技术构建的纺织服装个性化定制系统，可以在很大程度上满足当今消费者的个性化需求，提升纺织服装企业的销售额和利润率。

三、"互联网 +"时代纺织信息系统的展望

尽管，近几年纺织行业在信息化方面取得一系列重要成果，有效提升了企业在线生产监控应用水平、实现了集成应用、企业的经营管理有较大的提升。然而，根据相关的对纺织企业的调查结果显示，当前纺织生产制造企业的生产设备数字化率 36.06%、数字化生产设备的联网率 27.74%、生产管理环节信息化普及率 50.49%、实现管控集成的企业比例 19.82%、研发工具普及率 50.8%。由此可见，纺织企业的数字化、网络化及管控集成应用还明显薄弱。

众所周知，"互联网 +"时代是一个强调开放、协作与共享的时代，"互联网 +"将给纺织产业创新发展提供了一个创新平台。然而，我国纺织行业的信息化建设具有局限性，大多只停留在纺织生产车间以及纺织行业内部，而对于整个纺织行业的协同共享公共平台的建设应有待加强。因而"互联网 +"时代的纺织信息系统的建设更应该侧重于集成化和平台化的战略方向，具体来说可以梳理出以下三个方面。

（一）以"互联网 +"技术为基础研发设计纺织企业集团化管控平台

随着以物联网、移动互联网等为代表的新一代信息技术产业蓬勃发展，极大地促进了产业跨界融合发展，使得传统的生产制造模式已难以跟上时代发展的潮流，只有将信息化、网络化、智能化与产品研发设计、生产制造、营销管理、售后服务等全过程相融合，才能真正提升效率、增强企业竞争力。

伴随着制造企业信息化应用水平的不断提高和人们对信息化认识的逐渐深入，企业管理者清楚地认识到信息化已经不仅仅是作为海量数据高效存储、信息快捷通信的单纯技术应用，更是作为提高集团管控水平、优化供应链、增强信息共享和业务协同能力的重要手段。

因而，在纺织企业现有的 CAD/PDM、MES 和 ERP/CRM/SCM 等应用系统平台的基础

之上，以互联网通信技术为依托，将设计信息平台、制造信息平台和管理信息平台进行集成建立纺织企业的集团化管控平台，将是未来纺织信息系统的建设方向。

（二）依托互联网技术构建"纺织产业科技创新服务云平台"

互联网技术在纺织产业创新发展与科学研究之间架起了一座桥梁。通过网络化信息平台，可以加强纺织企业与科研院所高等学校之间互联互通，有效地提高科技创新的效率。互联网技术促进了纺织产业科技创新资源的共享。纺织科技创新资源大多分布在高校、科研院所及少数纺织企业中，科技创新资源相对分散且各单位之间共享程度较低的现状一直制约着纺织产业协同创新发展。如何将分散的科技创新资源进行集中管理、统一调度，实现优势互补、资源共享，充分发挥科技创新资源的价值是目前急需解决的问题。

（三）采用以互联网技术为代表的信息技术，搭建"纺织产业协同创新平台"

长期以来，最新科研成果如何在企业中去应用和转化成为一个始终困扰着科技工作者。许多最新的科技创新成果缺少一个有效的平台和载体去验证，这在某种程度上制约着科技创新的发展与进步。通过该平台，一方面，可以实现高等院校、科研院所的最新研究成果能够被应用到纺织企业产品研发、生产制造、营销管理等具体过程中去；另一方面，科技工作者通过该平台可以实现科学研究与企业需求的有效对接，提高科学研究的实用性和针对性。通过该平台能够对企业技术创新需求与科技创新成果进行有效的匹配，加速纺织产业科技创新成果的转化。

第二节 大数据技术在纺织信息系统中的应用

一、大数据技术在纺织信息系统中的应用

对于纺织服装企业而言，大数据是企业积累的宝藏。纺织服装大数据是纺织服装企业收集起来的关于消费者、企业行为的海量相关数据，这些数据超越了传统的存储方式和数据库管理工具的功能范围。纺织服装行业由于其内在的复杂性（每季开发上百种产品、型号颜色各不相同、在不同地域出售、面对多样化消费者），更需要依托大数据的存储、搜索、分析和可视化技术升级改造产业链、加强精细化管理程度、把握消费者需求变化，挖掘出巨大商业价值。随着这些数据资源在纺织企业信息系统中的融合与应用，将在很大程度上提高企业生产制造效率、提升企业的管理决策水平，加速企业的市场快速反应能力。具体来说，大数据技术在纺织信息系统中的应用将主要体现在以下三个方面：

（一）大数据的数据获取与存储技术

对于纺织信息系统来说，客观存在的大量数据既是有效利用数据的前提，也是纺织企业决策者进行制定决策的依据。随着大数据技术的成熟和发展，先进数据的获取技术与纺织信息系统的深度融合，可以实现对纺织企业信息系统中的数据进行实时获取。

另外，过去一段时间纺织信息系统数据存储能力的增长速度远远赶不上数据量的增长速度，这使大数据的传输和存储面临重大挑战。随着大数据技术和理论的不断成熟和发展，大数据存储技术的成熟，将为纺织企业对各种信息系统的数据进行集成、存储及共享提供了可能。依托成熟的大数据存储技术可以使纺织企业的信息系统具备超大容量的数据高速传输能力，使数据能够在纺织企业各个部门车间的信息系统之间顺畅、高效地流动。

（二）大数据的预测性分析技术

大数据的预测分析技术应用于纺织企业的信息系统中，可以提高预测的准确性，将在很大程度上提高企业的生产经营管理的效率。具体来说大数据分析算法将与以下 4 个系统进行融合和应用：

1. 消费者需求预测系统

基于网络销售平台数据的分析，结合大数据分析算法实现对服装流行趋势的预测，可以使得企业提前捕捉到消费者需求的变化情况，提前计划安排生产和备货，提高企业的销售额和利润水平。

2. 供应链预测系统

对于纺织织造企业，如何准确地对纺织服装供应链上下游企业原棉以及纱线等原材料和半成品的需求量实现准确的预测与估计是纺织企业确定库存量的主要依据。基于海量数据的数据预测技术与供应链管理系统的融合，可以实现对纺织服装供应链上下游企业原材料及半成品的有效预测，减少纺织企业的库存量，降低纺织企业的生产成本。

3. 设备性能监测与预警系统

大数据分析预测算法与传统的纺织设备生产监控系统相融合，可以在对纺织生产设备状况进行监控的基础之上，实现对纺织生产设备健康状况与性能水平的预测。该系统可以通过对设备运行的历史故障数据分析，得出设备各个零部件预期的寿命，有助于设备维修人员及时进行维修和更换，在很大程度上降低因设备故障而出现的产能下降，有效地提高纺织企业的生产能力。

4. 产品质量检测系统

基于海量数据的纺纱质量异常因素识别算法与纺织品质量检测与管理系统的融合，可以实现对影响纺织产品质量水平的因素的有效识别和控制，提高纺织品的质量水平，提升纺织品的市场竞争力。

（三）大数据的可视化分析技术

基于大数据的可视化分析技术在纺织企业信息管理系统中的应用可以为纺织企业的各

级管理部门提供更为清晰直观的数据，可以将错综复杂的数据和数据之间的关系，通过图片、映射关系或表格，以简单、友好、易用的图形化、智能化的形式呈现给用户供其分析使用。随着大数据可视化技术在纺织信息系统应用的逐渐深入，将会为越来越多的管理者提供更加准确的可视化信息辅助他们进行决策管理，这将有助于纺织企业决策效率的提高。

二、大数据应用实例——海量数据的纺纱质量预测系统

随着纺织机械设备自动化、网络化和智能化的发展，整个纺织制造过程以前所未有的速度产生着海量的工艺设备、生产过程和运行管理数据，除此以外还包括控制回路数据，文本类型的原料、传感器数据、纱疵检测图像数据等，其不仅包括结构化数据还包括非结构化数据，具有数据量大、类型多、实时性强以及价值大的特点，并具备了大数据"4V"的特点，是一个典型的纺织"大数据"。而该"大数据"随着应用精度的提高则呈几何级递增，使得已有的信息集成与管理模型和算法难以应对。因此，如何对这些海量数据进行有效集成与管理，从而构建大数据环境下的纺织制造执行系统是亟待解决的现实问题。为此，本文在纺织大数据环境下，利用D-S证据以及增量聚类方法，通过数据间的相关性实现生产计划层与车间制造层间信息的有效衔接，在制造层面上搭建一个信息共享平台，实现所有工艺设备、生产过程和运行管理等的共享共用。

（一）系统设计

1．系统结构设计

为实现海量纺织数据的集成与管理，在体系结构设计时将系统构建为集贸易、生产、研发、设计、销售等功能为一体的集成管理平台；最终的目的是实现企业内部各类数据的共享共用，以解决企业信息"孤岛"问题。为此，在现有制造层面海量数据信息的基础上，将各种纺织机械控制回路数据，文本类型的原料、传感器数据，纱疵检测图像数据等进行分析与处理，并利用HDFS存储海量源数据，MapReduce处理海量数据，HBase存储处理后的数据，实现基础数据的有效融合，以此构建如图6-2所示的基于Hadoop的三层纺织大数据存储体系结构。

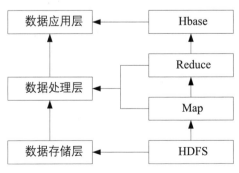

图6-2　纺织大数据存储系统体系图

由于纺织制造过程与其他纯机械加工过程不同，整个制造过程需经历物理和化学性质的交替变换过程，从而使制造过程中的各类数据均围绕由纤维到纱、由纱到坯布再到成品的整个制造过程对应的"品种"为中心进行信息交换和通信，故在纺织大数据存储体系中抽取表达纤维属性与成纱质量或坯布质量间关系的有益知识时，整个数据关联规则必须以"品种"为主轴，并通过增量聚类的方式从大数据集中抽取表达上层计划层与底层生产控制层之间信息衔接的知识规则（如纤维属性与纺纱质量之间非线性关系等）。在此基础上，借助大数据存储体系结构，从各异构数据库中获取实时数据时，可建立多数据表间的品种数据信息链接，其目的是通过品种数据信息建立多数据表间的相关性，可以增强底层生产控制层数据的采集、处理、分析和存储能力；最后，通过这种关系规则，实现生产计划层与车间制造层之间数据的有效对接，进行数据的融合处理，从海量数据中"挖掘"出表达纤维属性与纺纱质量、坯布质量之间相关联的数据交集，进而通过纺织过程的系统集成与数据管理，做到织物成品质量的实时在线检测。

为此，结合图 6-2 所示的存储体系，将纺织制造执行系统结构设计为三层，即：数据应用层、数据处理层、数据存储层三部分。其中，数据存储层的主要作用是将各部门、车间信息管理系统、监控系统中所存储的数据信息进行获取、处理，并进行数据的通信、存储以及加工。数据处理层主要实现如工艺管理系统、计划调度系统、劳资信息管理系统等数据的并行加载存储，并通过数据接口进行数据的融合、存取和链接。数据应用层用来统一管理、调用纺织大数据系统中经过处理的数据，主要通过实时数据与历史数据的分离方法来有效保证所有数据的实时性、完整性和正确性。

2．纺织数据分析与聚类算法设计

（1）纺织数据分析。以织布车间为例，通常纺织企业至少拥有织机 300 台，并根据在机品种的不同织机的转速需调整，现选取在机品种 CJ 140×140，计划转速为 460 r/min。在给定的工艺条件下，织机控制系统产生的脉冲信号数为 7.67 个 /s，即每秒钟织机产生的数据记录为 7 条（7.67 取整）。织机除正常检修和维护或其它异常情况外，每天按四班三运转 24 h 不停机工作，这样每个班（8 h）300 台织机产生的数据记录为：300×8×60×60×7=60 480 000 条，则一天三个班产生的数据记录为 3×60 480 000=181 440 000 条。同时，根据生产数据表中每个字段的数据类型可以计算出每条记录共需要 500 B，则织布车间每天产生的数据量为：记录数 × 每条记录所占存储空间字节数 = 181 440 000 条 × 500 B ≈ 84.4 895 GB=0.08 251 TB。

就制造层面而言，纺织企业的八大车间每天产生的数据量约为：0.08 251 TB ×8=0.660 TB。与此同时，纺织机械电机控制回路数据，文本类型的原料、配棉、工艺计划单数据，设备信号传感器数据，以及纱疵织疵在线图像检测数据等产生的结构化和非结构化数据也以 TB 数量级日益倍增 [11]。在海量纺织数据环境下，数据突显出了高维、非线性、强相关，以及多噪声的四大特点，加之纺织制造过程又是一种非线性、时变的多变量系统，使得制造过程中产生的各类数据常伴有不可测的不确定性因素，易导致数据量的倍增，导致纺织制造过程质量与产量数据的正确性难以保证，无法从数据中获取有利于纺织企业管理决策有用的数据依据。

如何在纺织大数据环境下获取对生产管理决策有用的数据，是近几年国内外纺织学者们研究的热点问题。诸如 Kehry S. 和 Uhl H. 通过智能数据的管理来提高纺织机械效率，刘佩全探讨了知识挖掘在纺织行业信息化建设中的作用，詹俊等人利用改进的 Apriori 算法分析了质量指标超标与纱线质量不合格之间的关联规则，以及李荟莘等人通过产品进化关系和数据模型完整表达了纺织产品的工艺进化过程等。就纺织制造过程而言，其属于一种典型的分布式系统，要进行数据的聚类分析，首要解决的问题是数据准备，需从原料（如棉花、人造纤维等）、计划任务（配棉、工艺设计、试验、试纺、计划调度等）、设备（清梳联合机、并条机、络筒机、粗纱机等）、加工过程（清棉、梳棉、精梳、并条、粗纱、细纱、络筒等）相关的许多规律性知识和生产决策，挡车工的操作决策和控制经验，以及纺织机械控制、文本订单、传感器通信、纱疵检测等视角去分析；然后，将数据中的闲置数据进行划分，以提高数据的分析和处理能力。但是现有的聚类算法（如 k-means）已不适宜大数据集的聚类分析，故本文在 k-means 的基础上提出改进算法。

（2）聚类算法分析与设计。定义：分布式聚类算法 Dk-means 的聚类结果等同于利用 k-means 算法对分布式数据进行集中聚类的结果[17]。

证明：分布式环境下执行 Dk-means 算法，每个站点都划分为 k 个簇，中心点分别为 $\{ci1, ci2, \cdots, nik\}$，其中，$1 \leq i \leq p$，$c_{ij} = \frac{1}{n_{ij}} \sum_{y \in W_{ij}} y$，$1 \leq j \leq p$，$n_{ij}$ 是簇 W_{ij} 中数据对象的总数，则全局聚簇中心点 c_{ij} 为：

$$c_{ij} = \frac{n_{1j} \times c_{1j} + n_{2j} \times c_{2j} + \cdots + n_{pj} \times c_{pj}}{n_{1j} + n_{2j} + \cdots + n_{pj}} = \frac{n_{1j} \times \frac{1}{n1j} \sum_{y \in W_{1j}} y + n_{2j} \times \frac{1}{n_{2j}} \sum_{y \in W_{2j}} y + \cdots + n_{pj} \times \frac{1}{n_{pj}} \sum_{y \in W_{pj}} y}{n_{1j} + n_{2j} + \cdots + n_{pj}}$$

$$= \frac{\sum_{y \in W_{1j}} y + \sum_{y \in W_{2j}} y + \cdots + \sum_{y \in W_{pj}} y}{n_{1j} + n_{2j} + \cdots + n_{pj}}$$

利用算法 k-means 对分布式数据进行集中聚类，得到 k 个聚簇，则聚簇中心点 $C_s（1 \leq s \leq k）$ 为

$$c_s = \frac{1}{n_s} \sum_{y \in W_s} y = \frac{1}{n_{1s} + n_{2s} + \cdots + n_{ps}} \times \left(\sum_{y \in W_{1s}} y + \sum_{y \in W_{2s}} y + \cdots + \sum_{y \in W_{ps}} y \right)$$ 故 $c_s = c_{ij}$，证毕。

借助上述定义，可见 Dk-means 算法的基本思路为：在纺织制造过程中，假设存在 q 个已经过处理的结构化数据源，即站点，现从中任意选定一个站点作为主站点记为 Ms，并令 q-1 个站点作为从站点 S_i，则所设计的 Dk-means 聚类算法的如下：

Input：聚簇个数 k，数据集 $\{data_1, data_2, \cdots, data_q\}$；

Output：k 个聚簇；

Master site M_s: broadcast $\{c_1, c_2, \cdots, c_k\}$；

// 向从站点广播全局聚簇中心

while $\{ c_1, c_2, \cdots, c_k \}$ is not stable do

$\{$ for each Subsite Si（$1 \leq i \leq q$-1）do

{ receive ($\{c_1,\ c_2,\ \cdots,\ c_k\}$) ;

// 从站接收聚簇中心

for each data object $d \in \text{data}_i$ do

partition (d, $\{c_1,\ c_2,\ \cdots,\ c_k\}$) ;

// 计算 d 与所有全局聚簇中心的距离

for $j=1$ to k do

computing (c_{ij}, n_{ij}) ;

// 计算 k 个局部聚簇信息

send ($\{\ (c_{i1},\ n_{i1}),\ \cdots,\ (c_{ik},\ n_{ik})\ \}$) to M_s ;

// 向主站点传送局部聚簇信息 }

Master site M_s :

{ for each data object $d \in \text{data}_m$ do

partition (d, $\{c_1,\ c_2,\ \cdots,\ c_k\}$) ;

for $j=1$ to k do

computing (c_{mj}, n_{mj}) ;

receive ($\{\ (c_{i1},\ n_{i1}),\ \cdots,\ (c_{ik},\ n_{ik})\ \}$) ;

for $j=1$ to k do

$$c_j = \frac{n_{1j} \times c_{1j} + n_{2j} \times c_{2j} + \cdots + n_{qj} + \times c_{qj}}{n_{1j} + n_{2j} + \cdots + n_{qj}} \;;$$

($1 \leqslant j \leqslant \text{k}$)

// 主站点计算 k 个全局聚簇中心

broadcast ($\{c_1,\ c_2,\ \cdots,\ c_k\}$)。

（3）试验比较分析。在 k-means 算法的基础上，为验证和对比分析所构建 Dk-means 聚类算法的可行性，以及纤维属性与纺纱质量、坯布质量之间的因果关系，从纺织大数据存储体系中按照"品种"分类提取棉纱数据，该数据涉及 3 个基本数据源（其中，一是纺织 ERP 系统、清梳车间监测系统，主要提取原料纤维属性数据，包括纤维拉伸性能数据；二是细纱车间、筒并捻车间的监测系统，主要提取纱线质量数据；三是织布车间监测系统，主要提取坯布质量数据）作为试验数据集。

试验平台搭建为：Windows2003+ 浪潮 PC 服务器 2 台 + 其他服务器 2 台，形成 32GB 内存，1TB 硬盘容量，1G/ 秒通信带宽峰值，通过 VS2008 进行算法编程并测试。

具体试验内容设计为：使用 200 台机器、每台机器 100 个进程对 Dk-means 聚类算法分 3 组做聚类测试，小表数据为 2GB，大表数据为 1TB。

第 1 组选取 100 个二维数据，按棉纱品种划分为 4 类，对应的群体规模为 4，并取最大迭代次数均为 20，则聚类效果如图 6-3（a）所示。在相同的 3 组数据中分别使用 *k-means* 算法和 *Dk-means* 算法做聚类，对比结果如如图 6-3（b）所示。

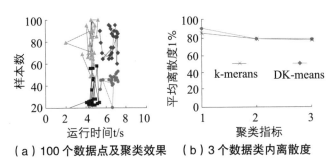

（a）100个数据点及聚类效果　（b）3个数据类内离散度

图 6-3　100 个数据点及聚类结果

可见，当数据量为 100 个二维数据，且品种分类少时，*k-means* 与 *Dk-means* 算法的区别不明显，而且均有很强的局部寻优能力。

第 2 组为 500 个二维数据，且品种分类增加至 6，最大迭代次数为 50，其数据分布如图 6-4（a）所示，试验结果如图 6-4（b）所示。

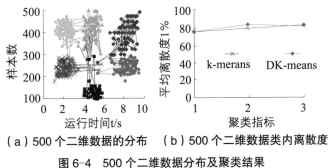

（a）500个二维数据的分布　（b）500个二维数据类内离散度

图 6-4　500 个二维数据分布及聚类结果

可见，当数据量大且品种分类增加至 6 时，k-means 易陷入局部最小值，而 Dk-means 算法在处理大量数据时，比 k-means 算法更具有优势，同时具有较强的全局寻优能力，能更快地收敛到较优点。

第 3 组数据为 500 个四维数据，品种分类为 6，最大迭代次数为 50，其数据分布如图 6-5（a）所示，试验结果如图 6-5（b）所示。

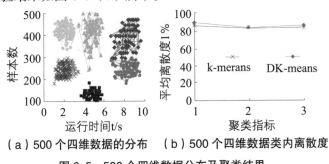

（a）500个四维数据的分布　（b）500个四维数据类内离散度

图 6-5　500 个四维数据分布及聚类结果

由上述试验结果可知，针对纺织制造过程中数据量大、维数高和数据类型繁杂的情形，*k-means* 更易陷入局部最小值，但 *Dk-means* 算法更能体现出全局寻优能力强、收敛平稳、速度快的优势。

因此，在纺织大数据环境下，对纺织制造过程数据聚类分析时，所改进的 *Dk-means* 算法比 *k-means* 算法更具有全局寻优能力，而且只需传送聚簇过程中的中心点和纺织数据对象的总数，无需传送大量的纺织生产数据，只传送聚簇过程中的中心点和纺织数据对象的总数，在很大程度上提高了聚类分析的效率，有助于从海量纺织数据中快速提取企业管理决策所需的有用数据。

（二）异构数据的融合

在纺织制造过程中，影响纺织数据正确性的因素有很多，并且诸多因素（除原料、机台、环境、系统以及人为因素外）是不可预测的或突发的，具有一定的不确定性，从而诱发制造过程的中断或停止。相应地，这些中断或停止又因数据性质的突变而带来更多的数据量和类型，给各个异构系统的数据融合、集成、分析与处理带来不可估量的困难，更使从海量数据中提取表达纤维属性与纺纱、织布质量之间关系的有益知识更少。那么，如何对制造过程中产量的大量突变数据进行处理，从而进行纺织异构系统的集成和数据融合，是系统构架亟待解决的一个技术难点。

由于 D-S（Dempster-Shafer）证据理论为研究不确定性因素的检测和获取提供了理论模型，可借助该模型为辨识不确定因素的产生机理和异构纺织数据的融合提供理论方法。为此，在纺织数据融合过程中，利用纺织各部门的信息管理系统，以及车间监测系统的机台监测器所携带的传感器来检测和捕捉影响纺织数据的各类不确定因素，并构建如图 6-6 所示的纺织数据融合结构，进而选择两种以上的传感器组来检测诱发异常事件产生的不确定因素。

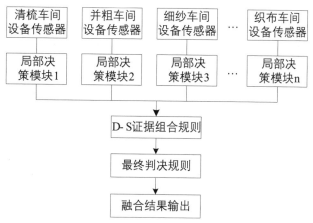

图 6-6　基于 D-S 证据的纺织数据融合结构

1．局部融合

在多传感器构成的纺织制造数据融合环境中，构架基于 Hadoop 的三层纺织大数据存储体系，则数据融合中心需通过各个下位机监测器的传感器所提供的数据信息进行推理，以达到属性判决的目的。然而，各个监测器的传感器所提供的数据易受到制造过程中各类不确定因素（如原料、机台、环境、系统等）的干扰，导致数据具有高维、非线性、强相关，以及多噪声四大特点。D-S证据理论作为一种不确定推理的数值推理方法，在处理不确定因素方面具有优势，并以信任函数为度量，以信任区间代替概率，以及以集合表示事件，除降维处理外，D-S证据理论为解决因上述四大特点所带来的数据影响也提供了保证。故在局部数据融合过程中，特为每个传感器分配一个加权因子。

这样，首先假设由 n 个传感器已检测到由不确定因素诱发的异常事件，其加权因子定义为 w_1，w_2，$\cdots$，w_n，并且 $\sum_{i=1}^{n} w_i = 1$，对应的测量值分别为 x_1，x_2，$\cdots$，x_n，且相互独立，方差分别为 δ_1^2，δ_2^2，$\cdots$，δ_n^2，数据融合值为 $\hat{x}$。则根据 D-S 证据理论[19]，纺织制造过程多传感器的数据融合值可表示为：$\hat{x} = \sum_{i=1}^{n} w_i x_i$。则对应的总均方差为：

$$\delta^2 = \mathrm{E}\left[\left(x - \hat{x}\right)^2\right] = \mathrm{E}\sum_{i=1}^{n} w_i^2 \left(x - \hat{x}\right)^2 + 2\mathrm{E}\sum_{i=1, j=1, i=j}^{n} w_i w_j \left(x - \hat{x}_i\right)\left(x - \hat{x}_j\right)$$

由于 x_1，x_2，$\cdots$，x_n 是 x 的无偏估计，且相互独立，故又存在如下关系：

$\mathrm{E}\left(x - \hat{x}_i\right)\left(x - \hat{x}_j\right) = 0$，且 $i \neq j$；i，$j = 1$，2，$\cdots$，n。则有：

$$\delta^2 = \sum_{i=1}^{n} w_i \left(x - \hat{x}\right)^2 - \sum_{i=1}^{n} w_i^2 \delta_i^2 \tag{1}$$

可见，在 δ_i（$i = 1$，2，$\cdots$，n）一定的条件下，式（1）中的 δ^2 值与加权因子 w_i（$i = 1$，2，$\cdots$，n）的分配相关，而且 y 的精度越高，δ^2 的值越小，呈现一种负相关关系。当然，在纺织异构数据融合过程中，这种负相关关系还存在一个问题，即当已知 $\sum_{i=1}^{n} w_i = 1$（$w_i \geqslant 0$，$i = 1$，2，$\cdots$，n），δ_i（$i = 1$，2，$\cdots$，n）时，w_i（$i = 1$，2，$\cdots$，n）应满足什么条件，才能使 $\sum_{i=1}^{n} w_i^2 \delta_i^2$ 对应的函数 F（w_1，w_2，$\cdots$，w_n）的值最小？问题的性质变为求解多变量条件下的极值问题。具体求解过程如下：

首先，引进修正函数 $F = \sum_{i=1}^{n} w_i^2 \delta_i^2 + \lambda\left(\sum_{i=1}^{n} w_i - 1\right)$，并对修正函数 F 求 w_i（$i = 1$，2，$\cdots$，n）的偏导数，可得：

$$\begin{cases} \dfrac{\partial F}{\partial w_1} = 2w_1\delta_1{}^2 + \lambda \\[2mm] \dfrac{\partial F}{\partial w_2} = 2w_2\delta_2{}^2 + \lambda \\[2mm] \cdots \qquad \cdots \\[2mm] \dfrac{\partial F}{\partial w_n} = 2w_n\delta_n{}^2 + \lambda \end{cases} \tag{2}$$

将式（2）转化为求解 F 最小值问题。当 $\dfrac{\partial F}{\partial w_i}=0$ 时，函数 F 取得最小值，则对应的方程组为：

$$\begin{cases} 2w_1\delta_1{}^2 + \lambda = 0 \\ 2w_1\delta_2{}^2 + \lambda = 0 \\ \cdots \\ 2w_n\delta_n{}^2 + \lambda = 0 \end{cases} \tag{3}$$

由式（3）可得到如下加权因子 w_i 的值：

$$\begin{cases} w_1 = \dfrac{\lambda}{\delta_1{}^2} \\[2mm] w_2 = \dfrac{\lambda}{\delta_2{}^2} \\[2mm] \cdots \\[2mm] w_n = \dfrac{\lambda}{\delta_n{}^2} \end{cases} \tag{4}$$

在式（4）基础上进行加权因子 w_i 的累计，得到 $\sum\limits_{i=1}^{n}\dfrac{-\lambda}{2\delta_i^2}=1$，则对应的 λ 值为：

$$\lambda = -\frac{2}{\sum\limits_{i=1}^{n}\dfrac{1}{\delta_i^2}} \tag{5}$$

将式（5）代入式（4），得：

$$w_i = -\frac{1}{\delta_i^2\sum\limits_{i=1}^{n}\dfrac{1}{\delta_i^2}} \tag{6}$$

同时，将式（6）代入（3）式，获得多传感器数据融合后的可达到的最高精度计算公式

为 $\delta=\sqrt{\sum\limits_{i=1}^{n}w_i^2\delta_i^2}$，在此基础上，获取最小值 $\delta_{\min}$，即：$\delta_{\min}=\dfrac{1}{\sqrt{\sum\limits_{i=1}^{n}\dfrac{1}{\delta_i^2}}}$。

2．局部纺织数据近似融合算法

在证据组合规则中，k 是一个用于衡量各个证据之间冲突程度的系数。若 $k=1$，则表明不能采用 D-S 证据组合规则进行数据融合。

如前所述，在纺织制造过程中，由于下位机监测器携带的传感器在实时采集数据过程中易受到外界各类不确定因素的干扰，常会出现基本概率赋值的 0 分配，导致 $k=1$ 或 k 趋于 1，形成融合结果与实际结果相悖问题，而 D-S 证据理论的近似算法为该问题的解决提供了便利条件 [20]。

根据 D-S 近似计算的基本思想：通过减少 Mass 函数的焦元个数来达到计算的简化。如果 Mass 函数的合成将产生一个 Bayes 信任函数（即一个识别框架上的概率测度），则 Mass 函数用它们的 Bayes 近似来代替，将不会影响 Dempster 合成规则的结果。故假设目标识别框架为 $\Theta=\{F_i \mid i=1，2，3，4\}$，采用 16 个下位机监测器的传感器对纺织数据融合过程进行测度，则得到的基本概率赋值见表 6-1。

表 6-1　由 16 个传感器测度的基本概率赋值

O	F_1	F_2	F_3	F_4	F_1F_2	F_2F_3	F_1F_3	$F_1F_2F_3$	Θ
1	0.5	0.2	0.1			0.1			0.1
2	0.3	0.2	0.1	0.3				0.1	
3	0.2	0.5	0.1	0.2					
4	0.5	0.1	0.2			0.2			
5	0.1	0.2	0.2	0.5					
6	0.4	0.1	0.2	0.3					
7	0.5	0.3	0.1	0.1					
8		0.5	0.2	0.2		0.1			
9	0.3	0.1	0.3	0.1			0.1		0.1
10	0.2	0.2	0.2	0.4					
11	0.2	0.3	0.2	0.1	0.1	0.1			
12	0.3	0.2	0.1	0.3					0.1
13	0.3	0.2	0.3	0.3		0.1			
14	0.3	0.1	0.2	0.3	0.1				
15	0.5		0.2	0.2			0.1		
16	0.5	0.3		0.1	0.1				

由表 6-1 可见，存在 $k=1$ 的情形，这个结果说明在证据组合规则时融合结果与实际结果相悖。为了解决这一问题，国内外学者们提出了许多修正方法 [21, 22]。但通过仔细研读，其可分为两大类：一是基于修正融合模型的方法，该类方法最显著的特点是对这种相悖问题进行预处理，在此基础上利用证据组合规则融合证据，代表性的方法有折扣系数法、加权平均法等；二是基于修正组合规则的方法，该类方法主要解决面向相悖问题的分配空间

和权重问题，代表性的方法有全局分配法、局部分配法等。目前已有的这些修正方法在数据集较小的前提下，当融合结果与实际结果相悖或判定某一或部分证据与其他证据冲突时，可通过融合权限的调整，实现降低融合结果或所判定证据对实际融合结果的影响。当然，从根本上讲，这种融合权限调整方法在大数据环境下还是一种被动调整，其融合结果与实际结果还存在一定的误差。为此，本文在纺织大数据环境下，提出利用如下 Mass 函数的 Bayes 近似公式进行进一步计算。即：

$$m(A)=\begin{cases}\dfrac{\sum\limits_{A\subseteq B}m(B)}{\sum\limits_{C\subseteq\Theta}m(C)^{*}|C|}, & \text{若 A 是单个假设集合}\\ 1, & \text{其他}\end{cases}$$

由此进行贝叶斯近似计算，则计算后得到的基本概率赋值见表 6-2。

表6-2　贝叶斯近似后的基本概率赋值

O	F_1	F_2	F_3	Θ
1	0.5000	0.2143	0.2143	0.0714
2	0.3333	0.2500	0.2500	0.1667
3	0.1000	0.6000	0.2000	0.1000
4	0.5000	0.2500	0.2500	0
5	0.1000	0.1000	0.2000	0.6000
6	0.5000	0.1000	0.1000	0.3000
7	0.5000	0.2000	0.1000	0.2000
8	0	0.6000	0.3000	0.1000
9	0.2856	0.1429	0.4286	0.1429
10	0.2000	0.1000	0.2000	0.5000
11	0.2500	0.3333	0.33333	0.0834
12	0.3847	0.1538	0.1538	0.3077
13	0.1818	0.1818	0.2728	0.3636
14	0.1817	0.1817	0.2729	0.3637
15	0.6000	0	0.2000	0.2000
16	0.6364	0.2727	0	0.0909

从表 6-2 中可以发现：O_4（F_4）、O_8（F_1）、O_{15}（F_2）、O_{16}（F_3）为 0，表明其不能进行 D-S 证据理论合成，需要根据纺织制造过程中各类不确定因素的产生概率，以及对棉纱产量数据造成的系统误差进行分析，以此对表 6-2 中值为 0 的数据分别分配适当的扰动量 ε_i 进行适当调整。

若将扰动量 ε_i 定义为 0.0100，则经调整后的基本概率赋值如表 6-3 所示。

表 6-3　调整后的基本概率赋值

O	F_1	F_2	F_3	Θ
1	0.5000	0.2143	0.2143	0.0714
2	0.3333	0.2500	0.2500	0.1667
3	0.1000	0.6000	0.2000	0.1000
4	0.5000	0.2500	0.2500	0.0100
5	0.1000	0.1000	0.2000	0.6000
6	0.5000	0.1000	0.1000	0.3000
7	0.5000	0.2000	0.1000	0.2000
8	0.0100	0.6000	0.3000	0.1000
9	0.2856	0.1429	0.4286	0.1429
10	0.2000	0.1000	0.2000	0.5000
11	0.2500	0.3333	0.33333	0.0834
12	0.3847	0.1538	0.1538	0.3077
13	0.1818	0.1818	0.2728	0.3636
14	0.1817	0.1817	0.2729	0.3637
15	0.6000	0.1000	0.2000	0.2000
16	0.6364	0.2727	0.0100	0.0909

由表 6-3 可见，通过增加扰动量后数据融合结果达到了归一化要求，使得 Bel（O_i）=m（O_i）。进而，经 D-S 证据理论融合后得到的结果如图 6-7 所示，最终的识别结果为 F_1。

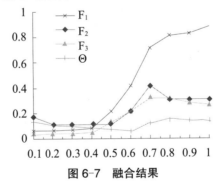

图 6-7　融合结果

（三）系统的实现

在现有制造层面海量数据信息的基础上，构架了基于 Hadoop 的三层纺织大数据存储系统体系。在此基础上，通过梳理纺织制造过程的业务流程和数据流程，利用 U/C 矩阵（过程／数据矩阵）划分系统子功能的方法，将纺织制造执行系统的主要功能划分为：计划管理、资源管理、设备维护管理、产量质量管理、机台数据采集、生产调度、职工管理、资料管理，以及生产过程跟踪管理九大功能模块，并且各功能模块又可通过业务与数据之间的因果关系，二次划分为与织物"品种"关联的若干子功能模块，并在纺织数据融合的基础上通过相互间的信息共用来实现系统的主要功能，其功能模块间的相互关系如图 6-8 所示。

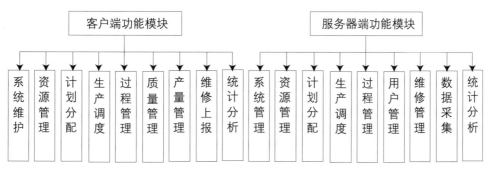

图 6-8　系统主要功能模块

在系统功能设计与实现过程中，按照纺织企业从市场需求到生产供应的整个产业链中所涉及的各个业务流程，以及由业务流程所产生的数据流向，将系统功能按照"品种"信息输入输出关系划分为与业务流程与数据流向相对应的九大功能模块。而且，每个模块与后台大数据存储系统数据库之间均以"品种"信息为索引字段进行数据存取，并通过纤维属性与纺纱、坯布质量之间数据关系所对应的"品种"来建立数据之间的相关关系。以如图 6-9（a）所示的棉纱质量人机交互功能模块为例，由于整个棉纱质量数据融合过程的数据源于上层计划层 ERP 系统（其中包括订单、原料、工艺计划、试织工艺数据等），以及底层车间制造层四个车间的监测系统（清梳车间监测系统、细纱车间监测系统、筒并捻车间监测系统、织布车间监测系统），但是每个系统均存储海量的纺织数据，且本身是一个大数据集，而这种以"品种"信息为索引字段进行融合后的数据存取方法，通过增量聚类算法进行聚类，更有利于表达上层计划层与底层生产控制层之间以"品种"为主线的纤维属性数据与纺纱、坯布质量数据之间关联关系。

（a）棉纱产量数据统计结果

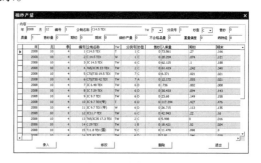

（b）生产数据查询

图 6-9　机台生产数据及运转状态

同时，在纺织制造过程的多传感器数据融合中，系统还可对各类不确定因素所引起的异常事件做出快速反应。若突发如图 6-9（b）所示的异常事件（灰色标识），则表明需要进行局部传感器数据的融合，此时可根据各机台监测器在异常事件发生时刻所采集的机台运转状态数据来估计。通过双击异常（灰色标识）信息，系统人机交互界面可自动弹出异常信息的来源，以及异常信息对应的纤维属性、成纱质量或坯布质量异常数据，有利于表示纤维属性与成纱质量、坯布质量之间的因果关联关系，有效地提升了制造过程异常事件的快速反应能力，更增强了计划层与生产制造层之间信息的有效衔接。

（四）结论

针对纺织制造过程中的系统集成与数据管理问题，在原有车间监测系统、部门管理信息系统以及工艺管理系统数据，以及文本类型的原料、传感器数据，纱疵检测图像数据的基础上，利用 D-S 证据、增量聚类理论方法，通过纺织企业内部局域网，在纺织大数据环境下构建了一种制造执行系统，实现了各类异构纺织业务与生产数据的有效集成。

通过系统测试，结果表明：该系统运行稳定、数据处理结果准确、而且系统结构简洁、易维护，有效解决了纺织企业上层计划层与底层车间制造层之间信息无法衔接的现实问题，并通过强调制造过程的整体优化来帮助企业实施完整的闭环生产，同时也为企业信息化的建设提供了良好的技术支撑。但是，随着技术研究的不断深入和方案设计的不断细化，越发觉得如下问题还得拓展：

（1）在"两化融合"政策的指导下，深入探究纺织企业如何通过信息技术的进步来驱动纺织行业的管理创新和转型升级。尤其是，如何从交叉学科的角度，将这种面向大数据环境下的制造执行系统进行功能扩展，从后台大数据存储体系中获取更多更有价值的管理信息，从而为企业的管理创新决策提供数据依据，这是纺织制造执行系统功能设计中有待进一步考虑的问题。

（2）如何通过数据融合结果应用于各类在织织物加工质量的在线实时检测，并对制造过程中易出现的异常事件行为进行实时预警，从而保证整个生产过程的连续化，是一个系统实现与应用过程中值得深入探究的问题。

第三节　云计算环境下的纺织信息系统

一、云计算技术在纺织信息系统中的应用

随着纺织企业规模发展，企业信息化的不断深入，信息技术（IT）、供应链管理（SCM）和成批制造技术已经变成当今纺织服装业的生存三要素。由于初期有些企业信息化缺乏统一规划，各个部门独自开发自己的业务系统如采购、生产、销售、仓库、财务等，使得这些系统互相脱离，建设系统成为"信息孤岛"，以致整个企业的信息资源不能整合，企业运作缺少协作平台。随着业务不断增长，企业部门协作的问题越来越多，从而不能真正发挥信息系统的作用。另外，纺织企业的产品、材料品种繁多，分订单、分批号、多次裁剪等行业特性使得数据采集不及时、准确度不高，容易造成入库、物流出错，影响业务运作与客户服务水平。后来，随着 BTO（Build To Order，产品按照订单 生产），JIT（Just In Time，即时生产方式）等新型生产模式的提出，市场对产品质量要求提高，更是要求管

理层能够实时掌握生产、经营信息，从而实现企业信息集成使企业在激烈的竞争中立于不败之地。通过基于云海计算的企业平台即服务（PaaS）私有云建设，可以在云端实现企业各种数据及应用集成，通过 RFID、智能传感进行数据的实时高效采集，满足数据采集实时性及企业应用集成性的要求。

（一）云服务端网络结构

云端采用 Oracle 公司的云平台服务器，通过虚拟化技术整合原来硬件资源，在 PaaS 利用 Oracle 的 Oracle Weblogic 建立企业应用总线，通过 SOA 平台整合体系内的不同应用，在系统的运行状态下动态调整业务适应不同客户需求相比而言 SOA 的方式对于被整合应用有一定的开发工作，需要将系统抽象成服务，但是它具备良好的灵活、快速上线的能力，在 PaaS 中对业务逻辑、业务流程进行集中管理定义，有利于数据集成、业务流程的重构及资源管理。在海端如利用手持物联网 RFID 终端、传感设备、车载 GRP 对数据进行实时采集，物流跟踪，并做基本计算及存储，最后根据云端接口要求，将处理完成的数据交给云端进行处理，降低网络通信量及云端服务器的工作量。

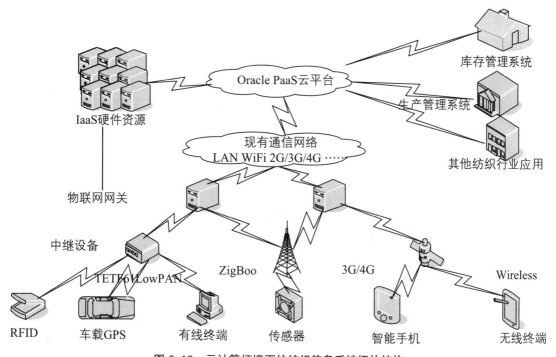

图 6-10　云计算坏境下的纺织信息系统拓扑结构

在如图 6-10 所示的拓扑结构图中，云端服务中包括 IaaS 硬件资源及 PaaS 软件平台，其中 IaaS 提供基本的计算、存储和网络功能等硬件资源，单纯的 IaaS 要求用户提供其他部分，包括应用程序、中间件和数据库，导致更大的开发成本、时间和异构性。而 PaaS 提供分层的云服务平台，包括 IaaS 及上层的数据库、平台开发中间件及其他共享组件方便用户灵活地开发本身的应用程序，图 6-11 为 PaaS 云服务端结构。

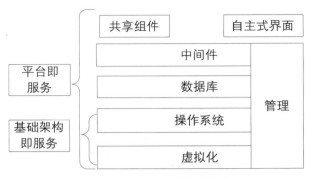

图 6-11　Paas 云服务端结构

在基于 Oracle Paas 的纺织私有云具体实现中，在底层首先通过 Exadata 和 Exalogic 等对软硬件进行预集成和优化组合，也可通过虚拟化技术能够在其他硬件上运行 Oracle 数据库及其融合中间件软件，简化部署，减少硬件总数和环境复杂性。另在纺织私有云计算平台中，企业级应用中数据是非常重要的，是所有应用系统正常运转的核心，而在具有众多遗留系统的环境中，如何适合快速多变的各类业务需求，这对企业数据的管理要求更高。同时如何有效地整合企业内，多种异构数据源，实现数据集成也是构建私有云要解决的主要难题。首先根据云平台的要求，对数据进行元数据定义，通过数据服务平台实现数据服务的部署和管理，再通过 Oracle 的数据云产品 Oracle DB 套件及数据中间件套件，采用 JDBC，ODBC 或 Web Service 协议访问的数据服务，可以快速、有效地整合异构系统的结构化和非结构化数据，使用 Oracle Exchange Cloud 创建、部署和管理数据服务来访问、转换、整合及聚合数据，转换原始数据和需求数据的语义差别，提供应用需要的信息，同时隐藏底层物理数据源的复杂细节，这可以使客户在使用云计算的开发接口整合应用的时候降低开发成本。并且在这个云计算服务平台上，可能会有若干不同的部门提供的应用供最终用户使用，当用户订阅使用异构的应用的时候也会存在应用整合的需求，所以提供基本的应用整合的编程和数据接口给业务逻辑层是数据访问中间件层的关键功能点。在业务逻辑层，利用 Oracle 的 SOA 平台可以灵活地整合体系内不同的应用，提高云计算解决方案快速适应市场需求的能力。在系统的运行状态下动态的调整业务，适应不同客户需求。通过 Oracle Paas 可以在一个共享的企业应用总线架构上整合现有应用程序，主要是在应用的服务层进行整合，需要把这些应用系统的逻辑功能抽象成服务，并构建利用该平台提供的共享服务的新应用程序，提供 Web Service 接口作为 Oracle Weblogic SOA 平台的服务接口，方便快捷地整合云计算服务平台所注册的不同应用。即通过 SOA 这个面向服务的企业应用体系架构，可以将不同部门应用不同功能单元（即服务）通过已经定义好的接口和契约联系起来，各个部门可根据各自业务流程，将各式各样的应用以 SOA 松耦合的方式，通过 WSDL、UDDI 等动态描述和发现技术来完成动态绑定和调用（SOAP），即使更改了业务流程，也不需再修改已有系统，从而保护了原有资源，简化了集成的复杂性，快速实现企业应用集成。在消息通知方面，可以提供基于 XML 或者 JSON 的消息总线服务，保证应用系统高效通信及可持续集成。在为租户具体应用服务上，首先根据企业的组织目标，根据业务流程管理（BPM）规则，通过 BPEL 进行业务流程建模，预定义企业的业务流程及业务逻辑，以流程中参与的服务为基础，将各孤立的，无状态的服务组合起来完成多个服务之间的交互，在 BPEL 定义中只需指定服务的接口，相关实现在部署运行时确定，服务之间以 XML 形式来进行消息传递。一般情况下 BPEL 流程接收来自海端客户端服务请求，调用相关的服务，响应客户端请求。在这个过程中，一个服务被一个流程调用的同时也可以被其他流程调用，同时流程本身可为其他租户提供服务，也可封装成流程作为子流程为其他流程重用，这种可重用性降低了应用的复杂性。

（二）云服务前端网络结构

与云计算的后端处理相比，海计算指的是智能设备的前端处理。海计算由中科院提出，其运行方式是在物体中植入智能通信芯片及智能算法，让物与物之间能够互连，获取数据并计算，实现物与物之间的交互作用。海计算既可通过植入物体中的信息装置有效地获取物质世界信息；又可通过独立个体间的局部即时交互和分布式智能，构建实时信息系统（Real — time Information System，RIS），具有自组织、自计算、自反馈功能。纺织行业的 RIS 可由信息采集、信息传输和信息处理 3 个子系统组成。信息采集子系统由各种类型的采集设备所组成，如植入布料的 RFID 及其他传感器、视频、音频图像采集器等。物体可以通过有线或无线的方式进行相互连接或者连接到系统，实时信息可以根据用户个性需求主动推送，也可以是用户向实时信息系统发出请求后等待接收信息。信息处理指采用智能装置对接收的信息进行加工处理，加工完毕后对他进行局部储存，再把结果传输给云端进行处理或存储。随着海终端的拓展，能够处理业务信息的客户端不仅是常见 PC，还有其他设备诸如手持物联网 RFID 终端、传感设备、车载 GPS 等，其所收集到的信息是海量的，由云端来处理这些信息在实时性及可行性是不可行的，为此在海终端中，更多的设备是物联网终端，可以采用智能传感器对信息采集及本地化存储，经过处理后的中间或最后结果，通过云端开放的接口，通过 SOAP 调用云端的服务把数据传给云端进行处理，图 6-12 为云海计算的通信结构。

图 6-12　云海计算的通信结构

实时感知信息的预处理、判断和决策等信息处理主要在当前场景下的前端完成，提高效率，其中必要的需要大运算量的计算或者需要和其他设备、应用共享的数据才通过"云端"的数据中心来处理储存，从而节省通信带宽，并且可以使服务器节省存储空间，因为实时流的原始感知的数据量非常大，没有必要由服务器存储，才能满足实时性的交互处理。

二、云计算应用实例——基于云服务的纺织物定制平台设计与实现

目前纺织行业所面临三大问题：纺织 CAD 软件使用及维护成本高、纺织电子商务规模化程度低及业务层次单一、纺织电子商务平台用户交互体验差且互动性不足。为此提出的

基于云服务的纺织物制定平台是一个垂直化的电子商务平台，实现了行业优势资源的整合，并通过应用云服务提高了用户定制过程中的交互体验，通过在线纺织 CAD 设计平台向设计师提供设计、协作等服务。

（一）平台优势

1．纺织 CAD 在线化

应用云计算技术将可网络化的纺织 CAD 技术云服务化，实现通过网络向设计师提供纺织 CAD 设计服务，从而降低企业在软硬件设施上的投入，并可以让企业及时享受软件服务维护升级所带来的好处。

另一方面，通过个性化的云服务插件可以给设计师提供各种个性化的服务插件，比如通过提供纺织模拟服务，让设计师能够根据纺织物生产预览图调整自己的设计策略；通过提供意匠辅助设计服务，可以提高设计师的工作效率；通过提供纹板文件自动生成服务能有效解决因不同设计人员差异性而导致的产品生产质量参差不齐的问题；通过提供云存储服务可实现设计师随时随地进行设计工作，并确保设计成果不会因突发情况而意外丢失。

当然，在线纺织 CAD 设计平台所能提供的特色云服务，不仅可以解决目前设计师所面临的问题，并且可以随时扩展以满足设计师未来的需求。

2．行业资源垂直化

纺织物定制平台是一个垂直化的电子商务平台，应用云存储技术实现对行业所有资源信息的存储，应用大数据相关技术对所有存储信息进行科学分析，从而实现对纺织行业所有资源的有效整合，实现行业的规模化效应。

而在业务上，纺织物定制平台不仅提供完整电子商务系统，即包括纺织物展示、销售、购买、评价等的线上交易系统；并且提供优质的行业资讯，以让用户及时了解行业的最新动态，从而及时调整自己的计划；提供个性化的定制服务，从而满足不同用户对产品的需求；提供设计师在线设计服务，实现订制流程全部线上化，提高定制效率。

总之，纺织物定制平台通过实现纺织行业资源的垂直化整合，实现了行业的规模化效应，通过提供各个层次的服务有效丰富了平台的业务，从而建造了一个自循环的纺织物产销生态系统。

3．用户体验互动化

在传统的电子商务平台上，用户通常只能通过产品的简单图文介绍以及相关评价对产品的优劣进行判断，而这种单调乏味的展销方式不仅降低了用户购物的体验，而且很难让用户做出比较理性的判断。

纺织物定制平台创新地应用云服务来提供更加丰富的产品展示方式，从而向用户传达更全面更真实的产品信息，以帮助用户做出正确的决策。具体来说，通过提供产品三维模拟服务向用户提供产品的三维模型，用户可以全方位多视角地感知产品；通过提供场景模拟服务实现对真实的产品应用场景的模拟，用户可以将产品布置到实际的使用场景中，从而获取真实的产品使用效果；通过提供纺织物模拟服务，用户可以预览产品的生产效果图，从而避免被光影之下的产品图片所迷惑，实现所购即所得的购买体验。

总的来说，纺织物定制平台通过向用户提供各种云服务有效提高了用户定制纺织物时的交互体验，并且用户可以从这种互动式的产品展示中获取更加全面、更加真实的产品信息，从而做出最正确的定制决策。

（二）纺织物定制平台的设计与实现

纺织物定制平台的设计包括平台用户需求的分析、整体架构的设计以及平台前后端的实现。具体来说，首先需要对不同类型用户的需求进行分析；然后根据需求确定平台的功能模块，从而设计出平台的整体架构；最后利用 Web 前后端技术对平台的前端用户界面、后台业务逻辑以及数据库加以实现。

1．云服务方案的设计与验证

云服务方案主要以云服务插件为核心理念，通过将在各种平台开发的技术（如像景择纱及像景模拟技术等）利用统一的接口进行封装，然后在服务器业务层根据用户的服务请求调用相应的云服务插件，实现云服务的提供，提高用户订制纺织物过程中的交互体验，并设计实现了像景择纱云服务插件以及像景模拟云服务插件，验证了方案的可行性。

2．像景择纱云服务插件的设计与实现

像景择纱云服务插件是利用网络向用户提供像景择纱服务，而像景择纱主要目的是实现对各纺织厂资源的整合，从而从可用的色纱库中选择出最优的色纱组合以保证分色后图像与原始图像的色差是可接受的，从而确保实际的像景织物产品是当前生产环境下所能实现的最优效果。智能择纱的主要研究内容包括：使用聚类算法对色纱库进行划分以缩小择纱可行解域，采用模拟退火式遗传算法实现色纱的高效、精准选择。

3．像景模拟云服务插件的设计与实现

像景模拟云服务插件是利用网络向用户提供像景模拟服务，而像景模拟的主要目的是通过模拟纹织物制作流程而生成仿真的像景织物，从而让用户、设计师能预知像景织物的实际生产效果，从而形成一个设计、调整的闭环，并通过消除传统设计中打样的成本而降低像景织物订制品的生产成本，有效提高产品的质量及用户的满意度。而像景模拟主要解决的问题是：首先根据选定的色纱设计出合理的组织库，然后利用一定的映射算法将分色图像映射成组织片图像，最后叠加组织片图像形成完整的组织模拟图。

第四节　纺织智能制造系统

一、智能制造技术在纺织信息系统中的应用

"中国制造 2025"的重要方向是智能制造，"互联网＋"的核心是将互联网作为创新源动力，实现强大的融合性和可扩展性。"互联网＋"的发展趋势，是深度融合互联网新技术

与制造业，优化制造业的生产方式、投资方式、管理方式和商业模式等，改造提升中国制造业。

我国提出的《中国制造 2025》计划纲要中已经明确提出要加快纺织等行业生产设备的智能化改造，提高精准制造、敏捷制造能力。近年来，随着智能制造技术的不断发展和成熟以及自动化装备、生产过程在线监测在纺织行业的不断应用，使得纺织行业在智能化提升方面取得了实质进展。具体来说，智能制造技术在纺织信息系统中的应用主要有以下五个方面：

（一）纺织生产质量智能检测与预警技术

随着纺织企业的不断发展，纺织企业的产品生产越来越趋向于品种的多样化、生产周期的短期化、生产流程的快速化。这些都对纺织企业的管理能力尤其是质量管理能力提出了更高的要求。降低生产成本、提高产品质量是纺织企业普遍关心的问题，自动化技术、计算机技术及网络技术的快速发展为传统的纺织工业提供了良好的技术支持，以基于数据的质量分析预测算法及自动化控制技术为基础构建纺织生自动化检测与预警系统对提升纺织产品的质量具有重大意义。

提升工业产品的质量被列为《中国制造 2025》计划的九大任务之一，对于纺织行业来说，加快纺织生产质量控制与检测、预警，也是纺织强国建设的重要方面。通过科技进步、技术创新、工艺可靠、标准严格、控制严谨、装备先进等方面提升纺织产品的质量和品质，并为产业用纺织品最终产品的开发提供积极支持，确立质量品质的一致性和可靠性。

（二）智能纺纱系统

运用大数据、云计算、互联网等技术，实现了对纺纱作业的每个工序的可视化监控，客户可以实时通过互联网了解订单的进度和质量情况。同时系统可以将实时数据传递集成和分析，以数据分析反向指导生产管理，实现了集生产状态远程监控、产量报表自动生成、质量数据实时监视、订单实时跟踪、无缝集成 ERP（企业资源计划系统）等功能为一体的管理平台，从而实现生产全流程的网络化、集成化，提高了生产效率和管理精细化水平。

（三）纺织全流程的纺织智能管控系统

在当前全球经济复苏、国内经济增速趋缓、成本增加、劳动力紧缺、环境压力增大的形势下，今天的纺织企业依然是一个综合的大型加工车间，这种发展模式已经不适应现在以细分化为主导的经济发展模式，因而使得纺织企业的进一步发展举步维艰。

随着制造业的发展，要适应数字化与智能服装技术、数字化纺织管理和商贸技术的发展，研发与行业发展相关联的物联网、云计算、智能化技术，促进智能纺织生产技术快速发展，构建适合纺织各个细分行业的 ERP 系统，纺织行业电子商务平台，服装企业集 CAD、CAM、CAPP 和管理营销网络为一体的纺织企业智能管控系统平台（图 6-13）。

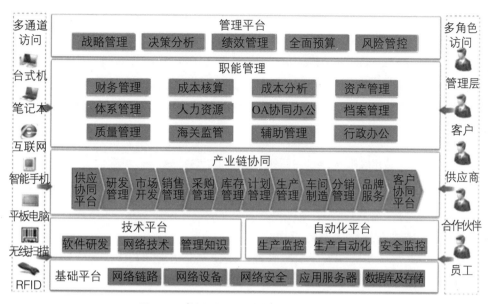

图 6-13　纺织企业智能管控系统平台构架

（四）纺织机器人技术

目前在纺织生产中，工业机器人的应用已经具备一定基础。棉纺织生产具有多工序、连续化的特点，专业化分工和专业协作程度较高。多年来，棉纺行业在各工序提高机械设备自动化、智能化水平，实现不同工序间的连续化、自动化生产。其中，自动络筒系统是棉纺行业应用最多和最有效的技术，是人和机器人协调型单元生产式组装系统的成功应用。同时，棉纺行业在不同工序间自动换卷、换筒、落纱、清洁、自调匀整、信息监控、废棉处理、自动打包、空调自动调节控制等方面，围绕提升质量、控制成本、提高劳动生产率，应用自动化、智能化技术。

（五）纺织智能制造示范生产线和数字化工厂

分步骤建设智能制造示范生产线和数字化工厂，包括智能化纺纱示范生产线，从纺丝到产品包装的智能化长丝生产线，全流程数字化监控的印染示范生产线，智能化服装和家纺示范生产线等。整合供应链、设计、生产、销售相关的全部环节，建立纺织智能化生产线及数字化车间。

二、纺织智能制造关键技术——RFID 技术

纺织智能制造是集互联网技术、计算机技术、电子通信技术等多种技术为一体的集成制造方法，其中 RFID 技术在整个纺织智能制造系统中扮演着重要的角色。

（一）RFID 技术介绍

RFID（Radio Frequency Identification）技术，又称无线射频识别，是一种通信技术，可通过无线电讯号识别特定目标并读写相关数据，而无需识别系统与特定目标之间建立机械或光学接触。如图 6-14 所示，RFID 系统一般由标签、读写器、应用接口或中间件软件、传输网络、业务应用与管理系统等构成。

图 6-14 RFID 系统非结构框

（二）RFID 技术在纺织企业的应用

案例一：GAP 高效便捷的衣物追踪管理。GAP 公司在把 RFID 技术应用到衣物追踪管理与库存管理方面很有经验。GAP 致力于围绕整个生产、经营流程，从最初的生产阶段到辅助销售人员工作的店内跟踪、订购、存货、控制环节，创建了一个完整的信息化体系。电子芯片以服装标签为载体在生产流程中被植入每一件服装中。这些标签关联着服装的款式、尺寸、颜色、既定目的地等信息。通过对货品的即时追踪，大大提高了 GAP 对全球上千家连锁店的管理效率。

案例二：溢达集团运用于成衣制造。溢达集团提出了新概念，把 RFID 运用到成衣制造，实现追溯源头。为每一件从溢达集团生产的衣服建立"RFID 身份证"，从其一开始出生状态（棉花），到它上小学（纺纱），升初中（织布），考上高中（染色），最后读大学（成衣制造）。把 RFID 技术运用到整个成衣生产管理与追踪过程中，让消费者可以清楚地知道每件衣服的面料是来源于哪里的棉花，染料成分是否符合国际标准，生产于哪间工厂，是否是假冒伪劣产品等等。目前，国内纺织服装领域的 RFID 专家——天泽盈丰作为溢达集团指定的合作伙伴，正帮助其不断地将 RFID 技术应用于制造过程中的各个环节，并取得了显著成效。

案例三：中山通伟制衣实时管理生产过程。在实时管理生产过程方面，中山市通伟制衣有限公司进行了尝试。2007 年 12 月，中山市通伟制衣开始实施天泽盈丰智能电子工票系统（ETS 系统），此次信息化建设为中山市通伟制衣有限公司加强生产线实时管理打下了坚实的基础。实时收集生产现场的数量、时间、品质、交收、非本位等数据，储存在中央数据库；同时系统对实时数据进行高速分析处理，将生产现状与问题立即呈现于车间管理人员面前，并提供预警与指引，以使工厂实现生产平衡、进度满意、品质提升、货物流向清晰的智能化管理。利用 RFID 技术，中山市通伟制衣有限公司突破了车间现场管理的多项瓶颈。2008 年 5 月，中山市通伟制衣有限公司全部采用 RFID 技术，在生产货件上附带 RFID 标签，然后流转到生产流水线上的各个加工环节。

案例四：应用于仓库管理及其他（图 6-15）。在仓库管理中，以香港晶苑集团为首的多家企业正与天泽盈丰联合开发 RFID 智能仓库管理系统。通过电子标签可以对全部库存物料的类别、规格进行管理和分类。并在此基础上实现货物智能导航入库、智能盘点。一且收到出货订单，仓库管理人员通过无线手持设备，马上就可以确定所需物品存放的准确位置。智能仓库管理系统可减少人为误差的因素，通过 RFID 货物进出通道，使仓储入库与出库管理变得简便快捷。同时，缩短发货时间、优化库存控制，最大限度地提高仓库的运作效率。继续往纺织服装供应链下游方向，RFID 的触角伸展到终端门店管理，天泽盈丰与深圳市左右岁月服饰有限公司联袂，在其全国 30 多家终端零售店全面使用 RFID 技术，目标是实现智能 POS、智能盘点、智能试衣、智能找货、智能门禁、VIP 情感账户等六大功能。

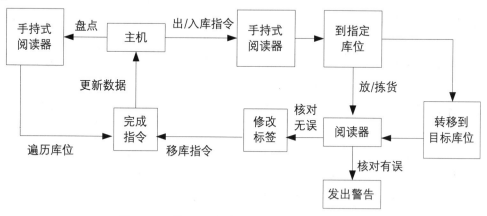

图 6-15　某 RFID 纺织企业仓库系统业务流程图

案例五：存货盘点功能。由于服装专卖店的租金昂贵，为善用陈设空间，店家多将库存留于楼层仓库中，一旦顾客要求，店员再入仓库在数千项物品中，翻箱倒柜地寻找。通过手持式 RFID 读写器，可以迅速取货；一旦得知店内缺货，也可以直接补货或从周边店铺调货；仓库门口装有 RFID 货物进出通道，当有货物进入或被拿出仓库时，店内的电脑系统就会自动更新仓库内存货信息和店面铺货情况；当一天营业结束时，店员再也不用逐件清点货品，只要拿着手持设备扫过衣服，一次可以读 10~30 件货品的信息。使原先需要3 个小时的盘点工作 15 分钟就能完成。

案例六：智能试衣。智能试衣系统——"魅镜"智能试衣间，也是天泽盈丰 RFID 系统的一大亮点。购物时试穿衣服可能对多数女士是一种享受，而对多数男士而言则是一种折磨。而采用"魅镜"智能试衣间的门店就可以让顾客在很短的时间内把店里的衣服全部试穿完。在服装店内有一个虚拟试衣间，只要顾客站在"魅镜"前，对面的摄像机就会把顾客 3D 影像呈现在"魅镜"上，而顾客可以通过触摸功能直接在屏幕上选择各种款服装，在虚拟环境里试穿这些服装，直到选中自己满意的搭配，大大提高了衣物展示的次数，在短时间内试穿上百种服装不在话下，直接提升成交率 30% 以上。

案例七：卖场的进、销、存管理。如果说以上都是时装公司成功的硬件基础，那么卖场的进、销、存管理则是必不可少的软件基础。店员可以通过店铺终端系统管理包括销售总额、退货时间、库存管理等销售信息。同时企业总部和仓库也可即时掌握全国各店铺的销售情况。这样将帮助时装公司节省费用和销售更多的产品，降低库存，使资金周转速度加快 3 ～ 4 倍。

三、智能制造在纺织系统中应用实例——纺织制造执行系统

制造执行系统（Manufacturing Execution System，简称 MES）是美国 AMR（Advanced Manufacturing Research，Inc.）公司在 20 世纪 90 年代初提出的，并将其定义为："Information systems that reside on the plant floor，between the planning systems in offices and direct industrial controls at the process itself"[1]，其优点在于：通过执行系统将 MRP 计划同车间作业现场控制联系起来，实现企业生产信息的有效整合。

纺织企业作为传统的制造业，在 ERP 或设备控制系统设计实施时都涉及中间的车间管理层，使得对 MES 的需求应运而生，而且随着信息化管理水平的不断发展，其需求也不断增大。在国外，如古巴、韩国、德国、日本，以及美国等，对纺织制造执行系统的研究相对较早。如在 1991 年，Colorni A M 等人对纺织制造执行系统进行研究，并提出了一种 Distributed Optimization by Ant Colonies 方法；Geroge Coppus 等人在 1995 年开发了 Manufacturing Information Systems（MIS）；Dorigo M 等人在 1996 年对纺织制造执行系统进行了深入研究，并提出了一种 Optimization by a colony of cooperating agents 方法；在 1998 年，Tanju Yurtsever 等人为纺织企业构建了一种 Computerized manufacturing monitoring and dispatch system；在 2005 年，Michael N Huhns 等人对纺织制造执行系统所需的先进技术和规则进行深入介绍，使制造执行系统在纺织企业中的应用趋于成熟。

在我国，对纺织企业制造执行系统的研究始于 20 世纪 80 年代初[7]。由于当时我国纺织企业的设备自动化水平较低，信息技术力量有限，加之生产管理水平落后等原因，没有形成面向整个纺织企业的制造执行系统，而是仅研究面向特定车间的监测系统。如织机生产监测系统、服装厂车间生产物流系统、印染厂生产过程集中管理系统等，均属于制造执行系统的范畴，但由于长期被看作不同的应用系统，不能做到综合集成，往往成为信息孤岛，作用没有得到充分发挥。尽管国内纺织学者在系统的研究方面做了大量工作，但仍处于理论分析、系统框架和实现方法方面，如 Cheng Fantien 等人在 1998 年提出的面向纺织企业的制造执行系统框架；吴迪等人在 2004 年研究的纺织行业现代集成制造系统的发展战略；李惠成等人在 2007 年提出的计算机集成制造——我国纺织、服装业现代化的必由之路等。近几年，随着中国纺织工业联合会的政策支持和纺织企业信息化进程的不断加快，将制造执行系统的研制推向了重要日程，使之成为重点研发对象。在此背景下，国内纺织学者开始着手研发真正面向纺织企业的制造执行系统。如郑永前等人构建的基于 UML 的面向服务的 MES 模型；董玉倩等人对制造执行系统的关键技术进行了研究，并将其应用于纺织企业；于冬青等人将制造执行系统应用于纺织企业；台达电子集团研究的纺织制造执行系统等，从而为纺织制造执行系统的研究奠定了基础。

通过文献回顾发现：国内外纺织学者的研究重点主要在于系统模型的构建、先进技术在系统中的应用，但在系统体系结构的整合方面相对欠缺，并没有开发面向制造层面的纺织制造执行系统。为此，我们以面向制造层面的纺织制造执行系统为切入点，在原有各个

车间监控系统的基础上进行系统体系结构的构建，以实现上层计划层与车间现场控制层间信息的有效衔接。

（一）问题提出

通过调研发现：就纺织企业上层管理层而言，制订的计划任务不能及时得到执行、计划任务变动时得不到及时响应、无法对整个制造过程进行跟踪管理、制造层面无法实时准确地提供生产管理与决策分析所需要的数据依据、数据报表的正确性得不到验证等一系列问题。同样，就制造层面而言，计划任务的安排与调度往往得不到及时调整，生产现场的异常情况等不到及时反馈，往往导致生产过程中断，设备停台，使得上层管理层与生产制造层之间存在一个断层。那么，如何才能有效地解决纺织企业的生产计划与制造层间信息脱节问题呢？同时，纺织企业的制造执行系统与其他流程企业的制造执行系统有何区别？诸如此类问题，国内外纺织学者至今还没有触及。

（二）系统结构

传统的 MES 框架是基于 B/S 或 C/S 的三层架构，如图 6-16 所示，其包括用户界面层、业务逻辑层和数据访问层。由于在系统设计过程中遵守了开放—封闭原则（OCP）、里氏替换原则（LSP）、依赖倒转原则（DIP）以及接口隔离原则（ISP）等，使得这种系统结构具有很好的灵活性和组件重用性。

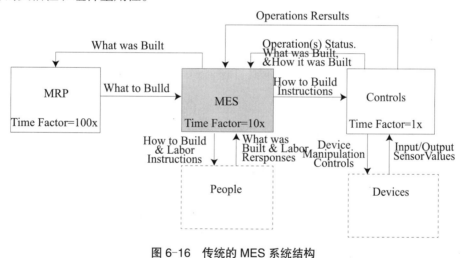

图 6-16　传统的 MES 系统结构

由图 6-16 可见，系统的结构虽具有通用性，但不足之处在于缺乏一定的特殊性，为此，需对此结构进行改进，以适应纺织企业的个性化需求和工艺流程特点，故采取的改进设计原则为：对个性化需求和工艺流程进行针对性地配置，使其与企业的信息管理系统、工艺管理系统、各个车间的监测系统、企业 ERP 系统等在结构上相兼容，通过系统的应用集成模块与上述系统的接口进行数据交换与信息整合，让企业的各个信息系统融为一体，以增强制造执行系统的通用性，满足企业不断变化的业务需求。同时，系统还应满足界面友好、响应时间短等要求，从根本上解决企业内部信息"孤岛"问题；当然，系统还应具有较多的数据接口，方便各类数据的导入导出，进行二次开发，以及数据报表的二次编辑。

改进后的系统体系框架如图6-17所示，其将系统功能分为三层，即数据采集层、数据应用层和生产现场控制（PCS）层。其中，数据采集层主要用来解决MES层的数据通信、存储、加工等问题，是MES层的核心，它的功能在于实时地接受PCS层的生产数据，同时将其组织成规整的格式，动态地分发给内部的实时数据库，并为数据应用层和PCS层提供及时、准确的生产数据。而对于一些非业务的操作，如日志操作、安全验证与授权等，采用面向切面的方法使其透明地贯穿于整个系统之中。数据应用层的主要任务是将分散的监测系统、工艺管理系统、信息管理系统等有机地集成起来，并运用计算机技术、自动化技术、现代管理技术等进行生产数据的融合处理，使其具有通用性。PCS层用来统一管理底层数据，使轮班班次实时数据和历史数据得到有效分离，并通过数据接口进行数据的高速传输和实时"读写"操作。

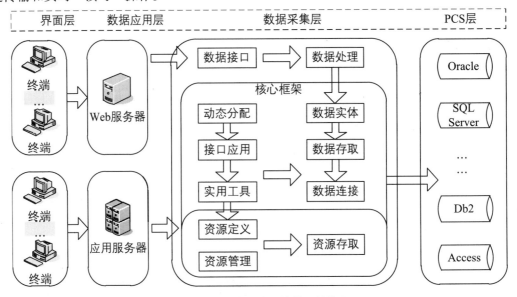

图6-17 改进后的系统体系结构图

（三）总体设计

1．业务流程设计

当企业接到订单后，首先开始制订订单任务的生产计划，并将计划分配到各个生产车间，而车间领导接收到生产计划后，根据机台的实际运转能力、车间的生产效率，将计划进行细化，并将生产计划分配到相应的组和岗位上，由各个组、岗位对实际运转机台进行管理，完成整个品种的计划任务过程。这样，整个系统的工作原理为：根据车间接收的生产计划 P，即系统计划任务，车间领导根据 P 的大小，以及机台 j 的实际生产能力 C_j，为其分配满足实际需要的组 G 和岗位 S（岗位大小不等，视实际情形来划分），并最终确定计划任务批次对应的开台数 m，且 $m \in [0, G*S]$，这样，任务 i 所属的计划任务组为 $f(i)$，其中 $f(i) \in [1, G*S]$，使得同一个组的计划任务能在一个批次中同时生产制造，不同组的计划也可在同一个批次中生产制造，因为整个计划的生产时间由机台的生产能力、生产管理水平以及任务量的大小来决定。

现用 $\pi=(\pi_1, \pi_2, ..., \pi_m)$ 来表示车间的一种实际生产过程，在该生产过程中，用 $\pi_j=\{r_{j1}, r_{j2}, \cdots\}$ 表示在机台 j 上加工的各个计划的批次，而批次 r_{jk} 的生产时间 $P(r_{jk})$ 等于该批次中任意一个计划的生产时间，这样，计划任务 i 在批次 r_{jk} 中生产的实际时间则为 $Q_i = \sum_{i=0}^{k} P(r_{ji})$。但值得注意的是，在生产过程中，可能存在各种因素，如人为、机械故障、停电等，会导致机台异常或停台，耽误了计划任务批次的合理安排和后期工序的排序。这时，关键问题在于，既要考虑如何保证机台尽可能快的恢复生产，进行计划任务批次的生产，以提高实际有效工作时间 E_i，提高设备利用率，又要考虑如何在机台上设置合适的批次并排序，保证整个工序的合理有序化。总之，无论如何安排整个计划工序，其主要的目的就是保证整个生产过程的最优化，从而提高设备利用率，并提高车间乃至企业的生产管理水平。故令机台 j 的停台时间为 S_j，工作能力为 C_j，则有 $S_j = Q_j\text{-}E_j$，如果令 $T_i=max\{0, S_i\}$，那么生产过程 π 最大的停台时间为 $T = \sum_{i=1}^{n} P(T_i)$，则批次 r_j 的利用率为

$$U(r_{jk}) = \left(1- \frac{T}{\sum_{j \in r} Q_j}\right),$$

则机台 j 的利用率为 $U_j = \sum_k \left[P(r_{jk}) * U(r_{jk})\right] / \sum_k \left[P(r_{jk})\right]$，对于生产过程 π 对应的开台数 m 而言，其平均利用率为 $\sum_{j=1}^{m} U_j / m$。这样，在最小化停台时间 T 的基础上来提高机台的平均利用率，促进整个生产过程中计划任务的合理安排。

2. 多源异构数据融合

纺织企业的整个生产制造过程具有高温度、高湿度、强噪声、强电干扰的特点，而这些都为机台监测器的正常工作有一定程度的影响，即使在监测器的硬件设计过程中，进行了抗干扰的处理，但很多影响监测器正常工作的不确定性因素无法精确预测，这在多源数据融合处理过程中表现得尤为突出，加之，一般监测器都存在交叉灵敏度问题，使得监测器的融合处理输出值不只决定于一个参量。当其他参量发生变化时，其输出值也相应地发生变化，而这种变化对机台生产数据的正确性有影响，甚至部分影响因素是无法估计的。当然，针对不同车间的不同机台类型，其机台监测器需采集的设备数据信号有所区别，很难采用通用的数据融合方法去处理。那么，能否将这些信号的共性抽出来，采用较通用的数据融合方法进行处理，以保证共性数据信号的正确性，然后，根据不同车间不同机型生产数据的特殊性，采取特殊化处理，从而达到提高每一个被测数据信息精度的目的，这是值得去深思的问题。

通过文献回顾发现，对数据信息进行融合处理的方法较多，如简单加权法、滤波法、神经网络法、不确定推理法，以及聚类分析等方法[18]。其中，最普遍应用的是简单加权法，即根据班次信息，进行品种信息的权重系数设置，则系统自动按照一定的权重系数，进行生产数据的实时采集、处理，同时，将权重系数与单位时间内的机台实时数据相乘，

最后将当班机台生产数据叠加，从而得到较为理想的融合数据。但此方法尚需改进，因为其无法准确定义单个品种的权重系数，纯属人工经验，使得最终融合处理后的数据与机台实际生产数据间存在较大误差。同时，这个权重系数的设置缺乏通用性，在一些纺织企业内部不适用。当然，这个班次权重系数设置是否合理？比例是否准确？是否具有科学性？目前很少纺织学者去探究。为此，对各类数据融合方法的实际应用结果进行了比较，其结果不尽如人意，故根据纺织企业制造过程中的业务流程和数据流程，以及生产过程的实际特点，特构建了一种基于多属性决策的数据融合方法，该方法的优点在于准确性高，获取融合数据容易，而且简洁。

（1）基本原理。

数据融合方法的基本原理是：首先，对各种可能的融合输出值进行组合，使其形成多个可能的决策方案，但每种决策方案应具有三个基本属性，即监测值精度、历史值偏差、总体平均值偏差；然后，根据决策方案的属性，构建决策矩阵，并使用信息熵的方法获取每种决策方案的属性权重；其次，利用加权法进行计算，直到找出最优方案为止，所得输出值则为最优融合输出值。

（2）基本步骤。

①构建决策方案。在监测器实时采集机台生产数据的过程中，任选取一时间区间 $[t_1, t_2]$，在该时间段上选择 n 个数据采集点 x_1，x_2，$\cdots$，x_n，将该区间划分为 n-1 个时间段，并在每个时间段计算数据采集点的融合输出值。当然，时间区间 $[t_1, t_2]$ 和数据采集点 n 的值不易过大，因为其影响监测器采集机台数据的效率。最后，从 n 个数据采集点中选取任意个监测器输出值来构建一个集合，其中每个集合就是一个融合决策方案。

②构建方案属性。多源纺织信息的融合处理技术的最终目的是：在保证各个工序间生产数据的正确性和一致性的基础上，实现生产数据信息的共享。但是，保证所有工序间业务数据的正确性难度较大，因为影响数据正确性的不确定性因素很多，而且很多因素是未知的、不可预见的。在这种情形下，如何将这些未知的因素加以深层次挖掘，并进行合理的输出、量化处理，从中找出影响数据正确性的主要因素，从而达到主要因素可控可测的目的，这是构建方案属性构建的关键所在。当然，在不确定性因素中，有些因素是显性的，可采取人工处理的方法进行解决，如监测器校验数据的精确度和误差。由于数据校验精度是固定的，且只与机台监测器本身有关，其数据间的误差则主要考虑历史偏差和总体平均值偏差。因此，判断一个数据融合输出值是否准确，主要考虑校验后的数据精度和误差。具体的方案属性构建过程如下：

现任意选取一个方案 $P=\{x_1, x_2, \cdots, x_m\}$，其中，$x_1$，$x_2$，$\cdots$，$x_m$ 分别表示各个数据采集点的实时生产数据，即机台实时数据的监测值，并令 ε_1，ε_2，$\cdots$，ε_m 分别表示各个数据采集点的监测值精度。这样，方案 P 所对应的监测值精度的属性值可表示为：

$$\text{平均值}\ \overline{x}=\frac{1}{m}\sum_{j=1}^{m}x_i;\ \text{历史平均值}\ \overline{x_h}=\frac{1}{m}\sum_{i=1}^{m}(x_i-\varepsilon_i),\ \text{则：}\ \varepsilon_P=\frac{1}{m}\sum_{i=1}^{m}\varepsilon_i;$$

$$\text{历史偏差值为}\ his=\sqrt{\frac{1}{m}\sum_{i=1}^{m}(x_i-\varepsilon_i)};$$

总体平均偏差值为：$avg = \sqrt{\dfrac{1}{m}\sum\limits_{i=1}^{m}\left(x_i - \overline{x}\right)^2}$。

③确定权重系数。在确定基础权重系数的过程中，主要采用了信息熵方法[19]。为此，首先构建一个决策矩阵 M，并令决策矩阵 M 为 $m*n$ 矩阵，其中，矩阵的行由方案数 m 构成，矩阵的列由属性值数 n 构成，则元素 x_{ij} 表示第 i 个方案的第 j 个属性值。这样，方案中关于属性 j 的评价定义可表示为：$q_{ij} = \dfrac{x_{ij}}{\sum\limits_{i=1}^{m} x_{ij}}$。相应地，方案关于属性 j 的熵可表示为：

$S_j = -k\sum\limits_{i=1}^{m} P_{ij} \ln q_{ij}$，$k\dfrac{1}{\ln m}$，信息偏差度表示为：$\varepsilon_j = 1 - S_j$，第 j 个属性权重系数可表示

为：$w_j = \dfrac{\varepsilon_j}{\sum\limits_{j=1}^{n} \varepsilon_j}$。

④计算权重。利用简单加权方法进行计算各个方案的权重，其可表示为：

$w_j = \sum\limits_{j=1}^{n} w_j * X_{ij}$；然后，获取最小权重方案，并将其作为最优方案：$O = \arg\min\limits_{P \subseteq 2^U}\left(W(P)\right)$。

3．异构数据库的集成

在系统数据集成过程中，为保证各工序间信息的有效衔接，采取 XML 技术与全局数据模式相结合的方法，使所有的数据交互操作在中间件中以 XML 文档形式存在，对异构数据库中的数据进行转换，其优点是在数据交互过程中，保持了一定的独立性，降低了数据间的耦合度，提高了数据的重用性[21]。异构数据库间的集成方案如图 6-18 所示。

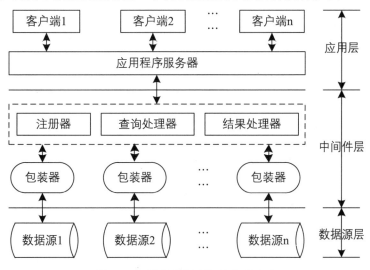

图 6-18　异构数据库间的集成方案

由图 6-18 可见，整个集成方案主要分为三层：即应用层、中间件层和数据源层。其中，中间件层的主要功能是集成各个车间的异构数据源，为实现纺织制造执行系统数据库

中数据的共享而提供访问支持。中间件层中的注册器主要负责各异构数据库的注册服务，并生成公共模型；查询处理器需要根据用户提交的查询请求，并提交给包装器进行执行，结果处理器将包装器中的执行结果进行汇总，并以 XML 的格式返回；包装器主要用于底层数据源的交互，实现数据位置和访问的透明性。

为此，该异构数据库的集成工作原理与实现流程为：首先由客户端发出一个全局查询请求，其可能涉及异构数据库中的数据，例如查询品种的生产执行情况，可能涉及细纱、筒并捻、准备、织布，以及整理等车间的生产信息监测系统、信息管理系统等；然后，应用服务器确认接收到的客户端请求，由中间件层接收客户端的查询请求。具体处理步骤是：首先，对异构数据源所注册的共享信息进行分析，然后将全局查询分解为具体的数据库子查询，并将子查询发送到对应的数据源；其次，处于数据层的所有数据库管理系统接收到查询中间件层传输的查询请求后，先从数据库中查询相关信息，然后把查询结果返还给结果处理器，由结果处理器将其合并成同一条数据记录，并将所需要的查询结果返还给应用服务器，由应用程序服务器将用户的请求结果返回给用户。

（1）关系模式转换算法的设计。关系模式的转换主要包括数据库关系模式的提取及关系数据模式到 XML Schema 的转换。关系模式提取方法的目的是构建共享数据库的关系模式（包括表、字段、属性、主键和外键），以保证数据提取的完整性。在关系数据模式到 XML Schema 模式的转换过程中，由于 XML DTD 采用了非 XML 文档语法规则、不支持数据类型等原因，所以使用 DTD 无法对关系表之间的约束进行转换 [22]，为此，在关系模式转换过程中，通过 XML Schema 转换算法来实现数据库关系模式到 XML 的转换。其算法的构建过程如下：

①针对纺织制造执行系统中的每一个异构数据源，为其 XML Schema 的转换结果定义一个唯一的命名空间；

②为异构数据库中的每张表 T 和表 T 中的字段 A_1, $\cdots$, A_n，创建复杂类型元素和子元素 A_1, $\cdots$, A_n，并设置子元素的数据类型。

③在 XML Schema 中，为数据库 TextileMesBase 增加一个 TextileMesBase 元素，并为其插入一个复合类型元素，使其子元素分别为 T_1, $\cdots$, T_m，这样，各子元素对应的数据类型为每个表创建的复杂类型。

④表中主键映射的属性或元素定义为 *key* 属性，外键映射的属性或元素定义为 *keyref* 属性。根据主外键之间的关系创建子元素，若一个表中的外键作为另一个表中的主键或主键的一部分，则同一字段为外键的表映射为父元素，而另一个表映射为子元素。

（2）基于 GAV 的查询分配方法设计。在 XML 作为数据交换语言的基础上，通用查询分配方式主要有两种：GAV（Global As View）方法和 LAV（Local As View）方法 [23]。鉴于 GAV 方法具有查询转换简单的特点，所以本系统设计过程中采用了 GAV 方法。

（四）系统实现

整个系统以纺织企业的工艺流程为主线进行系统功能的构建，面向整个制造层面进行系统功能的集成。当然，在系统功能的设计过程中，根据用户角色权限级别的不同，主要采取了两种系统管理方式：一是集中式管理方式，主要面向企业上层管理者，进行整个企业生产过程的全方位监测，也可实时监测某一车间的生产制造过程，以实现系统功能的集成和管理方式的统一化；二是分散式管理方式，这种方式主要是面向某一生产制造车间。

具体的实现过程为：首先为系统用户提供一个启动各子系统的入口，使每个子系统都可以独立运行，以完成系统用户所属车间的机台运转状态的监测和管理。这样，每个用户登录制造执行系统以后，系统管理模块根据职工信息表中的用户角色自动判断用户权限，拥有权限的用户只能访问相应角色对应的系统子功能。如通过制造执行系统可进行并粗车间机台岗位的动态设置，此动态设置功能与并粗车间监控系统中的岗位设置功能是同步的，如图 6-19 所示。

若某个部门想查询或者调用其他部门的生产数据，需系统功能授权。在拥有系统功能权限后，可通过制造执行系统实现数据的共享。如计划调度科需要调用各车间的棉纱产量数据时，系统根据计划调度科的用户角色，自动分配系统功能权限，其通过通用数据接口，实现数据的访问和报表的统计分析，具体的实现功能界面如图 6-20 所示。

图 6-19　并粗车间岗位的动态设置界面

图 6-20　棉纱产量统计界面

（五）结论

根据纺织企业信息化建设的实际需求，在原有车间监控系统、企业信息管理系统、部门工艺管理系统等的基础上，设计和开发了面向制造层面的制造执行系统（MES），弥合了企业计划层和生产车间过程控制系统之间的间隔，将企业内部的与生产管理相关的数据进行合理整合，通过数据接口，实现异构数据库的有效集成，通过强调制造过程的整体优化来帮助企业实施完整的闭环生产，同时也为企业信息化的建设提供了良好的基础。当然，系统成功构建的另一个主要目的是以待解决我国纺织企业在生产管理方面主要依靠手工管理的落后状态，以及企业内部所有生产数据孤立，信息不能共享，无法为生产管理者的生产管理与决策分析提供实时的基础数据，导致生产决策结果不能及时执行的目前现状。

纺织执行制造系统作为纺织企业管理自动化领域的一项重要技术，它的成功实现，一方面，可以对来自上层 ERP 系统的计划任务进行细化、分解、分配，并将计划层的操作指令传递给现场控制层；另一方面，可以采集生产现场设备的生产数据，并实时监控底层设备的运行状态；同时，将机台的实时生产数据提供给上层 ERP 系统，从而加强计划层与现场控制层之间的信息衔接，起承上启下的作用。

面对全球制造业风起云涌的智能制造大潮，纺织行业亟须加快融入"互联网+"行动中，推动移动互联网、云计算、大数据、物联网等与纺织服装业的融合，促进电子商务健康发展，以《中国制造2025》计划行动为纲要，实现纺织生产从"制造"到"智造"。

"互联网+"技术、大数据技术以及智能制造技术作为典型的高新技术的信息化技术近年来在纺织行业得到较快发展，已经融入纺织产业链的各个环节，对于纺织企业提高生产效率、产品质量、营销水平产生了明显的促进作用。但是目前来看，CAD/CAM、MES、ERP等信息技术在行业中的推广多限于具有一定规模的大中型企业，而且多数企业仍处于局部应用阶段。企业信息化的协同与集成应用水平还比较低，管控一体化应用程度不高。我国纺织工业的产业链配套齐全，且衔接紧密，从原料到最终消费品，产业链中不同的细分领域对信息化的需求各不相同，因此，重点是要因行业而异、因需求而异、因发展阶段而异，有针对性地推动纺织信息化向纵深发展，实现以信息化技术带动传统制造行业的转型升级。

【习题】

1. "互联网+"技术在纺织生产管理系统中有哪些应用？
2. 大数据技术在纺织信息系统中的应用将主要体现在哪些方面？
3. 智能制造技术在纺织信息系统中的应用主要有哪些方面？
4. 简述数据融合方法的基本原理及基本步骤。

第七章　纺织企业电子商务

【本章导读】

1．了解电子商务的发展及基本概念，掌握现有电子商务系统的基本类型。

2．熟悉企业电子商务系统构建的基本过程与方法，掌握企业电子商务系统与企业内外部其他部门系统有效集成的方法。

3．掌握电子商务的基本内涵，了解我国纺织企业电子商务网站的现状以及整个纺织行业电子商务产业的发展现状。

随着产业结构的调整，企业信息化的推进，中小企业已经拥有或正逐步建立属于自己的网上商城系统和 ERP 系统。但国内中小企业在电子商务和 ERP 系统建设中，进销存的软件仍存在诸多问题，比如商城系统与 ERP 系统分裂，没有统一规划和设计；两个系统下的采购数据、销售数据和财务数据不能够进行整合，整体数据欠缺一致性和完整性；软件、硬件无法充分共享，造成资源浪费等。

对于企业来说，电子商务和 ERP 系统就像战场上的前线与后方，两者关系密切、息息相关。比如，企业内部通过网上商城获取用户订单后，能够立刻将订单信息传递至内部的 ERP 系统，用以采购、计算、财务、进销存的软件等各部门之间组织协调，核算库存、资金和销售。倘若前端商城系统与后台 ERP 系统脱节，就会导致信息流和数据相对封闭、独立，无法流通、整合，电子商务平台获得的订单信息、市场信息无法传递至后台 ERP 系统，前后台信息完全脱节。

这样的后果便是企业的信息流、资金流、物流不能够有机统一，数据的一致性、完整性和准确性在进销存软件不能得到保证，中小企业内部之间重复着冗余的工作，不能对用户需求做出迅速及时的响应，工作效率下降、运营成本上升，有百害而无一利。所以，企业的电子商务网上商城和 ERP 系统的整合对接刻不容缓、不容忽视。

第一节　电子商务概述

一、电子商务的发展

电子商务的英文名称是 Electronic Commerce，简称 EC；另外很多专家和企业在谈到广义的电子商务时，喜欢用 E-Business 这个词，简称 EB。实际上，电子商务目前尚未有一个统一的定义，一般而言，电子商务分为狭义和广义两种概念，E-Commerce 是为狭义，是指交易各方通过电子方式借助于网络技术进行的商业交易；E-Business 是为广义，它不只是单纯的电子化的商业交易，而是贯穿于企业业务活动的全过程，是把买家、卖家、厂商和合作伙伴通过互联网、企业内部网 Intranet 和企业外部网 Extranet 全面结合起来的一种应用。但在译成中文时，一般不加区分，而实际上，狭义电子商务的实现与广义电子商务的其他组成部分息息相关，有了企业内部的电子化生产管理系统，才能更加充分地利用电子交易活动的优势。

由于广义的电子商务实际上涉及了许多其他内容，如 ERP、供应链管理等，因此，为了便于讨论，突出重点，本文将电子商务的概念集中于狭义的电子商务（E-Commerce），即电子商务是指"实现整个贸易活动的电子化"。

电子化的贸易活动不仅仅是在线采购或销售，它还包括很多其他内容，例如，产品的买主需要了解顾客的需要，向潜在的顾客促销产品、接收订单、交付产品、开具发票、收取货款、提供售后服务等。有时，卖方还需根据顾客的特殊需要提供定制的商品。另一方面，买方也参加许多活动，明确自己的需要，确定满足需要的产品，并对这些产品进行评价和选择，然后订购所选的产品，确定产品的交付并支付货款。有时，买方还需就产品的质量问题和其他售后服务与卖方保持联系。而且他们之间交易的商品可以是有形的，也可以是无形的。

电子商务产生于20世纪60年代，发展于20世纪90年代，从电子数据交换（Electronic Data Interchange，EDI）发展为互联网电子商务。EDI的使用大大减少了纸张票据，因此，人们形象地称之为"无纸贸易"或"无纸交易"。而互联网电子商务则以其更加低廉的费用、更广的覆盖面、更全面的功能和更灵活的应用而使电子商务进入了一个蓬勃发展的时代。具体经历了一下几个过程：

1. 手工信息、处理阶段

计算机进入企业信息管理之前，需要花费大量的人力资源。企业内部的各个环节包括进料、生产、销售都是独立的，环节之间的联系需要大量的手工工作完成，在一个工作环节内部同样存在着多个处理层次和工作层次，工作效率处于极其落后的阶段。而在企业外部，信息的传递工作更是完全处于自发和分散的无管理状态，社会的整个供应过程是独立地分成几个阶段，从生产厂家到最终消费者之间存在若干环节，如批发商、代理商、分销商等多种形式，以实现供应链的连续运转。

2. MIS阶段

计算机逐步进入企业的管理工作，这一阶段最成熟的形式就是我们熟知的MIS（管理信息、系统），这里指广义的MIS，包括事务处理系统、管理信息系统以及决策主持系统等。在这一阶段，提高了企业内部各个工作环节的效率，从而去除了原来管理的多层次，使企业结构趋向于扁平化和清晰化。

这一阶段MIS的应用水平可以分成两个层次。在第一个层次中，一个企业内部包含多种管理系统，如生产管理子系统、财务子系统、人事管理子系统、库存管理子系统等。这些系统本身都在高效运转，但彼此独立，企业内部需要大量起协调作用的管理人员。

在第二个层次中，一个统一的MIS系统把各个子系统集成起来，使它们在数据共享的基础上协调工作，使企业内部的业务变成一个有机的整体。这进一步理顺了企业内部各个部门的关系，去除了各部门之间的人为协调工作，使企业结构更加扁平、清晰。但企业与外界还是独立的，凡是涉及外部实体的地方，比如进料、产品外销等都需要人为处理，这时在整个供应链上仍然存在若干阶段，对手工处理阶段的贸易格局没有太多的改变。企业与企业之间，也即MIS与MIS之间仍然是独立的，因而存在大量的不同MIS与最终消费者之间以促成产品的消费。

在上述两个阶段中，由于企业无法与最终消费者直接联系，整个供应链的中心是生产厂商，企业生产什么，消费者消费什么，而且整个供应链中的信息传递是人为活动，必然存在延误和错误，使得消费者的需求信息、经过一段时间才能传递到企业当中甚至有时还会出现问题，使企业与整个市场总是处于一定程度的脱节状态之中。

3．EDI 阶段

随着网络技术的发展，EDI 逐步出现在一些企业的 MIS 系统之间。通过简化商业过程，EDI 能够帮助企业通过缩短供应链、压缩库存和减少各个环节的人工来控制成本、提高效率，通过减少延迟和错误提高企业生产质量和服务水平。

EDI 的发展，自然而然地引起企业过程重组（BRP）。在这一阶段，企业与企业之间不再是相互独立的，而是通过网络连接在一起，信息自动地流动，减少了供应商之间的多层环节。企业过程发生了大大的简化，企业内部的应用系统直接与其贸易伙伴的应用系统连接在一起。这是一个跨边界的重组过程，它要求企业有一个面向 EDI 的策略性观点，并且预示着管理结构、系统、过程以及与客户、供应商关系的深刻转变。其优势存在于一个既定的组织和大的企业网络之中，它需要企业信息处理向边界的渗透。而 EDI 的联结方式又可以通过扩大组织的联合容量改变相关参与者的力量。

但是 EDI 有其局限性，EDI 使用的是专用增值网，需架设专线，成本较高，使得大量的中小企业无法进入，这就在一定程度上限制了企业合作的范围。而且它仅仅停留在企业之间（B to B）的合作关系之上，企业不能直接面对最终消费者，这是的企业多出的市场仍然是一个旧的市场模型—即生产上设计的模型，所有的产品都取决于它和它的伙伴想让市场需要什么。

4．90 年代以来基于 Internet 的电子商务

90 年代以来是基于国际互联网的电子商务，由于使用 VAN 的费用昂贵，仅大型企业才会使用，因而限制了基于 EDI 的电子商务应用范围的扩大。20 世纪 90 年代中期后，Internet 迅速普及，逐步地从大学、科研机构走向企业和百姓家庭，其功能也从信息共享演变为一种大众化的信息传输工具。从 1991 年起，一直排斥在互联网之外的商业贸易活动正式进入到这个王国，从而使电子商务成为互联网的极为主要的一种应用。

互联网电子商务的应用呈阶梯式发展态势，用友财务软件公司认为大体可分为三个阶段：

①企业手册阶段：当时的电子商务范畴十分狭窄，企业所做的也不过是在自己的网站上发布公司介绍、建立产品目录，以方便顾客查询；

②网上交易阶段：这时电子商务已经可以利用网站实现前端交易，而企业内部管理系统（如财务、ERP）与前端是脱节的，用户的电子订单不能与 ERP 系统连接，同时企业与供应商和合作伙伴之间也没有实现在线交易。

③完全电子商务模式阶段：该阶段正是电子商务的最优实现，从顾客到供应商之间完全连通，企业内部流程与外部交易完全一体化。通过顾客关系管理（CRM）实现与顾客的互动营销，通过 ERP 系统及供应链管理（SCM）实现整个物流体系的即时协作。而网络财务将企业的传统业务和管理网络化，连接前后端，成为整个交易链的中枢。透过网络，顾客的要求或订单，理论上可以零等待地传递至整个供应链，交易和供给几乎同时发生；透过网络，企业内外之间的界限将逐渐模糊直至消失。这样一种模式，真正体现了网络经济"以顾客为中心"的思想和电子商务"端到端"的实质。

5．21 世纪的移动电子商务

移动电子商务就是利用手机、PDA 及掌上电脑等无线终端进行的 B2B、B2C、C2C 或

O2O 的电子商务。它将因特网、移动通信技术、短距离通信技术及其他信息处理技术完美的结合，使人们可以在任何时间、任何地点进行各种商贸活动，实现随时随地、线上线下的购物与交易、在线电子支付以及各种交易活动、商务活动、金融活动和相关的综合服务活动等。

与传统通过电脑（台式 PC、笔记本电脑）平台开展的电子商务相比，拥有更为广泛的用户基础。截至 2014 年 12 月，中国手机网民规模达 5.57 亿，较 2013 年底增加 5672 万人。网民中使用手机上网人群占比由 2013 年的 81.0% 提升至 85.8%。中国网民中农村网民占比 27.5%，规模达 1.78 亿，较 2013 年底增加 188 万人（图 7-1）。

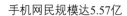

手机网民规模达5.57亿

图 7-1　2015 年第 35 次中国互联网络发展状况统计情况图

近期，中国互联网络信息中心（CNNIC）发布《第 35 次中国互联网络发展状况统计报告》。报告显示，截至 2014 年 12 月，我国使用网上支付的用户规模达到 3.04 亿，较 2013 年底增加 4412 万人，增长率为 17.0%。与 2013 年 12 月底相比，我国网民使用网上支付的比例从 42.1% 提升至 46.9%。与此同时，手机支付用户规模达到 2.17 亿，增长率为 73.2%，网民手机支付的使用比例由 25.1% 提升至 39.0%（图 7-2）。

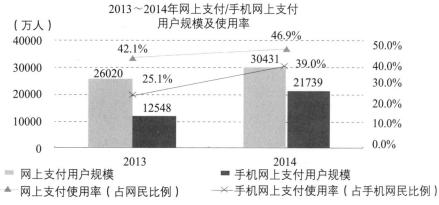

图 7-2　2013 ～ 2014 年网络购物支付数据图

随着时代与技术的进步，人们对移动性和信息的需求急速上升，移动互联网已经渗透到人们生活、工作的各个领域。随着 4G 以及 4G+ 时代的到来，移动电子商务成为各个产业链竞相争抢的"大蛋糕"。因其可以为用户随时随地提供所需的服务、应用、信息和娱乐，同时满足用户及商家从众、安全、社交及自我实现的需求，而深受用户的欢迎。

综上所述，在互联网电子商务的初期，人们更多的是将网络作为宣传、广告的媒体，充其量是一种市场营销的手段；当安全电子交易条件具备时，人们开始利用互联网开展网上的交易，进行网上的支付活动，可以说初步实现了电子化的交易；当前台的电子商务活动和后台的 ERP 系统以及供应链管理（Supply Chain Management，SCM）、顾客关系管理（Customer Relationship Management，CRM）相结合的时候，才真正将电子商务活动与企业的其他活动融为一体，实现信息的即时传递和沟通，使企业能充分利用及时更新的各种数据和信息，迅速调整系统的运作，从而充分利用有限的资源，缩短商业环节和周期，提高营运效率，降低成本，提高用户服务质量，成为消息灵通、行动敏捷的"自由人"。

由此可见，当电子商务与 ERP，SCM 和 CRM 紧密集成时，人们迎来了电子商务发展的最优阶段，也是最理想的阶段，但这需要大量的努力才能实现系统的真正整合。

二、电子商务的概念

电子商务是利用微电脑技术和网络通信技术进行的商务活动。各国政府、学者、企业界人士根据自己所处的地位和对电子商务参与的角度和程度的不同，给出了许多不同的定义。但是，电子商务不等同于商务电子化。

电子商务即使在各国或不同的领域有不同的定义，但其关键依然是依靠着电子设备和网络技术进行的商业模式，随着电子商务的高速发展，它已不仅仅包括其购物的主要内涵，还应包括了物流配送等附带服务。电子商务包括电子货币交换、供应链管理、电子交易市场、网络营销、在线事务处理、电子数据交换（EDI）、存货管理和自动数据收集系统。在此过程中，利用到的信息技术包括：互联网、外联网、电子邮件、数据库、电子目录和移动电话。

首先将电子商务划分为广义和狭义的电子商务。广义的电子商务定义为，使用各种电子工具从事商务活动；狭义电子商务定义为，主要利用 Internet 从事商务或活动。无论是广义的还是狭义的电子商务的概念，电子商务都涵盖了两个方面：一是离不开互联网这个平台，没有了网络，就称不上为电子商务；二是通过互联网完成的是一种商务活动。

狭义上讲，电子商务（Electronic Commerce，简称 EC）是指：通过使用互联网等电子工具（这些工具包括电报、电话、广播、电视、传真、计算机、计算机网络、移动通信等）在全球范围内进行的商务贸易活动。是以计算机网络为基础所进行的各种商务活动，包括商品和服务的提供者、广告商、消费者、中介商等有关各方行为的总和。人们一般理解的电子商务是指狭义上的电子商务。

广义上讲，电子商务一词源自于 Electronic Business，就是通过电子手段进行的商业事务活动。通过使用互联网等电子工具，使公司内部、供应商、客户和合作伙伴之间，利用电子业务共享信息，实现企业间业务流程的电子化，配合企业内部的电子化生产管理系统，提高企业的生产、库存、流通和资金等各个环节的效率。

联合国国际贸易程序简化工作组对电子商务的定义是：采用电子形式开展商务活动，它包括在供应商、客户、政府及其他参与方之间通过任何电子工具。如 EDI、Web 技术、电子邮件等共享非结构化商务信息，并管理和完成在商务活动、管理活动和消费活动中的各种交易。

电子商务是利用计算机技术、网络技术和远程通信技术，实现电子化、数字化和网络化，商务化的整个商务过程。

电子商务是以商务活动为主体，以计算机网络为基础，以电子化方式为手段，在法律许可范围内所进行的商务活动交易过程。

电子商务是运用数字信息技术，对企业的各项活动进行持续优化的过程。

Commerce（E-Commerce）的概念，到了 1997 年，该公司又提出了 Electronic Business（E-Business）的概念。E-Commerce 集中于电子交易，强调企业与外部的交易与合作，而 E-Business 则把涵盖范围扩大了很多。广义上指使用各种电子工具从事商务或活动。狭义上指利用 Internet 从事商务的活动。

三、电子商务的范围与划分

（一）覆盖范围

电子商务，涵盖的范围很广，一般可分为代理商、商家和消费者（Agent、Business、Consumer，即 ABC）。企业对企业（Business-to-Business，即 B2B），企业对消费者（Business-to-Consumer，即 B2C），个人对消费者（Consumer-to-Consumer，即 C2C），企业对政府（Business-to-Government，即 B2G），线上对线下（Online To Offline，即 O2O），商业机构对家庭（Business To Family，即 B2F），供给方对需求方（Provide to Demand，即 P2D），门店在线（Online to Partner，即 O2P）等 8 种模式，其中主要的有企业对企业（Business-to-Business，即 B2B），企业对消费者（Business-to-Consumer，即 B2C）2 种模式。消费者对企业（Consumer-to-Business，即 C2B）也开始兴起，并被马云等认为是电子商务的未来。随着国内 Internet 使用人数的增加，利用 Internet 进行网络购物并以银行卡付款的消费方式已日渐流行，市场份额也在迅速增长，电子商务网站也层出不穷。电子商务最常见之安全机制有 SSL（安全套接层协议）及 SET（安全电子交易协议）两种。

电子商务是一个不断发展的概念。IBM 公司于 1996 年提出了 Electronic Commerce（E-Commerce）的概念，到了 1997 年，该公司又提出了 Electronic Business（E-Business）的概念。但中国在引进这些概念的时候都翻译成电子商务，很多人对这两者的概念产生了混淆。事实上这两个概念及内容是有区别的，E-Commerce 应翻译成电子商业，有人将 E-Commerce 称为狭义的电子商务，将 E-Business 称为广义的电子商务。E-Commerce 是指实现整个贸易过程中各阶段贸易活动的电子化，E-Business 是利用网络实现所有商务活动业务流程的电子化。

（二）类型划分

按照商业活动的运行方式，电子商务可以分为完全电子商务和非完全电子商务；

按照商务活动的内容，电子商务主要包括间接电子商务（有形货物的电子订货和付款，仍然需要利用传统渠道，如邮政服务和商业快递车送货），和直接电子商务（无形货物和服务，如某些计算机软件、娱乐产品的联机订购、付款和交付，或者是全球规模的信息服务）；

按照开展电子交易的范围，电子商务可以分为区域化电子商务、远程国内电子商务、全球电子商务；

按照使用网络的类型，电子商务可以分为基于专门增值网络（EDI）的电子商务、基于互联网的电子商务、基于 Intranet 的电子商务；

按照交易对象，电子商务可以分为企业对企业的电子商务（B2B），企业对消费者的电子商务（B2C），企业对政府的电子商务（B2G），消费者对政府的电子商务（C2G），消费者对消费者的电子商务（C2C），企业、消费者、代理商三者相互转化的电子商务（ABC），以消费者为中心的全新商业模式（C2B2S），以供需方为目标的新型电子商务（P2D）。

第二节　电子商务与企业信息系统建设

作为电子商务实现基础的电子商务技术，综合了众多最为先进的信息组织、处理和交换技术，对信息、管理技术，乃至整个信息管理系统、信息管理理念都起着巨大的推动作用。传统的企业信息管理理念是：组是一个有效的企业内部信息系统，使得关于计划和控制业务的信息、流顺畅而迅速地流动，从而产生效益。

电子商务技术的发展，加速了信息、在空间和实践上的传播。技术发展打破了原有的信息平衡，企业的外部信息已成为企业信息的主流。互联网公司的诞生就是一个极好的例证，直销模式的兴起也证明了将企业作为一个"信息过滤系统"，比原有的现代企业系统能更有效地实现需求分析，达到顾客满意的目的。企业信息管理理念发生了变化，未来的企业将为管理信息而存在，为管理信息而发展。虽然企业管理以生产销售为重要内容的实质不变，但由于信息、资源、技术资源逐渐成为企业未来发展的主导资源，信息管理将成为企业管理的重点和根本所在。未来企业的竞争是企业文化和企业理念的竞争，是信息战略的竞争。当产品、服务、企业信誉都成为理所当然的竞争要素时，被用户和商业伙伴认同的企业文化和能够激发企业员工智慧和创造力的企业理念才能成为竞争中的主流。企业需要获得信息，更需要的是对信息再次开发而产生的正螺旋效应。

传统的信息管理者善于收集和处理有关威胁与机会的信息，希望通过对商务活动中信息地收集和利用，调整企业战略目标，减低生产、管理、营销的成本，进而取得更大的客户满意度。同时，向客户和员工传递企业文化和企业理念，希望能够得到认同，从而保持长久的商务关系，激发员工的智慧和创新精神。但是，由于受到信息收集、处理技术和手段的限制，企业获取的信息往往是不足的，并且大量的手工式的获取与分析信息时的信息处理的成本大大增加。店在上午技术的发展，使企业战略制定者能够运用这些技术开发用户信息和新产品的技术信息，从而更快、更好地完成信息的增值过程。企业面临的不再是信息、资源的匮乏，而是信息资源的冗余和有效信息资源的筛选。因此，企业需要重新审视自己的企业战略；需要将信息、战略真正放到战略高度；需要调整包括信息资源战略、信息系统战略、信息技术战略和信息管理战略在内的信息战略目标，使他们能够更好地协同配合，与外部环境相融合，最终实现企业经营管理战略。

一、企业内部信息建设的构建

（一）产品数据管理系统

企业在其设计和生产过程中开始使用 CAD、CAM 等技术，新技术的应用在促进生产力发展的同时也带来了新的挑战。对于制造企业而言，虽然各单元的计算机辅助技术已经日益成熟，但都自成体系，彼此之间缺少有效的信息共享和利用，形成所谓的"信息孤岛"。在这种情况下，许多企业已经意识到：实现信息的有序管理将成为在未来的竞争中保持领先的关键因素。产品数据管理（Pooduct Data Management 简称 PDM）正是在这一背景下应运而生的一项新的管理思想和技术。PDM 可以定义为以软件技术为基础，以产品为核心，实现对产品相关的数据、过程、资源一体化集成管理的技术。PDM 明确定位为面向制造企业，以产品为管理的核心，以数据、过程和资源为管理信息的三大要素。PDM 进行信息管理的两条主线是静态的产品结构和动态的产品设计流程，所有的信息组织和资源管理都是围绕产品设计展开的，这也是 PDM 系统有别于其他的信息管理系统，如企业信息管理系统（MIS）、制造资源计划（MRP Ⅱ）、项目管理系统（PM）、企业资源计划（ERP）的关键所在。PDM 系统能够提供这样的功能，即在网上就可以得到产品数据信息，这为电子商务提供了一个重要的基础。通过从产品及相关产品配置中选择参数，就可得到产品模型。在这一领域的深入发展，将会使得网络完全能提供产品 / 服务选择、建议准备和订购过程。

（二）基本业务流程和事务处理系统

现代企业的运作依赖各种各样的流程，企业流程是一系列相互关联的活动、决策、信息流和物流的结合。流程在每个工作步骤和工作环节都要有完成标准任务的时间，节约流程的时间可以给顾客带来更多的价值，提高企业的市场响应能力，从而强化企业的核心竞争力。企业围绕提高核心竞争力进行业务流程再造。首先，分析原有流程，科学判断其是否影响核心竞争力的发挥。然后，以提高企业核心竞争力为目标，分析竞争对手的实力，充分利用自己长期以来积累的知识和经验，开发新的资源，将流程中的各个环节有机地组织在一起，密切相互间的协作关系，找出增加价值的工作，消除不必要的重复性的工作，减少环节间的延迟，从而优化整个流程。

业务流程再造根据环境的变化而重新设计流程，对流程的每一环节进行改进，对不提供价值的环节彻底摒弃，力求改进流程中每一环节的工作绩效，通过战略设计和组织管理模式上的变革，将企业运行中被割裂的过程重新联结起来，使其成为一个连续的流程，使流程更加通畅，通过对业务流程的集成与优化，更加贴近顾客，创造更多的"消费者剩余"，实现成本和效率的整体优化，增强企业的竞争能力。

利用先进的信息技术整合企业业务流程，从而减少企业的成本消耗，树立企业的竞争优势，是目前业务流程再造的必然选择。尽管再造流程是为了将企业业务流程改造得能够很好地完成工作目标、更能够使顾客满意、提高工作效率这一目的，但是再造流程必须为塑造企业的核心竞争力服务，即以培育和提升企业的核心竞争力作为再造流程的主体核心。这是因为企业的流程与企业的核心竞争力有密切的相关性，企业的流程甚至成为企业核心竞争力的一部分。美国沃尔玛公司的成功建立在快捷的业务流程上，配送系统由三部分组成：一是高效率的配送中心，二是迅速的运输系统，三是先进的卫星通信网络。如卫星网络系统的运用，使配送中心、供应商及每一分店的每一销售点都能形成在线作业，短短几个小时内便可完成"填妥订单—各分店订单汇总—送出订单"的整个流程，大大提高了营业的高效性和准确性。其独特的配送体系极大地降低了成本，加速了存货周转，提高了资金利用率，形成了公司的核心竞争力。

企业的基本流程与其核心竞争力有密切的支撑关系：企业基本的业务流程支撑了企业的核心竞争力，而核心竞争力则支撑了企业的核心产品和服务，而核心产品和服务则支撑和演化了众多的最终产品和服务以供顾客选择消费。

事务处理系统是用来处理一些具体事务，这类系统由于主要用于运作层，所以现在也有人把它叫做运作型信息系统。这类系统的结构原理图如图7-3所示。

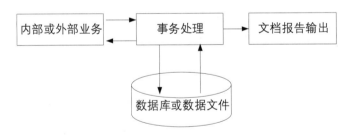

图7-3　事务处理系统结构图

在工作过程中，当有一项业务出现时，工作人员或顾客直接通过终端键盘将此事件输入，构成一项事务。经过计算机处理，可能有两种输出：一种是打印出文字文件；另一种是把信息返回终端。在处理过程中，处理装置和数据文件或数据库之间会有信息往来。这种系统的工作有脱机与联机两种方式。脱机方式使操作者与系统并不保持经常不断地联系，而联机则保持不断地联系，对输入及时进行处理（如现在的火车票与飞机票订票与购票系统）。当然还有联机与脱机相结合的混合系统。它能迅速有效地处理大量数据的输入输出，能进行严格的数据整理与编辑，通过审计保证输入、处理过程与输出的完整与准确性，并有一定的安全防护能力。

我国目前市面上流行的进销存管理系统，也是这类系统。这里系统是计算机在管理中应用的最初形式，也是最基本的形式。它从最初的单项数据处理，发展到综合数据处理。从脱机工作方式又发展出联机处理方式。它以独立的形式存在，或者成为大系统的组成部分，在当今的许多部门中使用。一种新的计算机处理方式：联机事务处理（OLTP）逐步成为信息系统的主要工作方式之一。我国目前绝大多数用于管理的系统，不论其名称如何，实质上都是这类系统。随着计算机应用的日益普及，它的数量也愈来愈多，成为计算机辅助管理的基础和柱石。

（三）内部控制与实施过程控制管理

内部控制是一个有机的系统，包括控制环境、控制目标、控制技术三方面的内容。因而，企业要加强内部控制，需要结合自身特点，从这三个方面着手，优化控制环境、明确控制目标、改善控制技术，并在管理实践中不断完善内部控制系统，提高内部控制的效果。

设计内部控制的步骤，主要是确定控制目标，整合控制流程，鉴别控制环节，确定控制措施，最终以流程图或调查表的形式加以体现。

1．控制目标

控制目标，既是管理经济活动的基本要求，又是实施内部控制的最终目的，也是评价内部控制的最高标准。在实际工作中，管理人员和审计人员总是根据控制目标，建立和评价内部控制系统。因此，设计内部机制，首先应该根据经济活动的内容特点和管理要求提炼内部控制目标，然后据此选择具有相应功能的内部控制要素，组成该控制系统。

2．整合控制流程

控制流程，是依次贯穿于某项业务活动始终的基本控制步骤及相应环节。控制流程，通常同业务流程相吻合，主要由控制点组成。当企业的业务流程存在控制缺陷时，则需要根据控制目标和控制原则加以整合。

3．鉴别控制环节

实现控制目标，主要是控制容易发生偏差的业务环节。这些可能发生错误因而需要控制的业务环节，通常称为控制环节或控制点。控制点按其发挥作用的程度而论，可以分为关键控制点和一般控制点。那些在业务处理过程中发挥作用最大，影响范围最广，甚至决定全局成效的控制点，对于保证整个业务活动的控制目标具有至关重要的影响，即为关键控制点；相比之下，那些只能发挥局部作用，影响特定范围的控制点，则为一般控制点。如材料采购业务中的"验收"控制点，对于保证材料采购业务的完整性、实物安全性等控制目标都起着重要的保障作用，因此是材料采购控制系统中的关键控制点相比之下，"审批"、"签约"、"登记"、"记账"等控制点，即是一般控制点。需要说明的是，关键控制点和一般控制点在一定条件下是可以相互转化的。某个控制点在此项业务活动中是关键控制点在另外一项活动中则可能是一股控制点，反之亦然。

4．确定控制措施

控制点的功能，是通过设置具体的控制技术和手续而实现的。这些为预防和发现错误而在某控制点所运用的各种控制技术和手续等，通常被概括为控制措施。如现金控制系统中的"审批"控制点就设有：主管人员授权办理现金收支业务、经办人员在现金收支原始凭证上签字或盖章、部门负责人审核该凭证并签章批准等控制措施。银行存款控制系统的"结算"制点则设有：出纳员核查原始凭证、填制或取得结算凭证、加盖收讫或付讫戳记、签字或盖章、登记结算登一记簿等控制措施。以上两个控制点的差异，说明由于其控制的业务内容不同，所要实现的控制目标不同，因而相匹配的控制措施也不相同。因此，实际工作中，必须根据控制目标和对象设置相应的控制技术和手续。

过程控制管理系统指的是对企业生产经营过程实现自动化的监督、控制和管理。它支持应用系统按工作流思想协同工作，将企业管理的控制模式改造成由计算机主动控制的模式，对主要的生产经营环节，按企业管理规范，依"信息流"要求及事件发生规则，由计算机主动激活下一环节的处理，从而实现由信息流指导企业生产经营过程，使各部门各环节严格遵循信息流的要求协同工作，实现经营管理过程控制的自动化执行的目的。

企业实施过程控制所带来的好处是非常明显的，这包括提高企业运营效率、改善企业资源利用、提高企业运作的灵活性和适应性、提高工作效率、集中精力处理核心业务、跟踪业务处理过程、量化考核业务处理的效率、减少浪费、增加利润、充分发挥现有计算机网络资源的作用等等。同时实施过程控制将达到缩短企业运营周期、改善企业内（外）部流程、优化并合理利用资源、减少人为差错和延误，提高工作效率等目的。过程控制管理系统结构如图 7-4 所示。

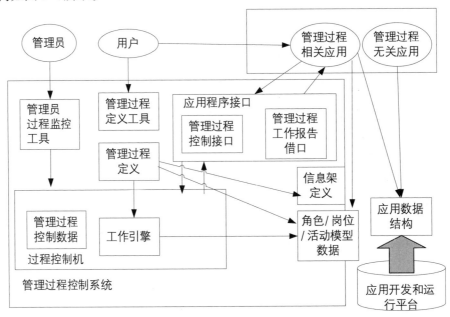

图 7-4 过程管理控制系统结构图

（四）企业知识信息系统的构建

企业的知识管理需要从人、资讯以及共享的文化等方面进行考虑，需要通过资讯技术来帮助进行知识的积累、创新和共享。众所周知，21 世纪是"知识经济时代"。在这个时代，企业成功的关键在于如何创造、积累和使用知识。那么，如何才能着实有效地创建知识型企业，在企业内部进行知识管理，进而提升企业的核心竞争力，在知识经济时代里迈出坚实的第一步呢？

现在，我们的企业对知识管理往往采用分散管理的形式，企业知识四处散落并且难于寻找，员工跳槽离开公司将企业知识带走，给企业带来严重的损失。所以，我们在企业内部推行知识管理，旨在将散乱的知识进行集成整合。企业的知识管理应该是通过资讯科技将人与资讯进行充分结合，创造知识分享的文化，从而加速人员学习、创造和运用知识。"人"是知识的载体，"资讯"是基础，而"知识"的真正价值来自于"分享"，所以知识的价值是人与资讯结合后乘方"分享"。

企业推行知识管理可以构建企业知识资讯网，通过企业内知识社群的运作，强化知识分享的文化与行为规范，促使员工归集、存取、分享与应用知识。

知识内部网中可以存放的相关内容包括有：知识资源（包括业务内容、积累的经验、内部电子化培训资料、人员资料以及业务管理用电子文档样式等）；新闻公告；社群联系以及讨论专栏等；知识社群是由一群专业工作者所组成的正式或非正式的团体，社群因为共同的兴趣或目标而结合在一起。企业设立知识社群，知识社群中的员工不断创造及分享，集成彼此共同的知识，从而大大激发员工的参与感。同时，知识分享文化和规范的建立也非常重要。知识型组织通常应具备以下文化特征：尊重个人，鼓励创新，鼓励团队精神，相互信任，员工乐于分享新知，持续学习与发展。当然，知识分享文化的建立无法一蹴而就，必须通过日常的转变促成来逐步建立。

导入知识管理系统。一般来讲，知识管理的导入推行需经历认知、策略、设计、开发测试、全面导入以及维护评估等六个阶段。

大体来讲，在认知阶段需要建立企业内部对为何需要导入知识管理，如何导入知识管理达成一致共识；在策略阶段，企业需要确定知识管理系统建置的发展蓝图，确定组织内适合的社群、确定对社群具有价值的知识；在设计阶段，需要分析知识蓝图规划知识分类及属性，设计知识管理运作流程，规划系统开发软、硬件需求，规划社群运作机制并确定资讯系统运作所需的能力与功能；在开发测试阶段，需要开发知识管理系统，进行知识导入界面的开发并进行系统测试；在全面导入阶段，需要进行相应的使用者培训并进行已有知识的导入；在评估维护阶段，企业强化各社群的运作，在系统中持续进行知识上传管理、资料库品质管理、文件内容归类管理、使用者登入管理以及知识分享的宣传。

二、企业外部信息建设的构建

（一）企业与其他企业的供应链系统构建

供应链管理（Supply Chain Management，简称 SCM）是一种集成的管理思想和方法，它执行供应链中从供应商到最终用户的物流的计划和控制等职能。例如，伊文斯（Evens）

认为：供应链管理是通过前馈的信息流和反馈的物料流及信息流，将供应商、制造商、分销商、零售商，直到最终用户连成一个整体的管理模式。菲利浦（Phillip）则认为供应链管理不是供应商管理的别称，而是一种新的管理策略，它把不同企业集成起来以增加整个供应链的效率，注重企业之间的合作。最早人们把供应链管理的重点放在管理库存上，作为平衡有限的生产能力和适应用户需求变化的缓冲手段，它通过各种协调手段，寻求把产品迅速、可靠地送到用户手中所需要的费用与生产、库存管理费用之间的平衡点，从而确定最佳的库存投资额。因此其主要的工作任务是管理库存和运输。现在的供应链管理则把供应链上的各个企业作为一个不可分割的整体，使供应链上各企业分担的采购、生产、分销和销售的职能成为一个协调发展的有机体。

（二）企业物流、库存信息系统的构建

物流是指在原料进入企业进行生产到产品离开企业这样一个完整的物流过程。这是生产性企业的一个最主要、最基础的管理对象，也是国外各种企业信息系统理论研究的焦点。如 MRP，MRP Ⅱ 等都是在物料平衡的基本规律指导下提出的理论和指导思想。随着 Internet 和电子商务的出现，这一流程由于供应商和用户结合起来，形成一个社会化通过市场机制联系起来的供应链和价值链。

物流在企业内部是由多个环节组成，这些环节的节点就是管理的基本出发点。管理要做的事情：第一，完整地了解变化的情况、采集变化数据；第二，根据计划控制物流在节点间的流动，这一工作是通过各种管理业务流程来完成的，如，采购业务管理、入库份理、出库管理、生产作业管理、销售管理、质量管理等等；第三，根据企业需求、能力和物流运动的平衡规律来制定计划，并将计划分解到物流的每一个环节，为物流的运动和控制提供依据。

物流技术一般是指与物流要素活动有关的所有专业技术的总称，可以包括各种操作方法、管理技能等，如流通加工技术、物品包装技术、物品标识技术、物品实时跟踪技术等，此外，还包括物流规划、物流评价、物流设计、物流策略等。随着计算机网络技术的应用普及，物流技术中综合了许多现代技术，如 GIS（地理信息系统）、GPS（全球卫星定位系统）、EDI（电子数据交换）、BarCode（条码）等等。

1. 销售信息系统

销售信息、系统是指由人员、设备和程序所构成的相互作用的一种连续复合体。它收集、挑选、分析、评价和分配恰当的、及时的和准确的信息，以用于营销决策者对他们的营销计划工作的改进、执行和控制。它一般由四部分内容组成，即内部报告系统、营销情报系统、营销研究系统和营销分析系统。

内部报告系统主要提供的是企业内部信息及销售信息，即以内部会计系统为主，辅之以销售信息系统而组成。它的作用在于报告订货、库存、销售费用、现金流量、应收款、应付款等方面的数据资料，为企业内部有关部门掌握产品输出、资金收支等服务。

营销情报系统的主要作用是向营销部门及时提供外部环境发展变化的有关情报，即营销人员日常搜取有关企业外界的市场营销资料的一些来源和程序。情报的来源十分广泛，如政府机构、竞争者、顾客、大众传播媒介及科研机构等。面对如此之多的情报信息，必

须采取如下程序来进行：首先要确定企业营销所需的有关情报的优先次序；然后加以整理和分析，通过整理分析和处理才能把收集到的信息转变成有用的情报，并将经过处理的情报在最短的时间内传送到适当的人手中；最后就是情报的使用必须建立一种索引系统，指引营销人员方便地获得存储的情报。

营销研究系统的作用主要是就企业营销面临的明确具体的问题，聚集有关的信息，作出系统的分析和评价，提出并报告研究的结果，以便用来解决这些特定的具体问题。可以说，营销研究系统是营销信息系统中最重要的子系统。这是因为研究所需要的信息正确与否，关系到企业经营决策的正确与否，关系到企业的兴衰成败。

营销分析系统是由统计步骤和统计模型所构成，用一些先进的技术或技巧来分析市场营销信息，以帮助企业更好地进行经营决策。它包括两组工具，即统计工具库和模型库。统计工具由相关分析、因果分析、趋势分析等分析方法组成。这些方法是分析和预测未来经营状况和销售趋势的有效工具。

2．库存信息系统

"库存"是指以支持生产、维护、操作和客户服务为目的而存储的各种物料，而"库存信息"就是"与库存物料计划与控制相关的所有业务"。库存信息不仅应该确保信息准确，满足客户和市场的需求，还有一项重要任务是控制库存量，加速库存周转，降低库存资金占用，从而降低库存成本。

当企业之间都用电子形式连接起来时，过去用传真和邮寄形式传递的信息，现在可以马上发送：可以跟踪单证，确保单证的接收，提高审计能力；可以降低库存水平，加速库存周转，节约成本。技术手段也由看板管理（TIT）和物料需求计划（MRP）等转向配送需求计划（DPR）、重新订货计划（ROP）和自动补货计划（ARP）等基于对需求信息作出快速反应的决策系统，这样，改变了传统的工作方式，提高了工作效率，存货的控制能力变强，物流系统中存货总量减少。流程图如图 7-5 所示。

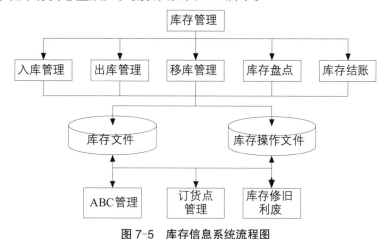

图 7-5　库存信息系统流程图

3．采购信息系统

随着全球经济一体化，企业在 Internet 网上的 B2B 和 B2C 的电子商务应用，正在由单一的销售、整个采购行为由消费者到生产者、从供应商到生产者的协同商务（C-Commeice）过程。在协同商务的协作世界中，企业之间的竞争不仅取决于自身的管理水平和竞争力，更对企业与协作伙伴之间的信息协作提出了极高的要求。企业管理由面向内部资源管理转变为面向整个供应链的管理。

采购作为企业信息管理中的一个重要环节，如何成功地进行全球采购，降低成本，提高企业竞争力，已越来越受到企业的重视。

这里所构建的采购信息系统支持多币种采购，与生产、库存、应付账及质量管理等子系统均有灵活的接口，采购作业计划即可由生产管理系统直接下达，也可以从中长期采购计划生成或从临时需求中生成。采购作业计划经审批后生成采购订单，采购订单审批后执行采购。如图 7-6 所示。

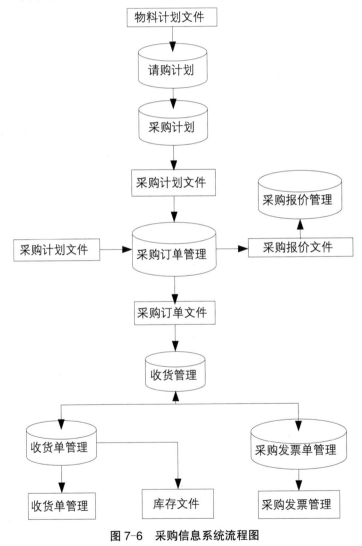

图 7-6　采购信息系统流程图

三、企业与顾客信息系统的构建

从理论上分析，客户信息系统应该从属于营销信息系统。但是，从实际上看，客户已经成为企业生产的起点和企业价值的重要创造者，客户关系资源已经从一般意义上的市场信息、上升为企业重要的战略资源，企业的经营理念也由"以生产为中心"转变为"以客户为中心"，因此，有必要在企业电子商务信息流管理系统中单独构建客户信息系统。

（一）企业网站的建设

商务网站是企业信息的门户，所以企业在运用网站进行商务活动时，就必须重视和客户在虚拟空间的关系，而企业文化和精神的融入是企业网站建设的基础和根本，企业文化虽然不同于企业制度那样对员工有强制约束力，但作为企业全体成员共同的思维和行为习惯，对企业的影响力是毋庸置疑的。成功的是实际应用 CRM 系统，必须要有与之相适应的企业文化作支撑。实施 CRM 的核心是怎样让决策层、管理层以及实施层都能从思维和行为习惯上真正的聚焦到客户身上。企业文化是影响企业能否有效地建立与客户之间的良好关系的关键，是 CRM 能否发挥效能的前提条件；同时，CRM 作为支持新型企业文化的有力工具，又对企业文化带来了新的变革。通过实施 CRM，企业由重视企业内部价值和能力，变革为重视企业外部资源的利用能力，这是 CRM 给企业文化带来的最大变革。

企业构建网站具体包括注册名、网站建设两大块任务。

①注册域名。域名是网络世界用来识别不同个体的标示，它不仅具有唯一标示性，而且在实际运作中它还具有商标的某些特点，即能展示企业形象和企业的内涵。因此，企业一旦进入网络交易空间，首先必须为自己登记一个响亮的能展示企业特性的域名。具体做法，企业可以委托某些网络服务公司办理域名注册事务，也可以直接向有关机构申请。

②网站建设。网站是有一系列的 Web 页面组成的，企业可以借助网页展现本企业的重要信息，主要内容有：主页、新闻页面、产品页面、客户支持页面、企业信息页面等。在网站设计中，除了要策划、编辑页面内容外，很重要的一个工作就是对页面表现方式的设计。在对页面的外观设计中，应注意保持企业形象的一致性，应注重页面的美观性与实用性相结合，比如页面不宜设计得过于花哨，否则影响页面的下载速度。

（二）网络营销系统构建

具体的市场营销活动包括市场营销研究、市场细分、市场需求预测、产品定价、组合、分销、物流、促销以及最后的销售服务等等。与传统的市场营销不同的是，企业电子商务的营销活动大部分是通过网络完成的。企业通过计算机通信系统、在线网络和相互作用的各种数字媒体进行市场需求预测、产品促销、智能定价等一系列的营销活动。区别于"一对多"的传统营销模式，企业电子商务营销的突出特征就是"一对一"、"交互式"。有鉴于此，营销信息系统的功能定位于利用组合一体化的系统模式实现企业市场情报搜集、市场细分、产品组合、流通渠道、促销和定价信息的智能化输出，扶助营销精力进行决策。如当消费者进入企业电子商务网站后，消费者就会对企业产品的包装、送货、付款方式和售后服务等方面提出自己个性化的要求。营销信息系统就需要对这些信息系统进行识别。对于一般性业务，营销信息系统就可以自行处理，对于特殊业务，营销信息系统就可以启动报警系统，交给营销部门处理。

（三）售后服务系统

售后服务作为整个营销系统中的重要组成部分，售后服务管理系统是集产品咨询、售后服务、市场推广于一体的综合性系统，采用先进的计算机数据通信技术，达到咨询的即时性。将利用售后服务系统建立高效的售后服务体系，快速、准确翻印用户的需求，从而提高服务水平，增强用户的忠诚度。

（四）决策支持系统

决策支持系统（Decision Support System，DSS）是信息系统的高级阶段，是以管理科学、运筹学、控制论和行为科学为基础，以计算机技术、仿真技术和数学方法手段，辅助决策者进行决策活动的、具有一定智能的人机一体化系统。DSS 可以为管理者的重大决策提供有力的支持（但并非取代决策者做出具体决策），提高管理决策水平；通过向决策者提供决策所需要的数据、信息和背景材料，帮助明确决策目标并进行问题识别，建立并修改决策模型，提供各种备选方案，并对各种方案进行评价和选优，为正确决策提供有力的帮助。

DSS 是由数据库、模型库和方法库构成的三库结构（如图 7-7），其中人机交互系统，通过菜单是对话、问答式对话等方式，便于决策人员使用该系统；数据库管理系统通过将数据收集、提取和处理，把各种数据资源合理组织起来，并传给其他子系统；模型库管理系统的功能是识别目标的问题描述，进行规划、推理、分析、建议，提供多种方案，进行方案的比较和评价，优化处理和模拟试验等；方法库中主要存储一些常用的数据分析方法，如回归分析法，线性规划法等。DSS 能够给予书库科中的原始信息，灵活地利用模型和方法对数据进行加工、汇总和分析，迅速得到所需要的综合信息和预测信息，帮助、支持和加强决策人员的决策任务。

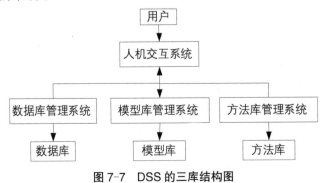

图 7-7　DSS 的三库结构图

DSS 的解决方案需要以数据库（DB）和数据仓库（DW）为基础，但还需要相应的技术和工具的支持，这就是联机分析（OLAP）技术和数据挖掘（DM）技术。从目前的技术发展而言，DB+DW+OLAP十DM是最佳的可行方案。DB用来存储和管理事务级的原始数据；DW用于数据的抽取、转换、继承、综合和重新组织，并以其全局数据视图的形式存入数据仓库中；OLAP集中于数据的分析；DM则致力于知识的自动发现。

（五）商业智能系统

在CRM的解决方案中，用计算机来模仿人的思考和行为来进行商业活动即商业智能的应用（Business Intelligence，BI）非常普遍。据统计，全球企业的信息量平均每1.5年翻一番，而目前仅仅利用了全部信息数据的70%。随着知识经济时代的来临，记录客户与市场数据的信息和信息利用能力已经成为决定企业成败的关键因素，越来越多的企业已经根据信息流和数据分析技术进行企业重整，传统的数据记录方式无疑将被更先进的商业智能技术所代替。在商业智能解决方案的帮助下，企业级用户可以通过充分挖掘现有的数据资源，捕获信息、分析信息、沟通信息，发现许多过去缺乏认识或未被认识的数据关系，帮助企业管理者作出更好的商业决策。商业智能BI包括专家系统、神经网络、遗传算法和智能代理等几个方面。

专家系统对于诊断性问题和指令性问题非常适用。诊断性问题是指需要回答"发生了什么事"的问题，相当于决策的情报阶段。指令性问题是只需要回答"我该做什么"的问题，相当于决策的选择阶段。客户关系管理软件中的市场百科全书就是这种专家系统。用户只需向专家系统提出需要解答的问题的是适合表象就能够得到圆满的答复。Broadbase在消费者分析和营销自动化市场上领先的公司。通过收购在个性化实时营销流程方面最佳的ServiceSoft公司，Broadbase可以提供智能型、不间断和自动化的产品。已有230多家蓝筹股公司安装了Broadbase公司的软件，其中包括柯达、AMD、本田、佳能、ADP、中国惠普等等。

神经网络被称为有学习能力的商业智能系统。它具有和人类大脑相似的功能，经过对神经网络系统进行一段时间的训练以后，该系统可以在没有人干预的情况下进行模拟识别，以解决特定领域中的问题。当神经网络被训练好以后，如果给它制定领域内新的模式识别问题，它就能给你有关这种模式的相关信息。原因就是在于神经网络是按照人脑的模式来制造出来的。它的任务就是响应、自我组织、学习、抽象和遗忘，而不是执行。屡获智能商务业界大奖SAS公司提供Enterprise Miner产品中就有：SOM/KOHONEN神经网络分类算法：神经网络模型（MLP，RBF），很多公司都将销售信息保存在大型的数据仓库中，然后应用神经网络软件分析并找出最好的销售模式。

遗传算法模拟进化/适者生存的过程，逐渐产生出优化的问题解决方案，它通过选择、交叉和变异等进化概念，产生出解决问题的新方法和策略，选择是指挑选出好的解决方案；交叉是将各个好的方案中的部分进行组合连接，而变异则是随机的改变解决方案的某些部分，这样当提供了一系列可能的解决方案后，遗传算法就可以得出许多解决方案。

智能代理是将计算机和网络中许多重复的工作独立出来，自动的适应人们的爱好和习惯，按照人们的要求完成，融合了许多现代的软件技术。它的典型应用是在Web上，为消费商品进行筛选或监测拍卖，在竞价时提醒用户。另外一种有名的采用代理技术的电子商务应用是合作筛选，即将用户采购同其他消费者的购买习惯相比较进行推荐，它被Amazon.com 所采用。

（六）数据库管理系统

构建完善、可靠的数据库是实现客户关系管理的重要条件，在客户关系管理中具有重要的地位。客户关系管理中的数据可包括记录客户基本信息的静态的基础数据库和记录客户与企业信息动态的交易数据库两类。这两类数据库相互关联，共同作用，成为了企业开展客户关系管理的最基本的依据。一个完整的客户关系管理数据库系统应有以下一些子系统构成：

1．客户数据管理和查询系统

客户关系管理数据库应能动态地、实时地提供客户的基本信息和历史交易记录，并能把最新的交易数据补充到数据库之中，使其能以最快的速度、完整地反映出客户与企业交易的相关信息。与此同时，客户关系管理数据库还要保证企业业务人员能根据各自权限调用相应数据以及进行数据更新。此外，还应能做到通过各种方式，如电话、电子邮件、网站等方式提供信息的一致性，以免造成混乱。

2．客户关系递进管理系统

几乎所有重视老客户的公司都会对老客户给与一定的优惠措施，如航空公司、宾馆、百货公司等。尽管这种做法在表面上看会使公司的利益短期内受到影响，但实际上老客户的重新购买以及受他们影响带来的新客户可使公司在不需要大量广告费投入的情况下做到生意兴隆，并且可以使客户的忠诚度得到很大提高，因此是一种极为重要的增进客户关系的方法。客户关系递进管理系统是客户关系管理数据库的重要组成部分，比如网上商店可以采用积分制的形式，当客户购物到一定数额时即给予一定数额的电子优惠券，也可以通过寄送礼物的方式向一些消费者数额较高的客户表示感谢。客户关系递进管理可以鼓励客户多次消费和重复购买，对客户、对企业均有好处。

3．忠诚客户识别系统

企业对每一个忠诚的客户不应有丝毫的怠慢，如果不能识别谁是忠诚客户就会造成不必要的损失。如美国有一家银行为了给自己的客户提供方便，决定在节假日把银行内部的停车场向储户开放，储户只要出示该银行储蓄的相关凭据即可得到免费服务。有一次，一位在该银行存有数千万美元的老客户因为没有带相关凭据，而要求在该停车场停车时，任凭怎么解释，都没有得到工作人员同意，他只好重新在该银行存入数百元得到一张单据，在这一过程中，银行工作人员也没有发觉他的历史交易数据。他感到十分不解，一个长期的高额储户居然不能享受到小小的免费停车服务。第二天，他取出了全部存款，结束了与这家银行长达多年的业务关系。因此，重视、关心、体贴忠诚客户应得到企业全体员工的广泛重视。客户关系管理数据库既要正确识别谁是公司的忠诚客户，又要主动为这些忠诚客户提供相应的优惠服务。

4．客户流失警示系统

为防止客户流失，企业应对那些出现流失迹象的客户给予高度关注。比如一位常客的购买周期或购买数量出现显著变化时，就应引起公司的警惕，主动走访客户，了解出现这种情况的原因，并尽最大努力予以改进。客户关系管理数据库可自动监视客户的交易资料，对客户的潜在流失迹象作出警示，做到防患于未然。如美国特惠润滑油公司的客户数据库在某客户超过 113 天没有再次使用他们的产品或服务时，便会自动打出一份提醒通知，促使有关部门和人员立即调查原因，采取必要的补救措施。

5．客户购买行为分析系统

通过客居关系管理数据库分析单个客户的购买行为是公司提供个性化服务的重要手段。比如网上书店可以根据客户过去购书的记录，结合客户兴趣爱好、工作性质、收入水平等定期提供最新相关图书的电子邮件，向读者传递他感兴趣的图书信息，既可以为读者提供方便、节省他们的时间，又可让他们感到公司关心、体贴他们，对增进公司与读者的感情是大有裨益的。

四、企业与政府之间信息系统的架构

（一）与政府采购之间的信息系统

随着我国政府采购的深入发展，采购范围和规模不断扩大，采购处理形势也从传统的手工处理逐渐转向给予信息技术和电子商务的采购。各地采购中心利用采购管理系统进行信息管理，在采购管理系统进行信息管理，在采购网站发布招投标信息，建立电子交易平台进行网上询价和竞标。

政府采购积累了很多需要的数据资源，对这些数据按采购预算、合同金额、节支、数量、品种、采购方式、原产地、地区分布、供应商等指标进行统计分析，可以全面了解财政支出的使用和有关政府政策目标的落实情况，加强政府采购基础管理，为政府部门经济政策的制定、修改和政府采购制度的完善提供决策依据。政府采购信息统计分析是政府采购的重要组成部分，使政府采购工作成果的综合反映。

目前各地政府采购的统计分析相对滞后，普遍的做法是个市、县区的政府采购中心利用信息、管理软件进行采购预算与合同登记，按月汇总统计采购数据、填写报表并上报到省级政府采购中心，各省每年对全省范围内的政府采购情况进行汇总统计和各项指标计算，将统计报表和分析报告上报到中央财政。这种做法导致各基层单位的统计分析工作量大、统计时间长、统计口径不易统一、重复工作多等问题，对各地上报数据进行汇总综合也很繁琐，往往上一年的数据到第二年的 5、6 月份才能汇总完毕。另外，政府采购信息系统是以数据库为中心的联机事务处理系统，其设计是面向数据更新比较频繁的应用，如果在系统中进行统计分析，会降低系统的性能，数据的组织也不适合进行多维分析。

政府在采购中，采购数据存储在各个基层单位的采购中心，各省、自治州需要对全省范围内的采购数据进行分析，中央财政需要对全国范围内的采购数据进行分析。因此，可以构建一个主从式的分布式数据仓库，各省、自治州将分散在本省各县市区采购中的数据集成到本省数据集市中，中央则政建立中心数据仓库，其数据来源是其他省份数据集市的汇总数据，中心数据仓库可以直接访问其他数据集市。各个数据集市可以通过采购专网与中心数据仓库连接。整个统计分析系统用基于 Web 的三层结构实现，数据层为中心数据仓库和各个数据集市，可以采用 Oracle 作为数据服务器。业务层用组件实现 OLAP 功能，用户层用 Web 页实现可视化的统计分析与挖掘。

由于各地区的政府采购信息系统基本统一，因此可采用统一的关系模式设计各省的数据集市，以减少系统维护代价。在中心数据仓库存放一些公共的基础数据，如供应商目录、商品目录等，实现信息共享。

（二）与工商、税务部门的信息系统

随着工商行政管理职能的进一步转型，最大限度地降低成本，更多地关注引入和运用更为先进的前沿技术与管理方法，采用企业化目标管理办法来建立服务型、绩效型信息系统是工商部门当前既现实而又重大的一项课题。加快信息化建设、构建工商部门信息化建设体系是对工商行政管理系统的要求。工商信息系统构建目标是：

①采用具有通用型、先进性、开发性、可靠性的信息系统，以 Intranet 应用模式，实现后台数据库、前台应用的两层应用模式；

②采用最新的 Oracle 11g 数据库集群，确保整个信息系统中最关键部分—数据库系统的可用性、性能、安全性和可靠性；

③数据的安全、完整、可靠是整个系统构建的关键所在。在硬件系统设计、软件平台设计以及在两者基础之上的业务信息平台设计上，遵循开放性、先进性和标准性，在具有强大的系统性能基础之上，确保信息、系统的可用性和安全性；

④同时，考虑到后期信息系统的扩容和升级问题，要求当前的信息系统能够充分考虑到后期的升级问题，并能够实现系统的平滑升级；

⑤优越的系统兼容性，良好的性价比等。

税务信息系统的建设是一项复杂的系统工程，它包含了网络、主机、服务器、操作系统、数据库、应用系统等多个组成部分。网络系统是整个系统信息交换互联的基础平台，如何构建一整套"稳定、高效、安全"的网络系统是每个税务用户在进行信息化建设中所要面对的首要任务。为了满足税务信息系统及网络安全性的需求，通常将网络系统分为内部网和外部网两大部分来进行设计（图7-8）。内部网主要为内部业务应用系统提供网络平台，如办公自动化、电子邮件等；外部网提供内部工作人员对外部 Internet 的访问，同时也是对外网站的网络平台。

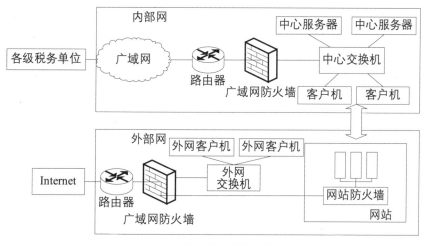

图 7-8　税务信息网络系统图

五、企业与其他机构的信息系统构建

（一）与银行之间的网上安全支付系统构建

网络银行是在现代通信网络日益迅速发展的背景下，金融贸易实现电子化、自动化、网络化的必然趋势。网络银行的一个重要核心问题是，如何从物理上到逻辑上保证整个系统的安全性。现代密码学和网络安全研究成果的应用将在网络银行的设计和实现中扮演重要角色。

网络银行的各种业务主要是由银行、商店、用户三方完成的。在用户和商店发生交易并确定交易金额后，用户和商店如何通过网络银行完成资金支付的过程是必须安全、可靠和迅速的。

银行是用户和商店都认为可靠的，服从其裁决的可信的第三方。银行、商店和用户共享相同私钥加密算法和解密算法。银行与每一个用户和商店都共享一个唯一的身份密钥，分别记为 KEY-user 和 KL。Y-5hapo 银行通过安全的途径分配身份密钥并以秘闻的形式保存所有的身份密钥。

银行、商店和用户共享相同的公钥加密算法和解密算法，该公钥体制是可以进行数字签名的。银行具有一套自己的共、私钥对，记为 PK-bank 和 SK-bank，公钥 PK-bank 是公开的，当用户或商店收到特定信息时，用户或商店通过公钥算法和 PK-bank 验证通过后确认是由银行发出的。同样的，为防止重传攻击，银行在做数字签名时要加入可变因子；对本系统来说，即为用户和商店的交易时间。

（二）与保险公司信息系统的构建

保险业是我国改革开放以来新崛起的重要金融行业，经过几十年的发展，保险已成为社会经济的风险保障，与人民生活密切相关。加快保险电子化建设、提高保险经营管理的现代化水平，对于改进保险服务质量、促进保险良性发展具有很重要的意义，也是当前保险业面临的一项紧迫任务。

　　保险信息系统是运用计算机技术、通信技术和管理技术，以现代数据理论为基础，对保险信息进行采集、加工、存储、传输，为保险的经营和管理提供现代化科学服务的信息系统。根据保险业务特点，保险信息系统可分为保险业务处理信息系统和保险管理信息系统（见图7-9）。

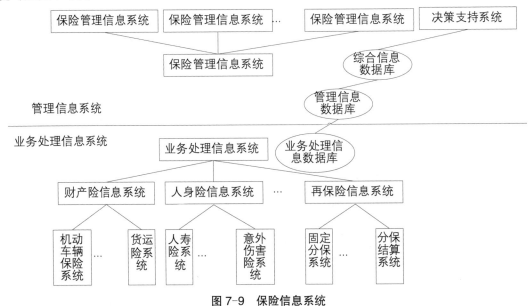

图7-9　保险信息系统

　　1. 保险业务处理信息系统

　　保险业务处理信息系统主要是对保险日常各项业务信息进行及时、准确地综合处理。它是保险信息系统的基础，按险种分类，其包括以下子系统：

　　①财产险业务处理系统。财产险是开办最早，业务量较大的保险业务，主要包括财产损失险、责任险和信用险。它的主要特点是险种划分较细、种类较多，业务有效期限大多为，一年。骨干险有机动车辆险、货物运输险、企业财产险及家庭财产险。财产险业务处理系统开发应用从20世纪80年代初就已开始，经过多次平台升级和版本更新。现已比较成熟，趋向多险种、跨平台集成和综合分析方向发展。

　　②人身保险业务处理系统。人身险是80年代中期起步、近百年发展最快的险种，主要包括中长期人寿险、短期意外伤害险和健康险三大类。人身险主要特点是保险的分散，信息、采集量大，内容关联渗透，保险期限可达几十年。人身险业务管理系统是在80年代末期开发的，但由于国内人身险前期发展慢和管理滞后，人身险信息系统尚处于探索过程。

　　③再保险信息系统。再保险制按照保险法和风险控制原理，实现风险管理和控制。国内再保险信息系统开发比较晚，主要是按照国家规定处理比例式和非比例式分保业务。

　　④清算信息系统。主要是完成货运险和机动车辆险在异地出现的代察勘、代理赔过程中的资金清算。

保险业务处理信息系统还包含高风险控制、综合业务查询分析、机动车辆零配件报价系统等。经过十几年的研究和开发，保险业务处理信息系统已覆盖保险业务的大部分，系统性能和质量也都有很大的提高，在保险业科学化管理上起到重要作用。

2．保险管理信息系统

保险管理信息系统是对保险业务处理信息系统生成的动态基础信息进行综合分析和宏观决策。主要包括：

①业务统计分析系统。对各项保险险种信息作综合分类和统计分析，指导和监控业务的发展。

②财会核算分析系统。实现财会可算分析电算化。对资产负债、保险责任准备金、资金运用、综合费用和赔付情况进行分析管理。

③防灾、防损分析系统。对事故灾害损失进行分析，对重要的灾害进行预测预报，对保险责任损失和利率作分析测算。

④办公自动化管理系统。主要有文书处理系统、文档管理系统、人事及劳资系统等。

⑤决策支持系统。利用各类信息系统生成大量准确可靠的信息库，逐步建立各类管理的模型库和方法库，实现对未来的预测。

3．保险信息系统构建方法

保险信息系统是涉及范围广、结构复杂，系统生存周期长、可靠性和安全性要求高的信息系统。开发质量水平高，实用性强的保险信息系统是一项复杂的软件工程，需要采用先进的、有效的软件开发技术和严格的科学管理方法。在保险信息系统开发中，应用的技术方法主要有以下两种：

①快速原型法。在保险信息系统开发中，用户常常很难完整、准确和清晰地用语一言描述其需求，系统开发人员对所了解的需求有时又难以抽象化表达，解决这个新困难的方法就是建立一种原型，使用户与开发人员互相理解、加速沟通，增强需求准确性和完整性，缩短开发时间。

建立保险信息系统原型。根据用户需求，经过调查和系统分析，应用 DBMST 和 4GL，快速建立系统圆形（即应用软件的样品），简化系统需求规格说明书，实现开发者与用户双向快速沟通。根据保险信息系统特点，产生两种应用软件原型：一是界面原型，用户与信息系统的界面表现形式和内容主要包括：人—机交互屏幕格式和信息项目、系统输出报表的格式和内容、系统管理控制菜单等。二是功能原型，表现系统功能形式上的时限、系统基本处理流程、功能的组合逻辑。

原型法与生存周期法相结合。原型法属于软件开发过程中一种使用有效的方法，但是，目前的原型法还不是一种独立的软件工程方法学，而属于局部软件生存模型。将原型法与生存周期法结合在一起，可以有效实现保险信息系统开发（图 7-10）。

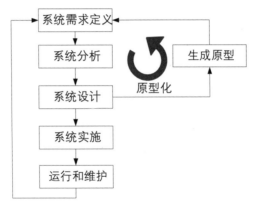

图 7-10　保险信息系统原型法构建图

②数据库设计方法。保险信息系统开发中的重点是数据库的设计工作，数据库设计的质量直接影响应用系统的性能。

数据库设计的一般过程。结合保险信息系统开发的方法具体的设计主要分三步：第一步，概念设计，即根据系统的数据处理流程图生成数据流中的实体及其相互关系，进行实体分析，画出实体关系图；第二步，逻辑设计，即从系统的 E-R 图出发，确定各个实体及关系的具体属性，建立各个实体关系表之间的逻辑关系；第三步，物理设计，即确定所有属性的类型、长度和取值区域，设计基本表的主键和外键、完成相应的数据字典。

数据库设计的一般步骤是一个迭代的过程，逐步完善求精。数据表的设计，数据库是由一组数据表组成的，数据表可分成基本表和辅助表。一个实体可用一张基本表来描述，一个复杂的关系也可由一张数据表来描述。基本表用来存放数据库中基础数据，基础数据具有 5 个基本性质：一是原子性，即表中的数据是元数据；二是演绎性，由表中的数据可以生成系统所有的输出数据；三是稳定性，表中的数据一次录入，多次使用，长期保存；四是规范性，表中的数据满足第三范式；五是客观性，表中的数据是实体和关系中客观存在的数据。

第三节　纺织企业电子商务的应用

纺织业是我国重要的传统产业，在我国国民经济和世界贸易中起着了举足轻重的作用，目前棉纱、棉布、呢绒、丝织品、化纤、服装出口和服装产量均居世界第一位。在美国等发达国家，电子商务已经非常普及，越来越多的顾客开始通过因特网去购买商品。在因特网上，越来越多的商品资料都可以自由查询，商品的国界限制正逐步淡化，整个世界正变为一个统一的大市场。我国纺织品，服装国际贸易要想持久发展，必须适应国际市场发展的趋势，大力发展电子商务。合理管理企业内部信息、知识产权和客户关系，创建新的营运及购销模式，实现操作自动化，减少中间环节，加强生产者和客户的直接交流，提供在线客户服务、销售及支付，大幅度降低成本，与业务伙伴保持密切联系，提高企业竞争力。最重要的是电子商务的应用为传统的纺织企业带来崭新的管理理念和运作模式，这一模式能够帮助中国的纺织企业从容面对加入 WTO 后激烈的市场竞争，而最先加入电子商务领域的纺织企业将会受益无穷。

一、纺织电子商务的内涵

所谓纺织电子商务，是指利用互联网来实现纺织品商务活动的总称，它借助于网络媒体、通过数字通信手段进行信息交流、商品买卖和服务以及资金的支付和转账等商务行为，是纺织行业一场影响深远的革命。纺织电子商务是依托专门的纺织电子商务网站来实施的。目前国内创办的相关网站有多家，其中的纺织电子商务网内容比较全面，信息的发布查询符合纺织专业要求，较为适合国内从事纺织品贸易的业内人士使用。通过该网站用户可以直接发布信息，也可以了解国内外纺织品的市场动态、产品行情、进出口情况与配额等信息，了解上网企业的相关信息，还可以直接与网上客户进行商务联系。纺织电子商务的基本载体是纺织电子商务网，纺织电子商务网是采用计算机、通信及网络等高新技术并结合管理者的智慧开发的专用信息系统。该系统能够在现有技术条件下，及时地收集、加工国内外纺织生产、供、销、服务等各类信息，并对这些信息进行有序、高效、合理的动态管理与控制，向用户提供不受空间与时间限制的有效信息，辅助使用者合理决策。

纺织电子商务网站的对象可以覆盖整个纺织产业，目前该网站主要功能有五部分：纺织行业信息查询、用户自行发布供求信息及其查询系统、企业在线、网上库存拍卖、通过网上交易。这最后的功能，也是纺织电子商务发展的前景，是纺织电子商务最成熟的发展阶段。随着网络技术的进一步发展以及电子商务应用水平的提高，纺织电子商务网将提供更安全、更快捷、更多样化的服务。

二、我国纺织企业电子商务网站现状

据有关资料介绍，全球 1998 年电子商务市场约为 430 亿美元，比 1997 年增加了 16 倍，2000 年全球电子商务交易量达 3 770 亿美元，据中国电子商务研究中心（CECRC）监测数据显示，全球电子商务市场快速增长，2014 年全球销售总额高达 1.3160 万亿美元。随着电子商务的普及，国内外纺织服装行业电子商务网站日益增多。当前开展得比较成功的纺织服装行业专业性网站有 Apparelkey .com 网站、Etexx .com 网站、瑞典的 Textile Solinion .com 网站等，大型综合性网站如全球首个纺织品交易网站 i-textile.com。

伴随着国际纺织互联网商务性应用急剧高涨，2000 年中国纺织行业被列为国家信息化工作试点行业。经过短短几年的发展，中国纺织电子商务进入到务实的发展阶段。当前国内纺织电子商务网站的数量不断增加，从而加速了我国纺织行业电子商务国际化的进程。

据 2002 年 12 月全国企业信息化工作领导小组办公室、国家经贸委经济信息中心对国家重点企业的网站建设与应用情况进行的第 3 次调查，其中纺织行业 49 家国家重点企业中，有 36 家建立网站，占总数的 73%，比 2000 年提高了 11 个百分点。有简单网页的共 6 家，占总数的 12%；没有建网站的有 7 家，占 14%。查阅到的网站建设情况如下：

1．国内纺织电子商务网站的数量

在中国纺织信息网（http://www.cntac.org.cn）查询可得知，2015 年全国规模以上纺织企业工业增加值同比增长 6.3%，1~11 月，主营业务收入达到 63713.53 亿元，同比增长 5.02%；利润总额达到 3326.12 亿元，同比增长 6.83%。

在中国纺织网（http://www.texnet.com.cn/）上输入"纺织"，可查到 13655 个纺织企业，下设行业细分网站包括，中国化纤网、中国纱线网、中国面料网、中国针织网、中国纺织辅料网、中国纺机网、中国家纺网、中国童装网、中国坯布网、中国丝绸网、中国无纺布网、中国棉纺网、中国印花网、中国印染网还有纺织院校、科研机构和皮革等行业网站，还包括兄弟网站，如网盛大宗、国贸通 生意通、电子商务、行业会展网、网购导航、农村中国、小生意、中国化工网、中华纺织网、中国服装网、中国农业网、医药招商、中国保健品网、衣服网 童装加盟网、中国母婴品牌网、中国内衣网、生意宝、检测通、中国出口商、中国医疗器械网、Chinamedevice、服装品牌研究、浙江都市网、网盛运泽、PTA 网 皮棉网、生丝网、羊毛网、锦纶长丝网、涤纶 POY 网、涤纶 DTY 网、涤纶 FDY 网 涤纶短纤网、氨纶网、棉纱网、涤纶纱网等。

通过新浪网（http://www.sina.com）、搜狐网（http://www.sohu.com）、雅虎中文站（http://cn.yahoo.com）可以搜索到的国内纺织电子商务网站的数量分别是：12 个类目，1 681 个相关纺织网站，相关网页多达 1081870 个，291 个类目，1925 个纺织网站，相关网页达到 943572 个；475 个类目，1762 个与纺织相关的电子商务网站，相关网页则多达 1631385 个。

在专门进行网站查询的 http://www.google.com 上可找到 1240 个中国纺织方面的网站，相关网页有 68900 个。

由于互联网发展快速，加上各类纺织电子商务网站层出不穷，加快了我国纺织电子商务的飞速发展。

2．纺织电子商务网站的种类

电子商务网站的分类方法很多。根据其内容、运营模式、建站目的以及侧重点不同大致可分为两种类型。

（1）交易型网站

交易型网站的主要目标是为促进供求双方达成交易，实现商务营销。这种网站成为买卖双方信息交流的平台，服务对象是企业。包括综合性门户网站、纺织各行业网站和纺织企业网站。他们的目标有着各自不同的侧重和风格特点。据相关报道，截至 2002 年 5 月 17 日，几个交易型纺织网站的盈利情况为：中国化纤网盈利额为 300 万元，中国纺织网为 100 万元，中国服装网为 60 万元。目前，交易型网站已经是纺织行业迈向电子商务的主力军，而且仍在不断完善中。这类网站又可细分为：

①综合性门户网站。综合性门户网站多是由国内一些权威机构协助创办的，多实行有偿或无偿会员制，以电子商务、专业搜索引擎、企业网上社区、行业动态信息等内容为主，具有强大的信息检索、信息交流和信息传递功能。它们以 B2B（企业对企业）运营模式吸引企业进行注册登记，在网上建立购销展示，开辟网上宣传等业务。其建站主要目的是商务营销。当前，此类网站在网络上最为活跃，人气也比较旺盛。这类网站如中国纺织信息中心，它是目前国内门类齐全、技术先进、发布信息最权威的机构之一。

②纺织行业网站。纺织行业网站分为棉纺织、毛纺织、麻纺织、绢丝纺织、化纤、针织、纺织原料、纺织面料、纺织服装、家用纺织、无纺布、纺织机械等行业网站。例如中国棉花网（http://www.cncotton.com）、中国麻纺信息网（http://www.cblfta.org.cn）、中国纺织机械器材工业协会（http://www.ctma.net、纤维资源网（http://www.fzbersourse.com）、纺织布料国际贸易（http://www.hqcf.hangdu.Net）、中国服装时尚网（http://www.chinafashion.com）以及染整家园（http://dye.onchina.net）。这类网站主要涉及某一特定行业，专门发布某一方面的信息或为这方面的企业提供服务，具有明显的行业服务色彩。

③纺织企业网站。此类网站多数是以展示企业形象为主，除个别企业外很少有网上交易。由于认识、人才或经济等方面的问题，网站多由企业与 IT 公司合作创建，由 IT 公司负责维护更新，但更新很少进行。

（2）非交易型网站

非交易型网站包括科技、科普网站、纺织院校网站和一些个人创建的网站。这类网站的主要目标是交流纺织技术和宣传纺织文化，数量相对较少，但备受纺织专业人士关注。

①科技、科普网站。如中国纺织导报（http://www.texleader.com.cn）、中华纺织论坛（http://www.texin-dex.com/texbbs）等，多由原纺织科研院所和文献资料收集机构组建，此类网站以一些业内知名期刊杂志为依托，信息量大，它们是业内人士了解行业信息的有效途径。

②纺织院校网站。如东华大学网站（http://www.dhu.edu.cn/home.asp）、西安工程大学网站（http://www.xpu.edu.cn）等。纺织院校网站是学校建设和发展的基础设施之一，是提高教学和科研水平，宣传创新纺织科技的重要支撑环境。随着信息化建设的发展，纺织院校网站不仅受到教育工作者的重视，而且越来越受到纺织各界的青睐。其中，院校网站纺织科技信息往往代表了时代研究的方向，具有很强的生命力。

图 7-11　网上轻纺城网站

图 7-12　搜布网网站

三、我国纺织企业电子商务发展现状

（一）纺织企业电子商务发展现状

1．行业电子商务交易额继续增长，对传统销售渠道影响加大

根据测算，2013 年纺织服装行业电子商务交易总额为 2.38 万亿元，同比增长 28.65%，占全国电子商务交易总额的 23.15%，继续保持领先地位（图 7-13）。其中，纺织服装企业间（B2B）电子商务交易额为 1.88 万亿元，同比增长 24.5%；服装家纺网络零售总额合计为 4900 亿元，同比增长 47.1% 占全国网络零售总额的 2.49%。

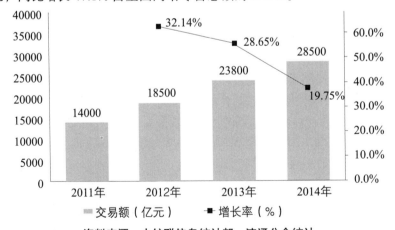

资料来源：中纺联信息统计部、流通分会统计

图 7-13　2011—2014 年纺织服装行业电子商务交易额增长情况

统计数据显示，2013 年全国 3.86 万户规模以上纺织服装企业主营业务收入达到 6.38 万亿元，纺织服装企业间（B2B）电子商务交易总额与之相比为 29.47%；1.7 万户规模以上服装家纺企业主营业务收入 2.19 万亿元，服装家纺网络零售总额与之相比为 22.37%，两个

比例均比 2012 年小幅提高。另据对全国 90 家主营业务年收入 2000 元以上纺织服装企业调查显示，其 2013 年电子商务交易额占据全年销售额的 14.83%。以上数据可以看出电子商务对企业传统销售渠道的补充和替代作用进一步加强，电子商务成为现代企业市场营销的重要工具和全面提升信息化管理的新动力。

2．企业间（B2B）电子商务依然是主体，发展潜力巨大

纺织服装企业间（B2B）电子商务交易额占行业电子商务交易总额的 79%，依然是行业电子商务发展的主体。其中表现突出是纺织原材料电子盘交易，渡院、盛泽等产业集群相继成立纺织原料电子商务交易机构，为当地企业原材料供应提供专业服务，受到企业欢迎，如盛泽东方丝绸市场纺织材料电子交易中心，2013 年交易会员数达 700 人，交易额达 250 亿元。区域专业电子商务平台引领当地企业开展网络营销进一步加强，如绍兴柯桥网上轻纺城平台注册会员数为 192 万人，2013 年平台交易额为 59.38 亿元，中小纺织服装企业抱团上网，开展网络分销成为产业集群 B2B 电子商务应用热点。

但与 2012 年相比，纺织服装企业间（B2B）电子商务交易额增幅回落了，主要原因在于企业间（B2B）电子商务交易的复杂性，其中企业网络诚信、大宗票据支付以及线上线下渠道矛盾等问题尚未根本解决，影响了企业间（B2B）电子商务应用的进程。很多中小企业因为网络推广成本居高不下、人才缺乏等问题，放弃电子商务应用，也对网商数量和价格驱动型的电子商务交易额产生一定影响。

随着国内主流电子商务平台服务模式由信息展示向交易模式的转变，企业间（B2B）平台与零售平台间（B2C/C2C）的商业链条的打通，以及第三方平台产业带、商圈等垂直频道的建立，为纺织服装中小企业网络分销提供了交易流畅、服务专业的新途径。产地垂直电子商务平台建设的加快和专门服务机构专业化服务水平的提高，不断提升了企业间（B2B）电子商务的应用效率。商业模式转变、应用途径增加、服务能力提升，为企业间（B2B）电子商务发展创造了巨大空间。

3．跨境电子商务成为新热点

2013 年，国内受到传统外贸疲软和内销不足的双重影响，电子商务发展有所放缓，但跨境电子商务发展依然迅猛。据艾瑞咨询发布的统计数据显示，2013 年中国跨境电子商务交易额约为 3.10 万亿元。纺织服装企业通过电子商务平台拓展境外市场势头不减，如阿里巴巴国际站服装类（男装、女装、童装、婚礼服等）供应商达 7200 多家。

近年来，中国跨境电子商务已逐渐形成一条涵盖营销、支付、物流和金融服务的完整产业链，为企业发展跨境电子商务提供了良好的基础。商务部数据显示，目前我国跨境电子商务平台企业数量超过 5000 家，知名平台包括 eBay、阿里巴巴、亚马逊、敦煌网、义乌购等。这些电子商务平台加快了与国外市场的落地服务，如兰亭集势在目标国家建立了本地配送中心，为企业跨国物流节省更多的成本。深圳、杭州、厦门、重庆、南京、东莞、宁波、上海、合肥等地纷纷建设跨境电子商务产业园，吸引当地跨境电子商务企业入驻。

4．电子商务成为创业和就业新引擎

网络经济和电子商务的快速发展，促使产业链不断延伸产生了大量的新的职业，创造了大量的新的就业岗位，特别是为许多草根创业、就业者拓展了工作与发展的空间。

据测算，2013 年纺织服装行业电子商务直接从业人员约 300 万。各产业集群和专业市场利用自身产业优势，把电子商务应用与大学生创业、残疾人创业有机结合，建设电子商务创业园或者孵化基地，加强培训，完善配套，为区域电子商务创业创造良好环境。

创业与电子商务结合，既为区域传统产业转型输送了专业人才，也培育了一批有创造性、富于挑战的网商队伍。

（二）我国纺织企业电子商务存在的问题

1．为顾客服务与自我宣传意识不够

企业进行电子商务网站建设，首先是定位问题。网站的定位，就是确立在目标顾客心目中企业站点的地位。企业网站设计者应该树立站点访问者都是企业的顾客或潜在顾客的观念。因此，企业站点的建设应以顾客服务为中心。目前，相当多的网站满屏地展示企业标志、领导题字、总裁照片乃至企业精神、经营理念等，带有明显的自我宣传性质。客户上网不是看企业、公司的宣传和形象，而是为了尽快获得产品、服务的有用信息。能否吸引越来越多的客户访问站点，要看网站是否能为客户提供有用信息或周到的服务。但目前很多网站所提供的信息模式或服务项目千篇一律，没有自己的特点。这样就不能引起客户对企业及其网站的注意。信息经济的特点是消费者主权经济，强调的是面向顾客、服务为重。因此，过于浓重的自我宣传意识必然导致为顾客考虑得较少，其结果也必然造成顾客依赖度降低和回访率减少。

2．缺少个性化服务

所谓个性化信息服务，是指能够满足用户个体信息需求的一种服务，是根据用户提出的明确要求提供的以销定产的信息服务或通过对市场的分析而主动向用户提供其可能需求的信息服务，这种服务理念还没有引起人们的足够认识。另外，深层次理解个性化信息服务还是一种培养个性、引导需求的服务，由此可以促进纺织业的多样性和多元化发展。因此，企业在网站建设上应该特别注重通过情感、个性化服务以及及时处理顾客反馈意见来维护与顾客的关系。如某企业通过增设专门为顾客提供咨询的在线交谈服务，使其销售额立即上升了 3000 万。而我国的大多数企业网站仅仅从自身的利益去考虑，而忽略主动探讨顾客的需要和感受。

3．管理素质有待提高

目前仍有不少企业习惯于传统交易，有些人担心电子商务中的技术问题，特别是担心电子商务中的法律问题、风险问题。由于对传统的有纸交易方式限制交易双方互相选择的空间，缺乏认识，时间一长，相对固定的买卖关系形成，将导致市场固有的开放性功能不断弱化，抵抗风险的能力下降。很多企业领导阶层科学管理意识不强，特别是在实施电子商务所需的现代管理理念方面差距较大。企业管理者的综合素质有待提高。另外，纺织企业网站的电子商务能力不足，纺织企业网站的互动能力差。在标准化、资金投入、人才引进和培养以及在适合纺织行业不同类型企业的软件开发等方面都有待完善。

4．教育现状的制约

我国电子商务起步较晚，由于人才培养滞后所造成的人才奇缺已成为我国发展电子商

务所面临的诸多问题中最根本、最紧要的问题。在纺织企业中，既懂计算机等技术，又有商务贸易方面知识的纺织品营销人员相当匮乏；IT 领域中的技术人员又对纺织品商贸与经济管理方面的知识掌握不够；纺织企业经营决策者虽熟悉纺织企业管理等知识，但他们不了解电子商务涉及的其他领域的新技术。1999 年年底，北京交通大学电子商务协会对该校在校学生所做的一次问卷调查表明，60.5% 的本科生、100% 的研究生对电子商务有一定的了解。受教育的程度越高，对此的认识也越深。在表示对电子商务流程有明确认识的同学中，本科生仅占 32%，其中约 80% 为经济管理专业的学生。对研究生的调查显示，MBA 中的 80% 表示对电子商务的流程有一个较为清晰的认识，其他专业的研究生只有 50% 表示了解电子商务的流程。由此可见，大部分非经济管理专业的学生在对电子商务具体贸易流程的认识仍然停留在初级阶段。由此可以看出，在深入系统的学习中，电子商务逐渐体现出它的学科性——以经济管理为主。在这方面，经济管理类的学生有其专业优势。但其所占比例之少，尤其是其他专业无人了解的现状实在令人担忧。由于电子商务是一个跨学科的领域，在涉及电子商务发展的关键问题——金融电子化与贸易安全上，电子专业、法律专业的学生有广阔的发展前景，但尚未引起经济管理专业学生的重视。就目前而言，真正认识到电子货币与自己已经很近的学生并不多，对此投入很大精力的学生更少。由此可以看出，我国在校大学生热衷电子商务学习的大多集中在计算机和经济管理两个专业，面对电子商务日新月异的发展，针对电子商务开展多方位多角度跨专业的系统教育迫在眉睫。

5. 法规现状的制约

近年来，涉及互联网安全、保密、基础设施建设、融资、经营许可等诸多领域与电子商务和互联网相关的法规纷纷出台，初步形成了一个电子商务法律体系。2003 年 1 月 27 日，广东省人大常委会宣布，《广东省电子交易条例》已通过人大审议，并于 2003 年 2 月 1 日起正式实施。这是我国第一部真正意义上的电子商务立法。但是，目前仍面临着许多问题，如缺乏对合同的认证，对网络犯罪的定罪和处罚没有切实可行的相关法律法规依据等，这些都制约了企业电子商务的进一步开展。只有当网民对电子商务的信任度提高之后，网上交易的金额才会逐步提高，电子商务才会走向繁荣，网民一旦在某次网上交易时受到欺骗，他们就会因为这次不愉快的经历而彻底对电子商务失去信心。但现在有一部分中小型企业，一投资于电子商务就急于获得回报，或者是由于资金不足，后续投入跟不上，结果是服务质量差和信誉低，从而造成不良影响。

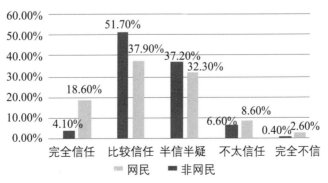

图 7-14　网民和非网民对互联网的信任程度

第十三次 CNNIC 调查结果显示，对互联网的信任程度，4.1% 的网民完全信任，51.7% 的网民比较信任，37.2% 的网民半信半疑，6.6% 的网民不太信任，0.4% 的网民完全不信；而在非网民中，18.6% 的非网民完全信任，37.9% 的非网民比较信任，32.3% 的非网民半信半疑，8.6% 的非网民不太信任，2.6% 的非网民完全不信（图 7-14）。

【习题】

一、选择题

1.EDI 是指电子数据交换，传统的 EDI 是指（　　）。

A. 基于 Internet 的 EDI

B.Web-EDI

C. 基于 VAN 的 EDI

D. 基于 LAN 的 EDI

2.EDI 是指电子数据交换，目前被公认的最好方式是（　　）。

A. 基于 Internet 的 EDI

B. 基于 WAN 的 EDI

C. 基于 VAN 的 EDI

D. 基于 LAN 的 EDI

3. 电子商务的本质和核心是（　　）。

A. 电子　　　　　　B. 商务　　　　　　C. Internet　　　　　　D. 社会再生产环节

4. 电子商务系统是一个以 Internet、Web、数据库技术、（　　）和商务活动为基础的综合商务信息处理系统。

A. 信息处理技术　　　B. 自动化技术　　　C. 电子支付技术　　　D. 通信技术

5. 从电子商务系统内部结构来看，电子商务系统是一个多层结构，应用服务层主要包括（　　）。

A. 硬件及底层的一些支持

B. 开发工具、组件技术、数据库支持等

C. 应用通信、事务处理、数据库连接等

D. 电子市场、电子银行等

6. 关于电子商务产业链的叙述哪一个是错误的（　　）。

A. 以技术产品或技术服务的虚拟形态

B. 以产业链、价值链、供应链为统一的链接内容

C. 以各种技术资源的供应和配置过程为重点的经济关系

D. 以价值增值为核心的价值形态

7. 电子商务的安全是指（　　）的安全。

A 由客户机到通信信道

B. 由客户机到电子商务服务器

C. 由通信信道到 WWW

D. 由通信信道到电子商务服务器

二、简答题

1. 简述广义和狭义的电子商务定义。

2. 简述电子商务系统模块化结构。

3. 简述电子商务网站的主要功能。

4. 什么是纺织电子商务？并叙述其优点。

5. 一个完整的客户关系管理数据库系统应由哪些子系统构成？

6. 简述纺织企业电子商务发展现状及其存在的问题。

参考文献

［1］Chowdhury M A，Butola B S，Joshi M. Application of thermochromic colorants on textiles：Temperature dependence of colorimetric properties[J].Coloration Technology，2013，129（3）：232-237.

［2］Malm V，Strååt M，Walkenström P. Effects of surface structure and substrate color on color differences in textile coatings containing effect pigments[J].Textile Research Journal，2014，84（2）：125-139.

［3］Sumner R M W，Cuthbertson I M，Upsdell M P. Evaluation of the relative significance of fiber diameter and fiber curvature when processing New Zealand Romcross type wool[J].Journal of the Textile Institute，2013，104（11）：1195-1205.

［4］吴生，邵景峰，马晓红. 纺织企业集成化数据库管理系统的构建 [J]. 棉纺织技术，2012，40（10）：5-8.

［5］陈振，邢明杰. 浅析我国纺织制造业现状与产业升级建议 [J]. 棉纺织技术，2016，44（4）：80-84.

［6］姚穆. 纺织产业智能化的发展现状与展望 [J]. 棉纺织技术，2016，44（2）：1-3.

［7］夏令敏，翟燕驹，朱国学，等. 2013—2014 年中国纺织服装电子商务发展报告 [R]. 北京：中国纺织工业联合会信息统计部，2014.

［8］Terinte N，Manda B M K，Taylor J，et al. Environmental assessment of coloured fabrics and opportunities for value creation：Spin-dyeing versus conventional dyeing of modal fabrics[J].Journal of Cleaner Production，2014，72（6）：127-138.

［9］Zou Z Y.Effect of process variables on properties of viscose vortex coloured spun yarn[J].Indian Journal of Fibre and Textile Research，2014，39（3）：296-302.

［10］Liang X，Ding Y S，Wang Z D，et al. Bidirectional optimization of the melting spinning process[J].IEEE Transactions on Cybernetics，2014，44（2）：240-251.

［11］Mozafary V，Payvandy P. Application of data mining technique in predicting worsted spun yarn quality[J]. Journal of the Textile Institute，2013，105（1）：100-108.

［12］"我国纺织产业科技创新发展战略研究（2016—2030）"项目启动会在京召开 [EB/OL].http：//www.cae.cn/cae/html/main/col34/2013-03/21/20130321113329779260801_1.html.2013-03-21.

［13］《制造强国战略研究报告综合卷》新书首发式在京举行 [EB/OL].http：//www.zidonghua.com.cn/news/104224.html.2015-04-29.

［14］中国制造 2025 纺织当仁不让 [EB/OL].http：//www.texindex.com.cn/Articles/

2015-03-13/329450.html，2015-03-13.

［15］十大产业振兴规划 [EB/OL].http：//finance.cctv.com/special/10dazhenxingjihua/01，2015-05-10.

［16］中国经济仍未摆脱旧引擎 [EB/OL].http：//www.texindex.com.cn/Articles/2014-03-06/300224.html，2014-03-06.

［17］未来的战争：德国工业 4.0 与中国制造 2025！ [EB/OL].http：//news.hexun.com/2015-05-22/176054197.html，2015-05-22.

［18］国务院印发《中国制造 2025》制造强国战略首个十年纲领 [EB/OL].http：//www.tnc.com.cn/info/c-001001-d-3522121.html，2015-05-20.

［19］2015"后配额时代"我国纺织产业链的重构 [EB/OL].http：//www.kanzhun.com/lunwen/548213.html，2015-04-22.

［20］轻工业经济运行分析及"十三五"发展战略思考 [EB/OL].http：//www.cnagi.org.cn/?thread-9381-1.html，2014-12-18.

［21］胡峰，王芳.美国制造业回流的原因、影响及对策 [J].科技进步与对策，2014，31（9）：75-79.

［22］依靠人口红利无出路　春节后纺织业招工需依靠创新力 [EB/OL].http：//www.ttmn.com/news/details/902687，2015-02-26.

［23］FALLAHPOUR A R，MOGHASSEM A R. Spinning preparation parameters selection for rotor spun knitted fabric using VIKOR method of multicriteria decision-making [J].Journal of the Textile Institute，2013，104（1）：7-17.

［24］KELLY C M，HEQUET E F，DEVERA J K. Breeding for improved yarn quality：Modifying fiber length distribution[J].Industrial Crops and Products，2013，42（1）：386-396.

［25］NURWAHA D，HAN W L，WANG X H. Effects of processing parameters on electrospun fiber morphology[J].Journal of the Textile Institute，2013，104（4）：419-425.

［26］华茂集团：信息化成功的四大前提 [EB/OL].http：//do.chinabyte.com/32/12138532.shtml，2011-08-15.

［27］吕志军，项前，杨建国，等.基于产品进化机理的纺织工艺并行设计系统 [J].计算机集成制造系统，2013，19（5）：935-940.

［28］Coppus G，KEHRY S，UHL H. To improve the efficiency of textile machinery through intelligent data management[J].Melliand China，2011，39（3）：72，48.

［29］Yurtsever T，PIRECE N G. Computerized manufacturing monitoring and dispatch system[J]. Computers and Industrial Engineering，1998，35（1-2）：137-140.

［30］DORIGO M，MANIEZZO V，COLORNI A. The ant system：optimization by a colony of cooperating agents[J]. IEEE Transactions on Systems，Man and Cybernetics，Part B，1996，26（1）：29-41.

［31］DORIGO M，MOZAFARY V，PAYVANDY P. Application of data mining technique in predicting worsted spun yarn quality [J]. Journal of the Textile Institute，2013，105（1）：100-108.